石油化工职业技能培训教材

硫黄回收装置操作工

（第二版）

中国石油化工集团有限公司人力资源部　组织编写

中国石化出版社
·北京·

内 容 提 要

《硫黄回收装置操作工》为《石油化工职业技能培训教材》系列之一，涵盖石油化工生产人员《国家职业标准》中对该工种初级工、中级工、高级工、技师、高级技师五个级别的专业理论知识和操作技能的要求。主要内容包括硫黄回收装置部分和含硫污水汽提装置部分的工艺原理、相关设备、各种情况下的操作、安全环保、事故处理、节能与减排等。

本书是硫黄回收装置操作人员进行职业技能培训的必备教材，也是专业技术人员必备的参考书。

图书在版编目(CIP)数据

硫黄回收装置操作工 / 中国石油化工集团有限公司人力资源部组织编写. — 2版. — 北京 : 中国石化出版社, 2025. 5. — (石油化工职业技能培训教材).
ISBN 978-7-5114-7867-2

Ⅰ. TE644

中国国家版本馆 CIP 数据核字第 2025MS8481 号

中国石化出版社出版发行
地址:北京市东城区安定门外大街 58 号
邮编:100011　电话:(010)57512500
发行部电话:(010)57512575
http://www.sinopec-press.com
E-mail:press@sinopec.com
北京科信印刷有限公司印刷
全国各地新华书店经销
*
787 毫米×1092 毫米 16 开本 12.75 印张 304 千字
2025 年 5 月第 2 版　2025 年 5 月第 1 次印刷
定价:55.00 元

《石油化工职业技能培训教材》

编审指导委员会

主　任：秦　都

委　员：许　毅　田宏斌　周娣红

王　欣　黄志华

编撰工作组

（以姓氏笔画顺序）

王瑾瑜　刘　野　杨　俊　李　强　汪　珺

张亚伟　胡金玉　赵旭飞　黄海峰

《硫黄回收装置操作工》（第二版）

编审人员

主编：宋远清（湖南石化）

参编：袁　强（九江石化）　　徐　奔（金陵石化）

朱向东（湖南石化）　　郑雄坚（中科炼化）

胡诗学（湖南石化）

审稿：陈上访（镇海炼化）　　王凯强（齐鲁石化）

兰　敏（广州石化）　　陈渊鸿（茂名石化）

李九中（湖南石化）　　王宇春（湖南石化）

何春霞（湖南石化）

前　言

习近平总书记强调，要深入实施职工素质建设工程，引导广大劳动者终身学习、不断提高自身素质，努力建设一支知识型、技能型、创新型的劳动者大军。为进一步加强石油化工行业技能人才队伍建设，更好满足职业技能培训和等级认定的需要，在2007年组编出版的《石油化工职业技能培训教材》基础上，中国石油化工集团有限公司人力资源部开展了该丛书的修订增补工作。本次教材修编工作依照人力资源和社会保障部制定的石油化工生产人员《国家职业标准》的要求，坚持以企业发展、员工需求为导向，以实用好用、简明高效为原则，瞄准重点人才、关键岗位、主要专业、主体工种，紧密结合石油化工行业生产实际，以及技术进步、技术创新、新工艺、新设备、新材料、新操作方法等要求，力求为读者提供一套具有鲜明石油石化特色的高质量职业技能培训教材。

新版《硫黄回收装置操作工》在第一版的基础上，对全书内容进行了较大幅度的更新、修改与完善，重点体现在以下几个方面：修正了原教材中存在的错误，删除了已淘汰或不适用的知识点，新增了当前先进的工艺技术、设备技术和操作方法，以更好地反映行业发展的最新成果。

由于石油化工技能培训教材涵盖的职业（工种）较多，同工种不同企业的生产装置也存在差别，编写难度较大，加之编写时间紧迫，不足之处在所难免，敬请各使用单位及个人对教材提出宝贵意见和建议，以便教材修订时补充更正。

《石油化工职业技能培训教材》编审指导委员会

二〇二五年五月

前言

目　录

第1篇　硫黄回收装置部分

第 2 篇　含硫污水汽提装置部分

第1篇　硫黄回收装置部分

第1章　概　　述

1.1　硫黄回收装置的作用

随着我国国民经济的快速增长，石油加工与天然气工业得到高速发展。与此同时，含硫原油加工量和含硫天然气处理量相应增加。特别是高硫原油量进口的增多，以及大量的含硫燃料油深加工及煤化工等工艺都涉及含硫化合物的处理。国内多数天然气田也伴生大量的硫化氢。在原油中硫含量不断升高，加工深度不断深化的同时，国家对环境保护工作日益重视，对含硫物质排放的环保控制标准日趋严格，更加凸显出气体脱硫与硫黄回收技术的重要性。

硫在炼油及石油化工生产过程中存在极大的危害，如不及时将其脱除，将严重腐蚀设备，影响装置的长周期运行。同时，硫的存在也严重地影响产品质量，各国对油品中的硫含量均有日趋严格的标准。因此，必须对炼油过程中的硫加以处理。硫黄回收装置的作用就是回收硫，实现清洁生产。

无论是从炼油过程、油品质量还是环保控制等诸多方面都要求对原油加工过程中的硫加以处理。硫黄回收装置的任务就是处理炼油厂、天然气化工厂等产生的含有硫化氢的酸性气，采用适当的工艺方法回收化工原料硫黄，然后进行尾气处理，达到化害为利，降低污染，保护环境的目的。

1.2　硫黄回收的历史、现状及发展方向

目前炼油厂回收硫的主要技术是Claus法。此法通常处理含硫化氢为15%~100%的酸性气。原始的Claus方法专门用于回收吕布兰法生产碳酸钠时产生的硫化钙中的硫，此过程由英国化学家C. F. Claus于1883年发明。

吕布兰法生产碳酸钠的化学反应：

$$2NaCl+H_2SO_4 = Na_2SO_4+2HCl \tag{1-1-1}$$

$$Na_2SO_4+2C = Na_2S+2CO_2 \tag{1-1-2}$$

$$Na_2S+CaCO_3 = Na_2CO_3+CaS \tag{1-1-3}$$

原始的Claus法工艺分为两步：

第一步是把二氧化碳导入由水和硫化钙组成的淤浆中，产生硫化氢：

$$CaS(固)+H_2O(液)+CO_2(气) = CaCO_3(固)+H_2S(气) \tag{1-1-4}$$

第二步是把硫化氢和空气混合后导入一个装有催化剂的容器，发生式(1-1-5)的反应获取硫黄。

$$H_2S+1/2O_2 = 1/xS_x+H_2O \tag{1-1-5}$$

该工艺只能在空速很低的条件下进行，而且反应热无法回收。1938年德国法本公司对

Claus 工艺做了重大改革，使硫化氢的氧化分为两个阶段完成。第一阶段称为热反应阶段，有 1/3 体积的硫化氢在反应炉内被氧化为二氧化硫并放出大量的反应热；第二阶段称为催化反应阶段，在催化剂床层上剩余的 2/3 体积的硫化氢与生成的二氧化硫继续反应生成硫。经过改进，反应热的大部分被吸收利用。催化转化反应器的进口温度也比较容易调节，大大提高了装置的处理能力。这种经过改革的 Claus 工艺习惯上称为“改良 Claus 工艺”。改良 Claus 工艺成为世界上众多硫黄回收装置的基础。此后该工艺虽然经历了多次变革，并且增加了尾气处理设施，但操作原理未变。现在使用的硫黄回收方法基本都是改良 Claus 法。从第一套较现代化的改良型 Claus 工业装置于 1944 年投产以来，在基础理论、工艺流程、催化剂研制、设备结构及材质、自控方案及仪表选择等方面都有了很大发展与改进。

国内第一套从天然气中回收硫黄的装置于 1965 年在四川东溪天然气田建成投产，第一套从炼油厂酸性气中回收硫黄的装置于 1971 年在山东胜利炼油厂建成投产。2000 年以后，国内硫黄回收装置迅猛发展，截至目前，国内的硫黄回收装置已超过 300 套，其中炼油厂硫黄回收装置约占 70%左右。

各国对清洁燃料的需求及来自日益严格的环保法规的压力对硫黄回收装置的总硫回收率提出了越来越高的要求。一方面，由于炼油厂加工能力和炼油深度的提高，副产的硫化氢越来越多，而政府部门要求装置污染物排放量却越来越少、排放浓度越来越低，这就要求提高硫黄回收装置处理能力的同时提高装置的总硫回收率以满足双重要求，从而使得硫黄回收装置正日益向大型化、高度自动化发展，大型装置一般都配有尾气处理装置。

随着原油劣质化日趋严重和进口原油大部分属于高硫含量原油，加工过程中必然副产大量的酸性气，必须建设大量硫黄回收装置以满足日益严格的环保要求。近几年硫黄回收装置迅速发展，一大批新建装置陆续建成，它们的特点代表了我国硫黄回收装置的技术先进性以及今后的发展方向。新建硫黄回收装置一般呈现以下特点：

① 装置规模大。一般年产 50kt 以上，目前国内单套最大规模的硫黄生产装置在中原油田普光净化厂，其单套设计最大能力 260kt/a，共计 12 套。

② 环保标准严格，总硫回收率高。新建硫黄回收装置为满足环保排放指标，尾气处理单元成为必不可少的配置，其总硫回收率可达 99.00%以上，硫去除率可达 99.80%~99.99%。

③ 自动化程度高，控制更为准确。绝大多数装置配置有 H_2S/SO_2 比值分析仪、氧分析仪、氢分析仪、急冷水 pH 值分析仪及烟气二氧化硫分析仪等在线监测设备，为实现硫黄回收装置智能化、精细化操作提供技术支撑，同时为硫黄回收装置尾气达标排放奠定了基础。

④ 新工艺及新催化剂迅速发展。为满足日益严格的环保法规要求，硫黄回收技术得到了迅猛发展，对硫黄回收技术的需求呈现多样化，更进一步促进了硫黄回收技术的进步与发展，目前国内呈现出多种尾气处理新工艺，如 Cansolv 尾气处理工艺、氨法尾气处理工艺、钠法尾气处理工艺等。且 Claus 催化剂及尾气处理催化剂形成系列化，为硫黄回收装置提高转化率创造了条件。

我国一贯倡导节能减排工作，尤其近几年国家将生态文明建设提上新高度，大气二氧化硫排放量受到严格控制。GB 31570—2015《石油炼制工业污染物排放标准》和 GB 31571—2015《石油化学工业污染物排放标准》明确要求，硫黄回收装置烟气二氧化硫排放浓度一般地区限值 $400mg/Nm^3$，重点地区限值 $100mg/Nm^3$。标准规定，企业自 2017 年 7 月 1 日起执行。而且限定，在国土开发密度已经较高、环境承载能力开始减弱，或大气环境容量较小、生态环境脆弱、容易发生严重大气环境污染问题而需要采取特别保护措施的地区，应严格控制企业污染物排放行为，在上述地区的企业执行二氧化硫污染物排放限值 100mg/Nm^3，部分省市基于更加严格控制将限值降至 50mg/Nm^3。

硫黄回收及尾气处理技术已经由单纯的环保技术发展成为兼具环保效益和经济效益的重要工艺技术。随着人们环保意识的提高，国家环保法规的日益严格，近年来各炼油厂、天然气厂、焦化厂、化肥厂、电厂、煤化工工厂等都在新建硫黄回收装置或扩建原有硫黄回收装置。对于新建硫黄回收装置，大多选择以 SCOT 为代表的还原吸收工艺。此类工艺虽投资及消耗指标较高，但它对 Claus 硫黄回收装置的适应性强，净化度高，硫回收率高达 99.8%，是目前世界上装置建设数量最多、发展速度最快的尾气净化工艺。就目前来说，SCOT 工艺又进行了诸多的改进，如低温 SCOT 工艺、Super SCOT 工艺、低硫 SCOT 工艺、生物 SCOT 工艺。

然而，对于为数不少的小型炼油厂和部分化工厂等，硫化氢含量低，建大型硫回收装置既不合适也不现实，还有一些硫回收装置由于规模小，没有设尾气处理单元或尾气处理不达标，但原有工艺大都有了改进。如 Sulfreen 工艺、Clauspol 工艺、Super Claus 工艺等，总硫回收率均达到或超过了 99.5%。若要新增尾气处理装置，多用途的 RAR 工艺及组合式 RAR 工艺，脱除效率高达 99.7%~99.9%，投资和运行成本低，是一种很有发展前途的硫黄回收及尾气处理工艺。

另外，一些炼油厂的硫黄回收装置因受到场地、资金以及酸性气含量等多方面的限制，往往只能采取装置扩能的措施来解决掺炼高硫原油的问题。富氧硫回收工艺是装置扩能的有效工艺之一。

1.3 硫黄回收装置的特点

（1）硫黄回收装置在流程中的特点

硫黄回收装置处理的是炼油过程中产生的酸性气体，是炼油的尾气处理装置，处于炼油过程的后部。由于硫黄回收装置处理的是气体，在工艺、设备方面各有特点。硫黄回收装置属环保装置，工艺上更接近无机化工。硫黄回收装置运行的好坏直接关系到炼油厂的尾气排放是否达标，在一定程度上，硫黄回收有其不可替代的作用。

（2）硫黄回收装置在环保上的特点

硫黄装置的原料是酸性气，属于剧毒易燃易爆物，其火灾危害性属于甲类。原料中硫化氢为主要组成物，且过程气（过程气是指酸性气自燃烧炉中燃烧后产生的，最后一级反应器出口以前的工艺气体）中含硫化氢、二氧化硫等有毒有害物质，这些介质易对人体造成伤害，甚至危及生命安全，因此，装置对防毒防火措施要求严格。操作工在巡检、操作时应两人以上同行并携带便携式硫化氢报警仪；进行相关现场操作时，操作人员应站在上风方向；为了谨防泄漏，装置一般配有固定式硫化氢气体报警仪，随时监测装置泄漏情况；操作室备有空气呼吸器、防毒面具等防护用品以备急需，操作人员应熟练掌握防护用品使用方法；装置制订有相应应急预案，并组织定期演练。

装置废气中含有较多的大气污染物硫化氢、二氧化硫、二氧化碳、氮氧化物等酸性气体，溶于水后生成相应的酸性物质，形成酸雨，污染较大，因此国家对硫黄回收装置尾气排放有严格要求。

（3）硫黄回收装置在工艺上的特点

针对 Claus 反应的特点，硫黄回收装置一般都采用一段高温转化，二段或多段低温催化转化工艺。在燃烧炉内进行高温转化的目的是将一部分酸性气转化为二氧化硫和硫，同时，原料气中的烃、氨也得到充分燃烧，为后续反应创造条件。在反应器内进行低温转化的目的是提高总硫转化率，将原料气中的硫元素充分转化为单质硫。由于 Claus 反应是放热反应，因此，反应温度越低，转化率越高，但实际上由于在第一催化反应器内，不仅发生 Claus 反应，也发生硫氧碳、二硫化碳的水解反应，为了保证硫氧碳、二硫化碳的水解，反应器床层温度一般要求高于 300℃（视催化剂种类及活性不同而定）。

由于受到硫露点的影响，当反应温度降至一定程度之后，会有大量的液硫沉积在催化剂表面上，堵塞催化剂微孔，使催化剂的比表面积下降，导致催化剂失活。因此反应温度不能太低。

（4）硫黄回收装置在设备安装上的特点

硫黄回收装置是气相反应装置，产品是液硫。任何液硫在管线内的聚集都会引起操作控制问题、增大装置压降、增加设备腐蚀。特别是液硫不能冷凝在管线中，否则有可能造成设备、管线堵塞，操作难以进行。为尽量减少液硫聚集及冷凝的可能性，针对硫黄特有的黏温特性，装置设备布置紧凑；管线尽量短；液硫管线一般选用带夹套的管线；管线、设备均有保温伴热，但温度不宜太高，一般控制在 130~160℃左右；液硫管线、阀门、设备安装上均有一定的倾斜度以利于液硫向液硫储罐方向流动；不管液硫管线设计、保温、绝热效果多好，大多数液巯管线还是出现堵塞现象，为了便于处理液硫管线的堵塞问题，液硫管线拐弯处宜采用十字交叉或三通而不用弯头。

（5）硫黄回收装置在腐蚀控制上的特点

由于在整个工艺流程中一直存在硫化氢、二氧化硫、二氧化碳、二硫化碳、氮氧化物、水蒸气和硫蒸气等，这些介质对设备都存在着不同程度的腐蚀，因此，防止这些介质中的硫化物腐蚀一直是硫黄回收技术中要解决的关键问题之一。硫黄回收装置的腐蚀主要有低温露点腐蚀和高温硫腐蚀两种形式。

低温露点腐蚀是指含有水蒸气的气体混合物，冷却到露点以下，凝结出来的水滴附于金属表面，同时气体中酸性介质，如：氯化氢、硫化氢、二氧化硫或三氧化硫等溶于水滴中，对金属形成的化学腐蚀和电化学腐蚀。

低温露点腐蚀的形成有以下原因：

① 装置内存在液态水是造成腐蚀的主要原因。

② 燃烧炉、冷凝器等设备耐热衬里损坏后，过程气对设备本体造成腐蚀。

③ 装置开停工、紧急停车后，由于设备打开或吹扫，大量空气进入系统，使设备和衬里上吸附凝结水，与系统内残留的酸性物质反应生成腐蚀性极强的酸。

④ 由于系统泄漏、尾气排放等种种原因使二氧化硫、二氧化碳等酸性物质充斥于空气中，当环境温度、湿度适宜时，这些物质就会造成设备、管道外表面的腐蚀。

露点腐蚀与二氧化硫转化为三氧化硫的量、过剩空气系数及含硫量有很大关系，含硫量越多、过剩空气系数越大，二氧化硫转化成三氧化硫就越多。另外露点温度在一定程度上还因水蒸气的含量增多而升高。

高温硫腐蚀是指 240℃以上部位的硫、硫化氢和硫醇形成的腐蚀。由于硫回收装置的操作温度高而且介质的腐蚀性强，为了保护设备，装置内的酸性气燃烧炉，催化反应器和尾气焚烧炉等关键设备都要设计成带衬里的结构。在实际生产中，容易造成衬里材料损坏的主要原因有两种：一种是热冲击造成的损坏；另一种是衬里材料超温带来的材料结构破坏。热冲击又分为两种情况：一种为不同材料的膨胀系数不同而产生的热应力冲击；另一种为衬里材料内所含水分的急剧汽化所带来的压力冲击。鉴于以上原因，在实际生产中，对于有内衬结构的设备，应该注意保持预热升温过程的平稳(应严格遵守衬里生产厂商提供的升温曲线)、防止超温。

(6) 硫黄回收装置在配置上的特点

GB 31570—2015《石油炼制工业污染物排放标准》第 5.4.5 条规定酸性气回收装置的加工能力应保证在加工最大硫含量原油及加工装置最大负荷情况下，能完全处理产生的酸性气。脱硫溶剂再生、酸性水处理系统和硫黄回收装置的能力配置应保证在一套硫黄装置出现故障时不向酸性气火炬排放酸性气。企业硫黄回收配置要符合 N+1 配置标准，才能保证一套硫黄装置出现故障时不向酸性气火炬排放酸性气。

1.4 硫的物理化学性质及应用

1.4.1 硫的物理化学性质

1.4.1.1 硫的物理化学性质

硫又称为硫黄、硫块、粉末硫黄、黄粉、硫黄块、硫黄粉，其化学符号为 S，相对分子质量为 32.07。

在环境温度、压力下，纯硫黄为亮黄色固体或淡黄色固体。形状有块状、粉状、粒状或片状等。块状硫黄为淡黄色块状结晶体，粉末为淡黄色，有特殊臭味，能溶于二硫化碳，不溶于水。密度、熔点及其在二硫化碳中的溶解度均因晶体不同而异，常态下，硫黄熔点：112~119℃，沸点约为 445℃，自燃点：248~260℃，密度：2.07g/cm^3。硫黄在空气中遇明火燃烧，燃烧时呈蓝色火焰，生成二氧化硫，粉末与空气或氧化剂混合易发生燃烧，甚至爆炸。液硫在 300℃时对钢材有严重腐蚀作用。

硫黄在加热或冷却时发生如下现象：

$$\text{黄色固体}(S_8)\xrightleftharpoons{94.5℃}\text{单斜晶体}\xrightleftharpoons{112.8℃}\text{黄色易流动液体}(S_8)\xrightleftharpoons{160℃}\text{棕色液体}(S_8)\xrightleftharpoons{190℃}\text{深棕色黏性物}(S_8)\xrightleftharpoons{444.6℃}\text{黄色气体℃}(S_6)\xrightleftharpoons{900℃}\text{无色气体}(S_2) \quad (1-1-6)$$

固体硫黄的分子式一般为 S_8，其结构呈马鞍形，当硫黄受热时，分子结构发生变化，当加热到 160℃时，S_8 的环状开始破裂为开链，黏度升高，到 187.9℃时黏度最大，继续加热到 187.9℃以上时，长链开始发生断裂，黏度下降，在 130~160℃时，液硫的黏度最小，流动性最好。硫在各温度下的黏度见图 1-1-1 和图1-1-2。正是由于液硫在 130~160℃时的黏度最小，流动性最好，而与此温度对应的蒸汽压力为 0.3~0.4MPa，因此，操作上控制系统伴热蒸汽压力在 0.3~0.4MPa 对系统进行伴热。

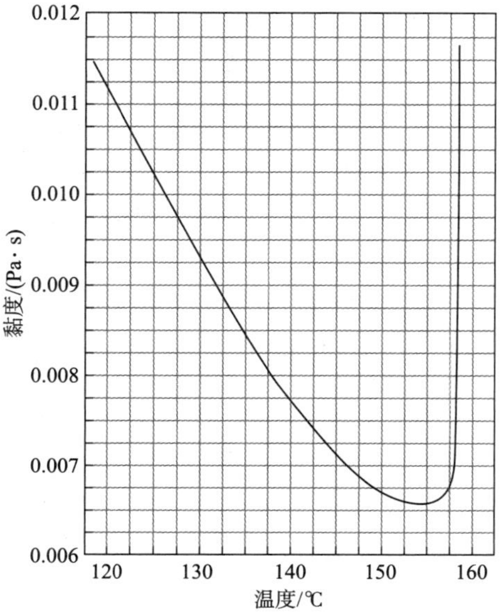

图 1-1-1　120~160℃硫的黏度图

硫分子中硫原子数目随温度的不同而有所不同，主要有 S_2、S_6、S_8 三种分子状态。当加热硫黄时，存在如下平衡：

$$3S_8 \rightleftharpoons 4S_6 \rightleftharpoons 12S_2 \qquad (1-1-7)$$

随着温度的升高，平衡逐渐向右移动，熔点以下硫分子为 S_8，熔点到沸点温度下 S_6、S_8共存，随着温度升高 S_8逐渐减少而 S_6逐渐增多。沸点时 S_2开始出现，700℃时 S_8为 0，750℃时，几乎全部转变为 S_2。不同温度下各种硫分子之间的平衡见图 1-1-3。

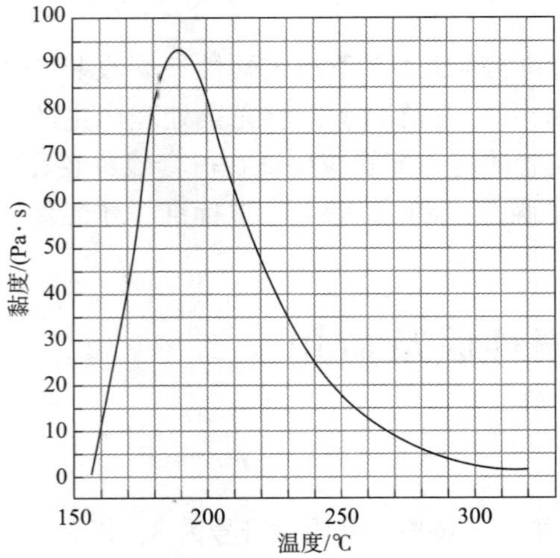

图 1-1-2　150~320℃硫的黏度图

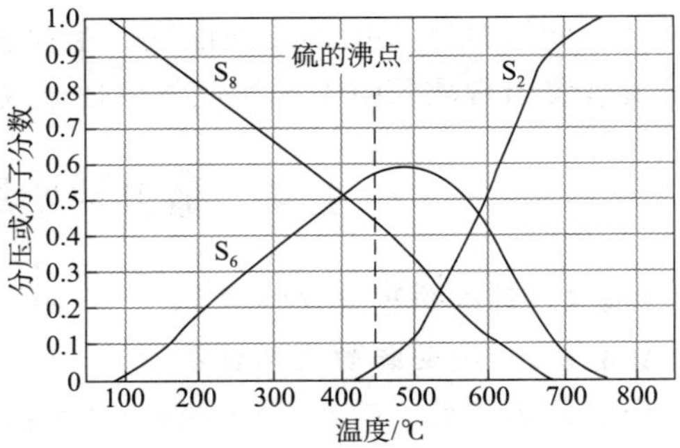

图 1-1-3　各种硫分子之间的平衡图

图 1-1-3 中条件为：高于沸点时：$P_{S_8}+P_{S_6}+P_{S_2}+P_S=1.01\times10^5$Pa

低于沸点时：$P_{S_8}+P_{S_6}+P_{S_2}+P_S=$蒸气压

式中 P_S为除 S_2、S_6、S_8外，其余硫分子的分压，由于其含量极少，在图中将其忽略。高于沸点时，硫蒸气总压均为 1 大气压，为过热状态。在 Claus 过程中，硫蒸气一般为过热状态。

硫黄有三种晶形，即斜方晶硫、单斜晶硫和非晶形硫，其中以斜方晶硫为最稳定，硫黄常温为斜方硫，95.6℃以下晶形稳定，熔点 112.8℃，密度 2.07g/cm^3。当温度升高到 95.6℃以上，斜方硫变为单斜硫，熔点 129.25℃，密度 1.995g/cm^3。当继续升温时可变为液体。冷却时复原变为固体，当速冷时可生成无定形硫。单斜硫晶形和无定形硫不稳定，常温时仍转变为斜方硫。

硫的蒸气压与温度有一定的对应关系，具体对应关系见表 1-1-1。

表 1-1-1　硫的蒸气压与温度的对应关系

温度/℃	蒸气压/Pa	温度/℃	蒸气压/Pa
49.7	0.0453	242	1119.905
78	0.2666	245	1333.22
104	1.3332	265	2666.44
131.9	10.799	306.5	7132.727
135	13.332	342	14132.13
141	17.332	363	23464.67
157	43.996	374	31997.28
172	83.993	393	58128.39
181	133.32	410	59061.65
190	186.65	427	77326.76
211.3	418.63	444.6	101324.7

1.4.1.2 工业硫黄国家标准

最新工业硫黄标准采用 GB/T 2449.1—2021《工业硫磺　第 1 部分：固体产品》及 GB/T 2449.2—2015《工业硫磺　第 2 部分：液体产品》，具体标准技术要求见表 1-1-2 及表 1-1-3。

表 1-1-2　GB/T 2449.1—2021《工业硫磺　第 1 部分：固体产品》　　%(质)

项目		指标			试验方法
		A 级	B 级	C 级	
硫(S)的质量分数(以干基计)		≥99.95	≥99.50	≥99.00	差减法
水分的质量分数		≤2.0			恒温干燥法
灰分的质量分数(以干基计)		≤0.03	≤0.10	≤0.20	灼烧法
酸度的质量分数(以 H_2SO_4 计)(以干基计)		≤0.003	≤0.005	≤0.02	萃取滴定法
有机物的质量分数(以 C 计)(以干基计)		≤0.03	≤0.30	≤0.80	滴定法
砷(As)的质量分数(以干基计)		≤0.0001	≤0.01	≤0.05	原子荧光光谱法
铁(Fe)的质量分数(以干基计)		≤0.003	≤0.005	—	邻菲啰啉分光光度法
筛余物的质量分数	粒径大于 150μm	≤0		≤3.0	振筛机
	粒径为 75~150μm	≤0.5	≤1.0	≤4.0	

注：表中的筛余物指标仅用于粉状硫磺。

表 1-1-3　GB/T 2449.2—2015《工业硫磺　第 2 部分：液体产品》　　%(质)

项目		指标		
		优等品	一等品	合格品
外观		常温下呈黄色或淡黄色，无肉眼可见杂质		
硫(S)	≥	99.95	99.50	99.20
水分	≤	0.10	0.20	0.50
灰分	≤	0.02	0.05	0.20
酸度(以 H_2SO_4 计)	≤	0.003	0.005	0.01
有机物(以 C 计)	≤	0.03	0.1	0.3
砷(As)	≤	0.0001	0.001	0.01
铁(Fe)	≤	0.003	0.005	0.02
硫化氢和多硫化氢(H_2S 计)	≤	0.0015	0.0015	0.0015

注：以上项目除水分、硫化氢和多硫化氢以外，均以干基计。

1.4.2 硫的应用

硫黄是一种重要的化工原料，化工工业是硫黄的最大用户，硫黄还可以用来制硫酸，直接用于农药配制，用它还可生产蛋氨酸、二硫化碳、硫化促进剂、二甲亚砜、硫醚、甲硫醇、不溶性硫等精细硫化工产品。另外，也可用来生产涂硫尿素、颗粒硫肥等植物营养素硫，硫黄混凝土，硫黄沥青等。硫黄的其他用途包括炸药、钢铁酸洗、医药食品工业、安全剥离、水处理、橡胶、电解工业、催化剂、颜料、化学品、硫黄混凝土、醇类、黏合剂、农药等。军事工业上可以用来制造炸药；食品工业上用作蔗糖脱色剂等；在半导体工业上也有应用。

作为石油化工、天然气化工以及煤化工过程中必不可少的环节，硫黄回收技术水平直接与整个化工行业环保水平相关。随着我国能源相关产业的快速发展，在引进、消化、吸收国外先进硫黄回收技术的基础上，通过产、学、研结合逐步形成具有自主知识产权的硫黄回收技术，同时注重硫黄产品的开发应用，形成既有社会效益又有经济效益的硫黄回收及应用产业。

一直以来，硫黄是一种重要的工业原料。埃及人早在公元前2000年即已使用硫黄的化合物漂白织物，几百年后硫黄成为制备特殊彩色颜料的重要原料；古希腊人用硫黄作消毒剂，而古罗马人则将其应用于医药；13世纪中国人发明火药，硫黄是其中的必要成分。工业革命中硫酸的制备进一步扩大了对硫黄的需求，因为硫酸是众多工业过程的基本原料，对硫酸的消耗已成为衡量一个国家工业活力的标志之一，硫酸消耗量越大，说明工业越有活力，经济也就越稳固。

硫黄在其他工业中的应用也相当广泛，如航煤中保留一定量的硫化物，将起到天然抗氧剂的作用，能对镍铬合金材料起抗烧蚀作用。生产已内酰胺、氟化氢、纸浆及二氧化钛时也需要硫黄。农场施用的PNS主要为硫酸铵、过磷酸盐及硫酸钾。硫黄在建筑行业的应用，主要是用作铺路材料，含硫建筑材料虽然目前尚未广泛应用，但它的性能优于传统材料，尤其适用于酸性或盐的特殊环境。含硫建筑材料包括硫黄混凝土、含硫沥青铺路材料以及混凝土预制件、压制件及现场浇注件。

1.5 炼油过程中硫的分布及危害

1.5.1 硫的分布

在石油的组分中除碳、氢外，硫是第三个主要组分，虽然在含量上远低于前两者，但是其含量仍然是一个很重要的指标。常见的原油含硫量多在0.05%~4%之间，但也有极个别含硫量高达10%以上。原油按硫含量可分为低硫原油、含硫原油和高硫原油，一般含硫量低于0.5%的原油为低硫原油，高于0.5%低于2%的为含硫原油，高于2%的为高硫原油。目前，世界上低硫原油仅占17%，含硫原油占30.8%，高硫原油占比高达58%，且有进一步上升趋势。我国石油中大部分属于低硫原油，但胜利孤岛原油含硫较高，在2%左右。

石油加工过程中，原油带入的硫分布在炼油厂各主要装置和产品中，影响产品质量，引起催化剂中毒，对设备造成腐蚀、对环境造成污染，对安全生产等构成一定的威胁。原油中有数百种含硫烃，目前已验证并确定结构的就有200余种，这些含硫烃类在原油加工过程中不同程度地分布于各馏分油中。因各厂加工的原油硫含量和硫组成不同、加工工艺有差异，硫在各厂的馏分中分布也不尽相同。一般规律是馏分越轻，含硫量越低，馏分越重，含硫量越高。油品中的硫化合物是多种多样的，对于汽油馏分而言，含硫烃类以硫醇、硫化物和单环噻吩为主，其主要来源于催化裂化(简称FCC)汽油。而柴油馏分中的含硫烃类有硫醇、硫化物、噻吩、苯并噻吩和二苯并噻吩等，其中二苯并噻吩的4，6位烷基存在时，由于烷基的位阻作用而使脱硫非常困难，而且随着石油馏分沸点的升高，含硫化合物的结构也越来越复杂。石油中也有游离态的硫存在，但大多以硫化物和硫化氢、硫酸、硫醚、二硫化物及环状硫化物等存在。原油经加工后，硫的分布随馏分的沸点而递增，因此轻质馏分中含硫少，原油中70%~80%的硫均集中到较重馏分如柴油特别是残渣燃料油中。常压渣油的硫含量占原油的90%左右，其中减压馏分油约占20%，减压渣油的硫占原油的硫70%以上。重油催化裂化的硫约有45%~55%的原料硫以硫化氢的形式进入气体产品中；约35%~45%的硫进入液体产品中；约5%~10%的硫进入焦炭中。渣油经加氢裂化后，含硫化合物主要以硫化氢的形式被转移到气相物流中。焦炭的硫分布较高，原料中的硫20%～27%以硫化氢形式进入气体物流中，而进入焦炭的硫分布率与原料的生焦率、原料物化性质密切相关，而且与焦化反应的操作条件和循环比密切相关。轻质馏分中硫多以硫醇、硫醚等存在，因此如航空燃料等的规格中除对总硫量有限制外还规定了硫醇性硫的允许含量。

1.5.2 硫在炼油过程中的危害

加工含硫原油时硫不仅是造成设备腐蚀和引起产品质量问题的主要根源，还会在加工过程中产生酸性水、酸性气和含硫烟气等污染物，上述污染物必须处理后才能排放。上游装置原油不断重质化、劣质化，原油中的硫含量不断升高，致使各生产装置所产不凝气中硫化氢含量升高较多。设备和管线腐蚀加剧。此外，硫的存在还造成石油加工中所用的催化剂中毒，影响产品质量。

原油中的硫主要以硫化氢、单质硫、硫醇、硫醚、二硫化物及噻吩硫等形态存在。主要存在于重质馏分中。随着石油馏分沸点的升高，硫醇硫和二硫化物的比例迅速下降。从炼油厂设备腐蚀与防护的角度考虑，一般将原油中的硫分为活性硫和非活性硫。单质硫、硫化氢和低分子硫醇都能与金属直接作用而引起设备的腐蚀，因此它们统称为活性硫。其余不能与金属直接作用的含硫化合物统称为非活性硫。非活性硫在高温、高压和催化剂的作用下，可部分分解为活性硫，有些含硫化合物在120℃就分解。原油中的含硫化合物与氧化物、氯化物、氮化物、氰化物、环烷酸和氢气等其他腐蚀性介质相互作用，可以形成多种硫腐蚀环境。硫在原油的不同馏分中的含量和存在形式不尽相同，但都随沸点的升高而增加，并且富集于渣油中。

（1）硫腐蚀的特点

硫腐蚀贯穿炼油全过程。原油中硫的总含量与腐蚀性之间并无精确的对应关系，主要取决于含硫化合物的种类、含量和稳定性。如果原油中的非活性硫易转化为活性硫，即使硫含量很低，也将对设备造成严重的腐蚀，这就使硫腐蚀发生在炼油装置的各个部位。因此，硫腐蚀装置多，腐蚀环境也多种多样，含硫化合物的转化关系相当复杂，给硫腐蚀的动力学和热力学研究、防腐蚀措施的制定及加工含硫原油的设备选材带来很多困难。在原油加工过程中，硫腐蚀不是孤立存在的。硫和无机盐、环烷酸、氮化物、水、氢、氨等其他腐蚀性介质共同作用，形成多种复杂的腐蚀环境。

（2）低温轻油部位的腐蚀

原油中存在的硫化氢以及含硫化合物在不同条件下逐渐分解生成硫化氢，与原油加工中形成腐蚀性介质（如氯化氢、氨等）和人为加入的腐蚀性介质共同形成腐蚀性环境，在装置低温部位造成严重的腐蚀。典型的有常减压蒸馏装置塔顶的 $HCl+H_2S+H_2O$ 型腐蚀环境；催化裂化装置分馏塔塔顶的 $HCN+H_2S+H_2O$ 型腐蚀环境。$HCl+H_2S+H_2O$ 型腐蚀环境主要存在于常减压蒸馏装置塔顶循环系统和温度低于150℃的部位，如初馏塔、常压塔、减压塔塔顶部位以及塔顶冷凝冷却系统，一般气相部位腐蚀较轻，液相部位腐蚀严重，气液相变部位最为严重。氯化氢和硫化氢的沸点都非常低（标准沸点分别为-84.95℃和-60.2℃），因此，在原油加工过程中形成的氯化氢和硫化氢均伴随着油气集聚在常压塔塔顶，在110℃以下遇到蒸气冷凝水会形成pH值达1～1.3的强酸性腐蚀介质，对设备造成腐蚀，对碳钢为均匀腐蚀。原油中的含硫化合物在催化裂化的反应条件下形成硫化氢，同时一些氮化物也以一定的比例存在，其中1%～2%的氮化物以HCN形式存在，从而在催化裂化装置吸收解吸系统形成 $HCN+H_2S+H_2O$ 腐蚀环境。对于硫黄回收装置，腐蚀部位主要有酸性气分液罐、急冷塔、污水汽提系统的汽提塔及原料水换热器、硫黄回收制硫系统(从余热锅炉至液硫脱气)的设备等。

(3) 高温下硫的腐蚀

典型的高温含硫化合物的腐蚀环境存在于常减压蒸馏装置中常压塔、减压塔的下部和塔底管道、常压渣油和减压渣油换热器等。催化装置中分馏塔的下部，在这些高温含硫化合物的腐蚀环境下，碳钢的腐蚀速率都在1.1mm/a以上。

在高温条件下，活性硫与金属直接反应，反应式如下：

$$H_2S+Fe = FeS+H_2 \tag{1-1-8}$$

$$S+Fe = FeS \tag{1-1-9}$$

$$2RSH+Fe = (RS)_2Fe+H_2 \tag{1-1-10}$$

高温硫腐蚀速率的大小，取决于原油中活性硫的多少，与总硫含量也有关系。温度的升高，一方面促进活性含硫化合物与金属的化学反应，同时又促进非活性硫的分解。温度高于240℃时，随着温度的升高，硫腐蚀性逐渐加剧，特别是在350~400℃时硫化氢能分解出硫和氢，硫比硫化氢腐蚀性更强。高温硫腐蚀开始时速度很快，一定时间后速率保持恒定。这是由于生成了硫化铁保护膜的缘故，而物流的流速越高，保护膜就越容易脱落，脱落后的腐蚀会重新开始。

对于硫黄回收装置，腐蚀部位主要有酸性气燃烧炉保温钉、掺和阀的金属阀芯、余热锅炉管板、换热管管头、无衬底的后管箱至一级冷凝器前管箱(含过程气管线)，转化器、加氢反应器壳体及内构件等部位。

1.6 酸性气的来源及要求

1.6.1 酸性气的来源

石化行业中，酸性气是指气体脱硫(包括干气脱硫，液态烃脱硫，焦化富气脱硫)、硫黄回收尾气处理以及含硫污水汽提所产生的硫化氢、二氧化碳等气体。这些气体的湿气体呈酸性。

硫黄回收装置的酸性气一般来自气体脱硫、含硫污水汽提、硫黄回收尾气的溶剂再生、煤化工等装置。在上游装置一般都配备了压力控制器及放火炬紧急泄放流程。为了除去酸性气中夹带凝液进燃烧炉，所有进料都配置分液罐。

(1) 气体脱硫酸性气

气体脱硫的原理是利用溶剂对硫化氢的选择性进行的，由于溶剂和硫化氢、二氧化碳的主要反应均为可逆反应，在脱硫塔中溶剂与液态烃、干气中的硫化氢、二氧化碳反应，使原料中的酸性组分被脱除；在溶剂再生塔中溶剂释放出酸性组分，从而溶剂得到再生。气体脱硫装置与硫黄回收装置关系最密切的是溶剂再生塔，再生塔操作的好坏直接影响酸性气的质量。气体脱硫装置产生的酸性气中烃对硫黄回收装置影响较大。在溶剂再生塔中通过提高塔釜温度使得反应向逆方向进行，从而使酸性组分从溶剂中释放出来，溶剂实现再生循环利用。通常溶剂再生使用的溶剂为*N*-甲基二乙醇胺，该溶剂在温度较高时易发生降解，因此溶剂再生塔温度不能控制过高，宜选用低低压蒸汽(0.35~0.40MPa)。由于酸性气带烃对硫黄回收装置影响较大，溶剂在进溶剂再生塔前一般要求设置闪蒸罐，确保富溶剂不带烃进塔。

（2）含硫污水汽提酸性气

$$NH_4^+ + HS^- \longrightarrow NH_4HS \longrightarrow (NH_3+H_2S)_l \longrightarrow (NH_3+H_2S)_g \qquad (1-1-11)$$

在常温下，硫化氢和氨溶于水，并电离成离子存在于水中。当温度升高后，式(1-1-11)所表示的平衡向右边移动，含硫污水汽提就是利用这一原理，将污水加热至125℃以上，破坏了硫化氢和氨在水中的平衡，促使它们从液相向气相中转移。同时，利用水蒸气来降低硫化氢和氨在气相中的分压，这样就可以降低硫化氢和氨在水中的含量，达到净化污水的目的。污水汽提一般分为常压汽提和加压汽提，常压汽提产生的酸性气中含有一定浓度的氨，则配套的硫黄回收装置需具备烧氨功能，主要区别在燃烧炉烧嘴及炉膛燃烧温度；而加压汽提产生的酸性气相对清洁，氨浓度一般低于1%，其配套的硫黄回收装置不具备烧氨功能，故对加压汽提装置操作的要求更加严格。

含硫污水汽提装置与硫黄回收装置关系最密切的是含硫污水汽提塔，含硫污水汽提塔操作的好坏直接影响含硫污水汽提酸性气的质量。含硫污水汽提装置酸性气中氨对硫黄回收生产影响较大。一般情况下，溶剂再生产生的酸性气中硫化氢含量比加压酸性水汽提产生的酸性气中的硫化氢含量要低，但比低压汽提装置酸性气浓度高。

由于酸性气质量直接影响硫黄回收装置的运行，因此，时刻关注上游装置发展动态，及时掌握酸性气的各种变化也是搞好硫黄回收装置操作的重要因素。

1.6.2　酸性气要求

硫黄回收装置对原料性质有较高的要求：首先，由于炼油厂硫黄回收装置使用的工艺基本都是部分燃烧法，因此按照硫黄回收方法选用原则，要求酸性气中硫化氢含量在50%以上；其次，为保证装置产品质量、保护催化剂、防止堵塞、提高转化率、维持装置的正常生产，要求清洁原料气中烃含量不得高于2%，氨含量不得高于3%。当酸性气质量达不到上述要求时，将引发装置一系列问题。相关内容将在以后章节中加以叙述。

1.6.3　相关知识

（1）酸雨的危害

清洁的降雨一般是近似中性的。由于自然界的影响，pH值一般在6.5~7.5之间变化。而人为排放的废气在大气中转化并被雨、雾吸收就产生了“酸雨”和“酸雾”。酸雨又称酸沉降，它是指pH值小于5.6的天然降水(湿沉降)和酸性气体及颗粒物的沉降(干沉降)。酸雨对人类的危害很大，其危害表现在：

① 直接损害树木的叶面蜡质层等，影响蒸腾的气体交换，造成树木逐渐枯萎。

② 使水质酸化，危害水生生物。

③ 腐蚀金属器物、设备、文物等。

④ 对人的毒害比二氧化硫大十余倍，刺激眼、呼吸道、皮肤等。

⑤ 使土壤酸化，使某些有毒金属活化。

（2）大气污染常识

大气污染物是指由于人类活动或自然过程中排入大气并对环境或人产生有害影响的物质。目前已认识到的对环境产生影响的主要大气污染物种类很多。按其存在的物理状态可概括为两大类：气体污染物和固体颗粒状态污染物；若按形成过程分类则可分为一次污染物和二次污染物。

一次污染物又称“原生污染物”，是由污染源直接排放进入环境的，如二氧化硫、一氧化氮、一氧化碳、颗粒物等。它们又可分为反应物和非反应物，前者不稳定，在大气环境中常与其他物质发生化学反应，或者作催化剂促进其他污染物之间的反应，后者则不发生反应或反应速度缓慢。环境污染主要是由一次污染物造成的，其来源清楚，可以采取措施加以控制。

二次污染物也称“次生污染物”，是一次污染物在物理、化学因素或生物作用下发生变化，或与环境中的其他物质发生反应所形成的物理化学性质与一次污染物不同的新污染物，通常比一次污染物对环境和人体的危害更为严重。如大气中的二氧化硫和水蒸气可氧化为硫酸，进而生成硫酸雾，其刺激作用比二氧化硫强十多倍。

目前已受到人们普遍重视的大气污染物如表 1-1-4 所示。

表 1-1-4　大气中主要污染物

类别	一次污染物	二次污染物
含硫化合物	二氧化硫、硫化氢	三氧化硫、硫酸
含氮化合物	一氧化氮、氨	二氧化氮、硝酸
碳的氧化物	一氧化碳、二氧化碳	
碳氢化合物(碳氢氧化合物)	$C_{1\sim5}H_n$ 化合物	醛、酮、过氧乙酰硝酸酯
含卤素化合物	氢氟酸、盐酸	
颗粒物	重金属元素、多环芳烃	H_2SO_4、SO_4^{2-}、NO_3^-

第 2 章　硫黄回收工艺原理及催化剂

2.1　硫黄回收工艺原理

2.1.1　Claus 硫黄回收的工艺原理

Claus 硫黄回收基本原理方程式见式(1-2-1)、式(1-2-2)、式(1-2-3)：

热反应　$H_2S+3/2\ O_2 = SO_2+H_2O+Q$　(1-2-1)

$2H_2S+SO_2 = 3/2S_2+2H_2O+Q$　(1-2-2)

催化反应　$2H_2S+SO_2 = 3/xS_x+2H_2O+Q$　(1-2-3)

$-Q$ 为吸热，$+Q$ 为放热，下同。

从基本原理式式(1-2-3)不难看出：反应物硫化氢与二氧化硫的摩尔比为 2 ∶ 1，即 2mol 硫化氢与 1mol 二氧化硫发生反应，生成单质硫。

酸性气中除主要含有硫化氢外，通常还含有二氧化碳、水、氨、烃类等，空气与酸性气体在炉内燃烧，反应十分复杂，反应后的气体组成也相当复杂，据推导有上百种反应，其中主要反应及主要副反应如下：

酸性气燃烧炉内的反应

除式(1-2-1)、式(1-2-2)外的反应还有：

$$H_2S+1/2O_2 = H_2O+1/2S_2+Q \quad (1\text{-}2\text{-}4)$$

$$CH_4+2O_2 = CO_2+2H_2O+Q \quad (1\text{-}2\text{-}5)$$

$$4NH_3+3O_2 = 2N_2+6H_2O+Q\text{(此反应要求温度较高)} \quad (1\text{-}2\text{-}6)$$

$$4NH_3+5O_2 = 4NO+6H_2O+Q \quad (1\text{-}2\text{-}7)$$

$$2NH_3 = N_2+3H_2-Q \quad (1\text{-}2\text{-}8)$$

副反应：

$$H_2S+CO_2 = COS+H_2O-Q \quad (1\text{-}2\text{-}9)$$

$$H_2S+1/2CO_2 = 1/2CS_2+H_2O-Q \quad (1\text{-}2\text{-}10)$$

$$H_2S+CO_2 = CO+S+H_2O-Q \quad (1\text{-}2\text{-}11)$$

上述反应大多数为可逆、放热反应，反应过程中放出大量的热，使燃烧炉温度高达 1000～1400℃，反应温度和硫化氢的纯度有关，硫化氢的纯度越高，反应温度越高；燃烧炉内反应速度很快，通常在 1s 内即可完成全部反应，因此，燃烧炉内不需催化剂。燃烧炉内理论转化率可达 60%～70%。二硫化碳的生成量主要与原料气中烃含量有关，影响最大的烃是甲烷，二硫化碳的生成量亦取决于燃烧炉的操作温度，大约在 1000℃时二硫化碳的生成量最大，然而在 1300℃时，二硫化碳的生成量又下降到一个很低的水平。式(1-2-2)在低温下为放热反应，但当温度高于 550℃时变为吸热反应，升温对反应有利。但因该反应为可逆反应，受化学反应动力学平衡制约，当温度高于 1250℃时因反应产物增多反应将向逆方向进行，故高温 Claus 反应会达到一个平衡，最高转化率不会超过 75%。一般燃烧炉温度不可过低(要维持稳定的火焰，温度在 900℃以上)，温度过低不利于高温下硫的生成，而对二硫化碳的生成等副反应有利，且温度过低，不利于烧氨反应；反应压力不可过高，维持低压操作对反应是有利的，可以促进反应向右进行。

反应器内由于反应温度较低，反应生成的硫蒸气主要由 S_6、S_8 构成，反应是放热反应；可能存在硫化氢直接氧化为硫黄的化学反应。150~200℃时转化率最高，但在200℃以下低于硫露点温度，会出现硫黄冷凝在催化剂上堵塞催化剂活性中心，故低温催化反应温度一般控制在210~350℃。反应器中重要的副反应是二硫化碳和硫氧碳的水解反应，该反应随温度的升高而增加。因此，第一反应器温度控制较高，主要是考虑到二硫化碳和硫氧碳的水解反应。通常采用提高一级反应器床层操作温度或在一级反应器下部使用专门的有机硫水解催化剂或二者同时使用，以促进二硫化碳和硫氧碳的水解，提高装置硫转化率。第二或第三反应器温度控制较低，主要是为了更有利于反应的进行，从而提高转化率。反应器内的反应除式(1-2-3)外还有：

$$2H_2S+O_2 = 2/xS_x+2H_2O+Q \tag{1-2-12}$$

$$CS_2+H_2O = COS+H_2S+Q \tag{1-2-13}$$

$$COS+H_2O = CO_2+H_2S+Q \tag{1-2-14}$$

另外，在余热锅炉中，由于温度发生了较大的变化，硫在其中还存在以下反应：

$$S_2 = 1/3S_6+Q \tag{1-2-15}$$

$$S_2 = 1/4S_8+Q \tag{1-2-16}$$

以上两反应均为放热反应。

尾气焚烧炉主要是将硫化氢、硫等转化为二氧化硫降低对大气的污染。其中的主要反应除式(1-2-1)外还有：

$$S+O_2 = SO_2+Q \tag{1-2-17}$$

$$COS+3/2O_2 = CO_2+SO_2+Q \tag{1-2-18}$$

$$CS_2+3O_2 = CO_2+2SO_2+Q \tag{1-2-19}$$

尾气加氢还原反应原理：尾气回收部分以还原吸收法为例，Claus 尾气混合掺入氢后，被加热到一定温度，在钴、钼催化剂作用下，尾气中携带的单质硫、二氧化硫等含硫化合物进行加氢反应，硫氧碳、二硫化碳等含硫化合物进行水解反应。反应式如下：

$$SO_2+3H_2 = H_2S+2H_2O+Q \tag{1-2-20}$$

$$S_8+8H_2 = 8H_2S+Q \tag{1-2-21}$$

$$COS+H_2O = H_2S+CO_2+Q \tag{1-2-22}$$

$$CS_2+2H_2O = 2H_2S+CO_2+Q \tag{1-2-23}$$

经加氢、水解反应后含硫化合物几乎都被转化成硫化氢，然后经过溶剂吸收后送到再生塔进行再生，解吸出的硫化氢返回燃烧炉前重新参加反应。

2.1.2 Claus 硫黄回收的方法及选择

为了使 Claus 反应尽可能反应完全，在进入反应器的气流中就应尽可能保持硫化氢与二氧化硫的摩尔比为 2∶1，针对不同浓度的酸性气，为了达到这一条件，经过不断摸索，现已形成了三种主要的硫黄回收方法，即部分燃烧法、分流法和直接氧化法。

2.1.2.1 部分燃烧法

酸性气中硫化氢浓度大于50%时，推荐使用部分燃烧法工艺。部分燃烧法是将全部酸性气体引入燃烧炉与适量空气在炉内进行部分燃烧，控制空气供给量使烃类完全燃烧和酸性气中的三分之一硫化氢燃烧成二氧化硫。硫化氢发生高温热反应，第一步是参与反应的三分之一硫化氢转化为二氧化硫；第二步是剩余的三分之二硫化氢与第一步反应生产的二氧化硫反应，转化为气态硫，转化率在60%~70%之间，并保证气流中硫化氢与生成的二氧化硫摩尔比为2∶1，以达到低温催化反应的条件。炉内燃烧后，剩余的硫化氢和二氧化硫进入反应器，在催化剂的作用下，发生 Claus 反应生成硫。各部操作温度控制在高于硫的露点 30℃以上为宜。

2.1.2.2 分流法

当酸性气中硫化氢含量为15%~50%时，推荐使用分流法硫黄回收工艺。这是由于硫化氢浓度较低，反应热量不足，难以维持燃烧炉内高温 Claus 反应要求的温度。分流法是将三分之一的酸性气送入燃烧炉，与适量空气燃烧，生成二氧化硫，二氧化硫与未进入燃烧炉的其余酸性气进入反应器内，进行低温催化反应。分流法一般设计两级催化反应器，其硫化氢的总转化率可达85%~92%。对装置规模较低(日产硫黄不足10吨)或酸性气组成变化较大的装置，为简化操作条件，可采用分流法。但对于含烃酸性气不能使用本法。

2.1.2.3 直接氧化法

酸性气中硫化氢浓度在2%~15%时，用部分燃烧法和分流法所产生的反应热不足以维持酸性气燃烧炉内的燃烧，应采用直接氧化法硫黄回收工艺。此法是将酸性气和空气分别预热，预热到要求温度后，进入反应器内进行低温催化反应，所需空气量仍为三分之一硫化氢完全燃烧时的量。该工艺采用两级催化转化反应器，硫化氢总转化率可达50%~70%。

需要说明的是硫化氢浓度的划分范围并非十分严格，关键是酸性气燃烧炉内必须维持稳定的火焰，入反应器过程气中硫化氢与二氧化硫摩尔配比维持在2∶1。

由于炼油厂酸性气中硫化氢浓度大多高于50%(体)，尤其是上游脱硫装置采用高效脱硫溶剂后，硫化氢浓度提高至70%(体)以上，且酸性气中含有烃类物质，因而炼油厂硫黄回收装置都采用部分燃烧法。本书将主要介绍部分燃烧法。以下的介绍都是基于酸性气部分燃烧法进行的。

2.2 国内几种典型处理方法的介绍

2.2.1 硫黄回收装置的基本流程

2.2.1.1 硫黄回收装置的基本流程

硫黄回收装置改进后的流程形式非常多，但其主体流程基本相同，改进只是为了提高主体硫黄回收转化率，减少尾气排放的污染。主体流程基本包括一段高温转化、二段或多段低温转化。硫黄回收装置示意流程见图1-2-1，尾气处理装置示意流程见图1-2-2。

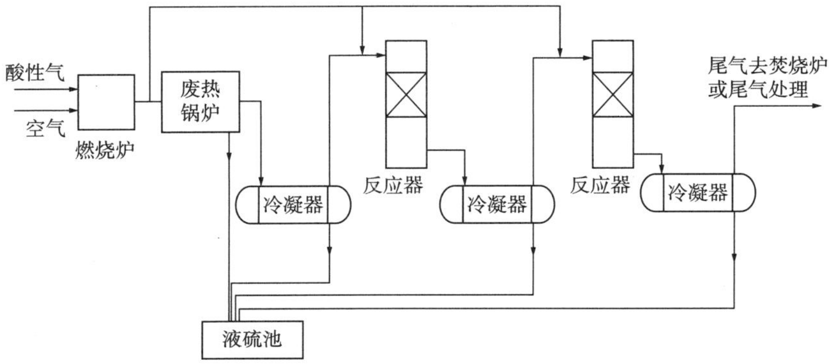

图1-2-1　硫黄回收装置示意流程图

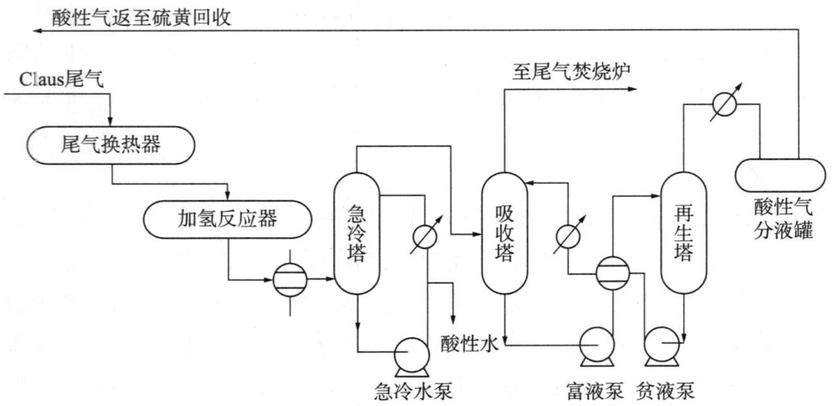

图 1-2-2　尾气处理装置示意流程图

流程叙述：自溶剂再生装置、酸性水汽提装置及尾气处理部分来的酸性气进入酸性气分液罐分液，酸性气分液罐排出的酸性液，自流至酸性液压送罐，定期用氮气或泵压送到装置外(如酸性水汽提装置)处理。分液后的酸性气进入酸性气燃烧炉。

由燃烧炉鼓风机来的空气进入酸性气燃烧炉，控制配风量进行燃烧。

燃烧后的高温过程气经余热锅炉冷却后进入一级冷凝冷却器冷却，一级冷凝冷却器冷凝下来的液硫从底部经自流硫封罐进入液硫储池(罐)。过程气加热至适当温度，进入一级反应器，在催化剂作用下，硫化氢与二氧化硫发生 Claus 反应，生成单质硫。反应后的过程气经二级冷凝冷却器冷却后，液硫从底部经自流硫封罐进入液硫储池(罐)，过程气用炉内高温气流掺和(或加热至适当温度)后进入二级反应器，在催化剂作用下，硫化氢与二氧化硫继续发生反应，生成硫黄。过程气经三级冷凝冷却器冷却后，液硫从底部自流至硫封罐进入液硫池(罐)，尾气再经捕集器进一步捕集硫雾后，进入尾气处理系统。

产生的液硫全部汇集进入液硫池(罐)，液硫释放出的少量硫化氢经液硫脱气装置送到燃烧炉或加氢反应处理器。脱气后的液硫或以液硫形式出厂，或经液硫泵送至成型机进行成型。固体硫黄经计量、缝袋后储存在仓库内或直接销售出厂。

经捕集硫雾后的硫黄尾气经尾气加热器，与外补氢气混合进入加氢反应器。在还原/水解催化剂的作用下，过程气中的单质硫、二氧化硫等含硫化合物被还原成硫化氢；硫氧碳、二硫化碳等则被水解生成硫化氢和二氧化碳。加氢反应为放热反应，离开反应器后的过程气经换热后进入急冷塔。

尾气在急冷塔内利用循环急冷水来降温。急冷水自急冷塔底部流出，经急冷水泵加压、冷却器冷却后，返回急冷塔顶。因尾气中水蒸气被冷凝，产生的酸性水由急冷水泵送至含硫污水汽提装置。为了防止酸性水对设备的腐蚀，需向急冷水中注氨，操作中根据 pH 值大小，确定注入的氨量。

急冷后的尾气离开急冷塔顶进入尾气吸收塔，用溶剂吸收尾气中的硫化氢，同时由于溶剂为弱碱性还会吸收部分二氧化碳。吸收塔底富液用富液泵送至溶剂再生装置处理。从尾气吸收塔塔顶出来的净化尾气进入尾气焚烧炉焚烧，由燃料气流量控制炉膛温度为 500～800℃；用焚烧炉鼓风机供给焚烧所需要的空气，尾气中残余的硫化氢及其他硫化物几乎完全转化为二氧化硫。焚烧后的尾气换热后，经烟囱排放。部分装置为降低烟气二氧化硫排放浓度，在焚烧炉烟气换热器后增加了烟气脱硫单元，用碱液对烟气中二氧化硫进行吸收净化后，烟气高空排放。

当硫黄回收部分事故状态时，酸性气送火炬焚烧后放空；当尾气处理部分事故状态且装置有烟气脱硫设施能够在事故状态满足烟气二氧化硫达标排放时，Claus 尾气可通过跨线，直接进入尾气焚烧炉焚烧，经烟气脱硫设施处理后通过烟囱排放。

燃烧炉余热锅炉产生的蒸汽，送至蒸汽管网或减压后供装置内保温、伴热用；一、二、三级冷凝冷却器产生的低压蒸汽供装置内保温、伴热用。

装置内部伴热、夹套伴热以及来自尾气处理装置的凝结水汇集进入凝结水罐，闪蒸乏汽后，经凝结水泵送至装置回用；剩余凝结水送出装置。

闪蒸出的乏汽，经乏汽空冷器冷凝冷却后，返回凝结水罐循环使用。

2.2.1.2 硫黄回收装置的再热

各厂 Claus 硫黄回收装置的不同在很大程度上就在于再热方式的不同。再热方式的变化使得 Claus 硫黄回收工艺呈现出多样性。

Claus 硫黄回收工艺中的过程气再热的目的是提高第一、二级反应器的入口温度，使 Claus 反应在要求的床层温度下进行。再热在该工艺中具有非常重要的意义：再热的多种形式使 Claus 硫黄回收工艺呈现多种变化；再热方式的不同直接影响 Claus 工艺的硫转化率和硫黄回收率；再热方式的不同对设备检修、生产运行也有重要影响。

目前国内的 Claus 硫黄回收工艺中，主要的再热方式有直接加热法和间接加热法两种。其主要的几种再热方式见表 1-2-1。

表 1-2-1　Claus 硫黄回收工艺中主要的几种再热方式

<table>
<tr><td rowspan="9">再热方式</td><td rowspan="5">直接加热法</td><td rowspan="3">掺和法</td><td rowspan="2">外掺和法</td><td>高温掺和法</td></tr>
<tr><td>次高温掺和法</td></tr>
<tr><td>内掺和法</td><td></td></tr>
<tr><td rowspan="2">在线加热炉法</td><td>以燃料气为燃料</td><td></td></tr>
<tr><td>以天然气为燃料</td><td></td></tr>
<tr><td rowspan="4">间接加热法</td><td>气-气换热法</td><td></td><td></td></tr>
<tr><td>气-汽换热法</td><td></td><td></td></tr>
<tr><td>电加热法</td><td></td><td></td></tr>
<tr><td>管式在线炉法</td><td></td><td></td></tr>
</table>

（1）直接加热法

1）掺和法

① 外掺和法：

a. 高温掺和法　该法的主要特点是：利用高温掺和阀从燃烧炉中后部引出一股（或二股）高温气流（温度约 1200℃）掺和到从余热锅炉来的、经过降温的一级（或二级）反应器的入口气流中，使过程气达到再热的目的。高温掺和法的优点是设备简单、占地面积小、投资少、温度调节灵活。缺点是：阀芯的选材与制造困难（金属阀芯腐蚀严重，陶瓷阀芯因制造、安装不当在正常生产中极易损坏），对安全生产造成不利影响；因掺和气流中含有大量未经冷凝的硫蒸气，采用高温掺和法对 Claus 部分的总硫转化率也有一定影响。

b. 次高温掺和法　其特点是：余热锅炉采用二管程结构（在高温掺和法中，余热锅炉采用一管程结构），利用次高温掺和阀将掺和气体从余热锅炉中间（第一管程出口处）引出（温度约为 650℃），掺和到反应器入口气流中，使过程气达到再热的目的。次高温掺和法的优点是：占地少、温度调节灵活、对掺和阀阀芯的材质要求也比较低，有利于安全生产；缺点是：余热锅炉的制造及维修比较困难；因掺和气量大，对总硫转化率的影响也稍大。

② 内掺和法　内掺和法的特点是：将掺和管线（内旁通管类似于外掺和法中的掺和阀）和余热锅炉的炉管组合在一起，使掺和过程在余热锅炉的尾部进行，利用冷热掺和管出口阀开度的不同来调节一级反应器入口的过程气温度。和外掺和法相比，内掺和法最显著的优点是更节省占地面积，但是由于掺和管设置在余热锅炉内部，一旦发生故障，检修比较困难；同时由于热掺和阀直接与高温气体接触，热掺和阀易损坏。

在国内早期硫黄回收装置中，一级反应器再热采用内掺和法较多。近年来大型硫黄回收装置采用较少。

2）在线加热炉法

在线加热法的特点是：以加热炉取代换热器，要求燃料燃烧良好，避免对催化剂造成不利影响，因此在线加热炉法对自动控制的要求比较严格；同时该方法增加了仪表和设备投资，占地也比较多；由于引进了烟气，增大了过程气量，使设备尺寸变大；在达到相同净化度的情况下，增大了二氧化硫的排放量。在线加热炉法根据所用燃料的不同，主要有两种：

① 以燃料气、天然气为燃料的在线加热炉法　在天然气工业中，天然气组成比较稳定，在线加热炉的操作比较方便；在炼油工业中，由于炼油厂燃料气组成不稳定，给操作调节带来很大困难，对自控仪表的要求也很高，一般需配置在线组分监测及复杂控制回路，从而确保控制稳定。因此在炼油厂硫黄回收装置中一般不用在线加热炉法。

② 以酸性气为燃料气的在线加热炉法　在线加热炉以酸性气为燃料，所需空气量以进炉酸性气中1/3体积的硫化氢转化为二氧化硫的计算量为准，炉内温度以进炉酸性气量的多少来控制。

以酸性气为燃料的在线加热炉法在国内硫黄回收装置中还没有应用的先例。

（2）间接加热法

① 气-气（汽）换热法　该方法的主要特点是：采用间接加热方式取代掺和法中的掺和阀。其主要缺点是：设备投资增加，占地面积增大；优点是：设备运行稳定，不易损坏，有利于安全生产，有利于提高硫黄回收的总硫回收率。

气-汽换热法一般采用余热锅炉产生的中压蒸汽（3.5~4.5MPa）作热源，在引进技术中应用比较多。特点是操作简单，但受制于中压蒸汽温度，温度有上限，无法满足装置停工热浸泡需求，一般会辅以电加热器使用。

气-气换热法一般用来对二级反应器入口过程气进行升温，热源一般采用一级反应器（或二级反应器）的反应热。该技术在国内外硫黄回收装置中应用都比较普遍，其缺点是压降较大，管线布置比较复杂，壳程检修难度大。

气-汽换热器也可适用于对酸性气和/或空气进行加热，从而提高燃烧炉炉膛温度，已广泛应用于各炼厂。

② 电加热法　电加热法的特点是：用电作热源来提高反应器入口温度。电加热法的操作和控制都比较简单，但能耗较高。目前国内还没有电加热器的生产厂家，其应用受到很大限制。在引进装置中，电加热器作为一种补偿措施主要是在开工阶段或反应热不足以提供所需热量时使用。

③ 管式在线炉法　管式在线炉在硫黄回收装置中很少应用。在此不做进一步讲述。

各种再热方法的比较见表1-2-2。

表 1-2-2　再热方法比较

再热方法	特点
内掺和法	流程简单，设备少，高温蝶阀材质要求高（硫蒸气冷凝会影响蝶阀开度的控制，从而影响温度调节），且检修困难，影响转化率，目前国内大部分已改造为外掺和法
外掺和法	温度调节灵活、方便（反应器入口温度要求自动调节掺和阀开度）。影响转化率（由于掺和气体中含有硫元素，促使反应向左移动，通常转化率下降约 0.2%~0.3%），随炉膛温度和装置规模的扩大，掺和阀的材质选择和制造难度也增加。国内广泛采用该法（国外由于燃烧炉温度高，掺和阀材质选择困难，影响使用寿命和装置长周期稳定运行，不采用）
在线炉加热法	温度调节灵活，酸性气、燃料气和空气流量比例控制严格（空气不足或空气过量都会引起催化剂失活或亚硫酸化，因炼油厂酸性气和燃料气组成不稳定），限制了炼厂使用范围，而天然气净化厂广泛使用
蒸汽加热法	操作和控制简单，不影响转化率，但能耗较高。措施：余热锅炉自产高压蒸汽作为加热介质，余热锅炉投资大幅上升；采用混合预热法（一级反应器采用掺和法，二、三级反应器采用蒸汽加热法）
气-气换热法	操作简单，不影响转化率，但换热效率甚低，设备庞大，操作弹性较小，且压降增加，管线布置较复杂，壳程检修难度大
电加热法	操作和控制简单，不影响转化率，但能耗较高，设备需引进，费用较高

2.2.1.3　富氧 Claus 硫回收技术

富氧 Claus 硫回收技术是以氧气或富氧空气代替空气进入酸性气燃烧炉的工艺。富氧硫回收技术目前以采用 Cope 法和 Sure 法居多。

Cope 工艺的技术核心是增设过程气循环系统（从一级冷凝器出口有一股过程气返回至燃烧炉入口），保持燃烧炉炉膛温度低于炉壁耐火材料允许温度。Cope 工艺可使装置处理能力增加 60%~100%。其示意流程见图 1-2-3。

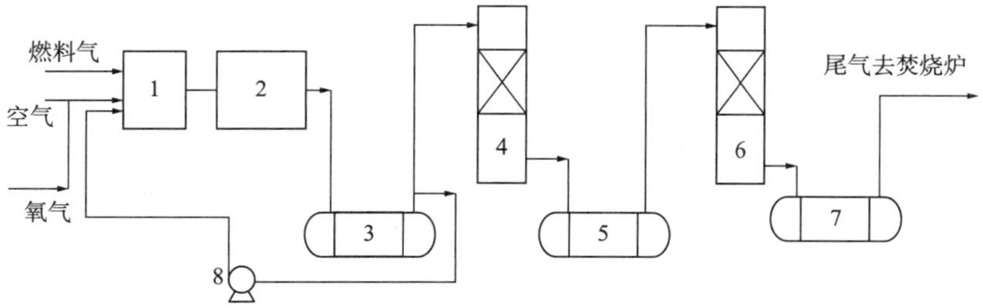

图 1-2-3　Cope 工艺示意流程图

1—燃烧炉；2—余热锅炉；3、5、7—冷凝器；4、6—反应器；8—循环风机

Sure 工艺流程根据空气中氧含量分为低富氧含量工艺、中富氧含量工艺、高富氧含量工艺三种。各种不同氧含量的 Sure 工艺比较见表 1-2-3。

表 1-2-3　不同氧含量的 Sure 工艺

	低富氧含量工艺	中富氧含量工艺	高富氧含量工艺
空气中氧含量	<28%	28%~45%	>45%
工艺特点	将纯氧或富氧空气掺入燃烧用空气中，装置无须改动设备	将氧引入燃烧空气中，使氧浓度在 28%~45%。燃烧炉要特别设计，需使用 Sure 燃烧器；并受余热锅炉和一级硫冷凝器取热能力的限制	炉膛温度将超过耐火材料的温度极限，需采用 Sure 双燃烧工艺；流程和设备需部分修改：采用串联两座燃烧炉和两台余热锅炉串联排列，酸性气和部分富氧进入第一燃烧炉，燃烧后过程气经第一余热锅炉冷却并和剩余富氧进入第二燃烧炉，再经第二余热锅炉及硫冷凝器进入催化反应部分
装置处理能力增加	20%~25%	75%	150%

上述三种不同氧含量工艺可根据装置处理量的要求进行选择，也可分步实施。

2.2.2 国内外尾气处理现状简介

目前各国天然气与炼厂气脱硫大多采用溶剂循环法，从溶剂再生装置出来的硫化氢送到硫黄回收装置，采用 Claus 法回收硫黄。但硫黄回收装置的 Claus 尾气中，二氧化硫和硫化氢等硫化物含量仍高达 1%~2%，远高于烟气二氧化硫允许排放值。因此，回收 Claus 装置尾气中的硫化物，不管是在经济方面还是在环境保护方面都是重要的。

处理 Claus 装置尾气中的硫化物，大约有几十种不同的方法，归纳起来，按工艺原理大致可分为低温 Claus 工艺、还原-吸收工艺和选择性催化氧化工艺三大类。目前运用得比较多的方法见表 1-2-4。

表 1-2-4 硫黄回收尾气处理工艺

低温 Claus 工艺	MCRC(亚露点硫回收工艺)	
	CBA(Clod Bed Adsorption)冷床吸附工艺	
	Clauspol(克劳斯朴尔)	
还原-吸收工艺	SCOT(斯科特)	
	串级 SCOT	公用再生塔
		分流式 SCOT
	RAR(reduction-absorption-recycling)还原-吸收再循环	
	SSR(Sinopec Sulphur Reconery)	
选择性催化氧化工艺	Super Claus 99	
	Super Claus 99.5(超级克劳斯法)	

2.2.2.1 低温 Claus 工艺

低温 Claus 工艺包括的技术比较多，美国的 CBA 工艺、鲁奇公司的 Sulfreen 工艺、加拿大 Delta 公司的 MCRC 工艺、法国石油研究院的 Clauspol-1500 和 Clauspol-300 工艺均属于低温 Claus 技术。我国自 20 世纪 80 年代起相继引进了 Sulfreen 工艺、MCRC 工艺和 Clauspol-300 工艺。几种常见的工艺见表 1-2-5。

表 1-2-5 低温 Claus 工艺各尾气处理方法一览表

	MCRC 工艺	CBA 工艺	Clauspol 工艺
工艺原理	在液相(在略高于硫熔点的温度下)或固体(低于硫露点温度下)催化剂上进行低温 Claus 反应		
反应场所	固体催化剂	固体催化剂	液相(加有特殊催化剂的有机溶剂)
专利技术	加拿大	美国	法国
工业化时间	1976 年	1976 年	1971 年
是否已经引进	已经引进	已经引进	已经引进
硫回收率	98.5%~99.5%		

(1) 工艺流程

以已引进的 MCRC 为代表，示意流程见图 1-2-4。

MCRC 法的前半部分(包括酸性气燃烧炉、余热锅炉和一级反应器系统)和普通 Claus 硫回收工艺相同，后半部分有两个或三个 MCRC 反应器，其中一个反应器处于高温再生，并同时进行常规 Claus 反应，另一个或二个反应器处于低温 Claus 反应和吸附，反应器用时间程序控制器定时切换操作，起到常规 Claus 加尾气处理一顶二的作用。

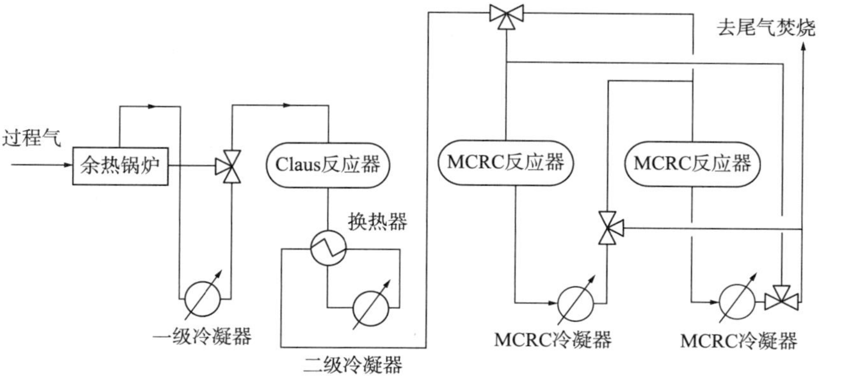

图 1-2-4　三床反应器 MCRC 示意流程

（2）操作关键

根据 Claus 基本原理反应式，可以看出，无论反应是在液相催化剂上进行还是在固体催化剂上进行，控制过程气中 H_2S/SO_2的比例是提高硫回收率的关键，如 MCRC 法为使装置硫回收率达到 99.5%，操作中要严格控制 H_2S/SO_2比例在 2.01~2.24。

2.2.2.2　还原-吸收工艺

还原-吸收工艺是用氢或氢和一氧化碳混合气体作还原气体，将尾气中的二氧化硫和单质硫等加氢还原生成硫化氢，尾气中的硫氧碳、二硫化碳等有机硫化物水解为硫化氢，再通过选择性脱硫溶剂进行化学吸收，溶剂再生装置再生塔解析出的酸性气返回至硫黄回收装置作原料，经处理后继续回收硫。大部分还原-吸收工艺都是在 SCOT 工艺的基础上发展起来的，故重点介绍 SCOT 工艺。

（1）SCOT 工艺

Shell 公司开发的 SCOT 法，是基于在一种钴-钼型催化剂上，使 Claus 尾气中的二氧化硫、有机硫化物、硫蒸气等含硫化合物在催化剂作用下加氢转化成硫化氢，同时，Claus 尾气中的硫氧碳、二硫化碳等有机硫化物水解为硫化氢，再通过选择性脱硫溶剂进行化学吸收，经溶剂再生装置再生塔解析出酸性气返回至硫黄回收装置作为原料。如此处理后尾气残硫含量甚低，可直接焚烧后排放大气，因而近年来 SCOT 法已日益增多。第一套 SCOT 工业装置于 1973 年投产，我国已引进该专利技术。

1）工艺原理

Claus 装置尾气中二氧化硫与硫蒸气在催化剂存在下，能与还原性气体氢气进行式（1-2-20）、式（1-2-21）所示的反应。

基于以上反应，Claus 尾气中的二氧化硫、硫蒸气、有机硫化物几乎都转化成硫化氢，再经胺法回收硫化氢后，净化尾气焚烧后即可排放。

2）工艺流程与操作条件

SCOT 法工艺流程见图 1-2-5。

硫黄回收装置 Claus 尾气进 SCOT 装置时温度为 130~140℃，为获取还原性气体氢气，传统的 SCOT 工艺首先利用在线燃烧炉提高 Claus 尾气进反应器温度，利用天然气与空气在炉内欠氧燃烧生成还原性气体氢和一氧化碳。还原性气体和 Claus 尾气混合，温度达 300℃左右，再进入加氢反应器。出反应器的热气流一般先进入蒸汽发生器冷却至 140~170℃，然后进入冷却塔冷却至 40℃，再进入吸收塔底部，与塔顶来的脱硫溶剂(贫液)逆流接触。吸收了硫化氢的溶液通入再生塔中提馏出硫化氢并送回硫黄回收装置重复利用。再生的胺溶液用于循环吸收。出吸收塔的净化尾气通入焚烧炉焚烧后由烟囱排放大气。

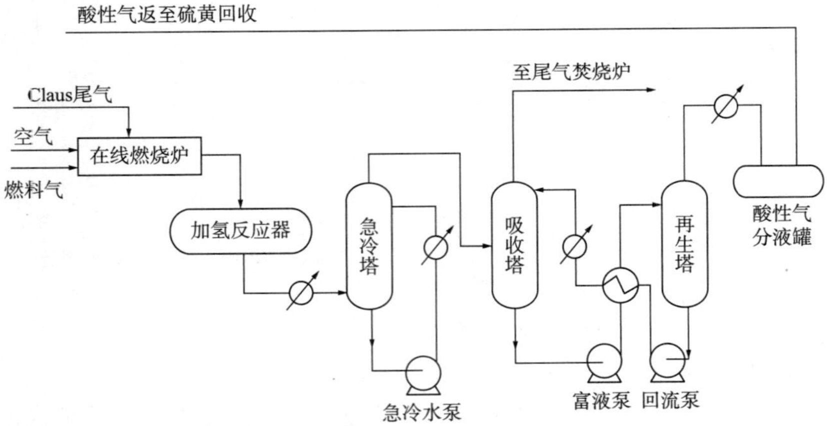

图 1-2-5　SCOT 法示意流程

全装置可分为三个部分：

① 加氢还原部分：Claus 尾气和氢、一氧化碳等高温还原气体(该气体是用燃料气在线还原炉发生次化学当量反应产生的)混合至约 280℃后，进入加氢反应器，在加氢催化剂作用下发生加氢反应。

② 急冷部分：由于加氢还原系放热反应，离开加氢反应器的过程气先经余热锅炉发生低压蒸汽(0.35~0.4MPa)，使气体温度降至约 160℃进入急冷塔，并在急冷塔中和低温含硫氨水逆流接触，使过程气中大量水蒸气冷凝并使过程气温度降至吸收温度。

当装置规模较小、工厂不需要低压蒸汽或要求 SCOT 装置压降很低时，可不设余热锅炉，反应后气体直接进入急冷塔，约可减少 0.001MPa 的压降。

③ 吸收再生部分：同常规脱硫装置。目前溶剂基本采用甲基二乙醇胺。

3）特点

对 Claus 硫回收装置 Claus 的适应性强，净化度高，硫回收率高达 99.8%，甚至更高，但流程复杂，投资和操作费用都较高，适用于大、中型装置或环境要求严格的地区。

(2) 串级 SCOT 法

该法是荷兰一家公司的专利技术。工艺原理和 SCOT 法相同，硫回收率≥99.8%。串级 SCOT 法和 SCOT 法的比较见表 1-2-6。

表 1-2-6　串级 SCOT 法和 SCOT 法的比较

	SCOT 工艺	串级 SCOT 工艺	
工艺原理	还原-吸收-再生		
硫回收率	≥99.8%		
吸收-再生部分设置	独立式	合并式	
		共用再生塔	分流式 SCOT

	SCOT 工艺	串级 SCOT 工艺	
	设置了专供本装置使用的吸收-再生部分	换热及再生都是在上游脱硫装置的换热器和再生塔进行，以减少投资和公用工程	SCOT 装置的富液作为脱硫装置二次吸收溶剂，循环至脱硫装置吸收塔的中部再利用
设备设置	吸收塔，换热器，再生塔	吸收塔	吸收塔
设备投资	较高	较低	最低
能耗	较高	较高	较低

我国已引进了分流式串级 SCOT 工艺专利技术及关键设备，并已投产。其工艺示意流程见图 1-2-6。

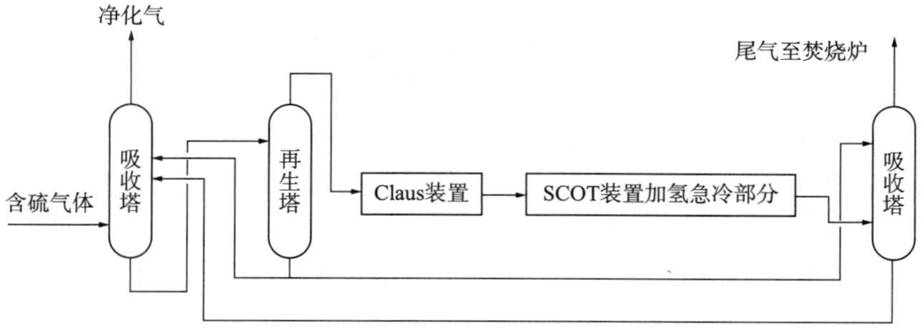

图 1-2-6　分流式串级 SCOT 工艺示意流程

（3）RAR 法

RAR 法是意大利 KTI 国际动力技术公司的专利技术。工艺原理和 SCOT 法相同，硫回收率≥99.8%。

RAR 法和 SCOT 法的比较见表 1-2-7。

表 1-2-7　RAR 法和 SCOT 法的比较

	SCOT	RAR
工艺原理	还原-吸收-再生	
硫回收率	≥99.8%	
H_2 提供方式	在线还原炉发生次化学当量反应产生氢源	外供氢源
加氢反应器入口气体的加热方式	在线还原炉	采用气-气换热器（和加氢反应器出口过程气换热）；现在也有采用加热炉加热的
急冷塔系统消除腐蚀措施	注氨或注碱消除腐蚀，急冷塔系统设备采用碳钢	不注氨或注碱，急冷塔系统设备采用不锈钢

RAR 法加氢部分示意流程见图 1-2-7。

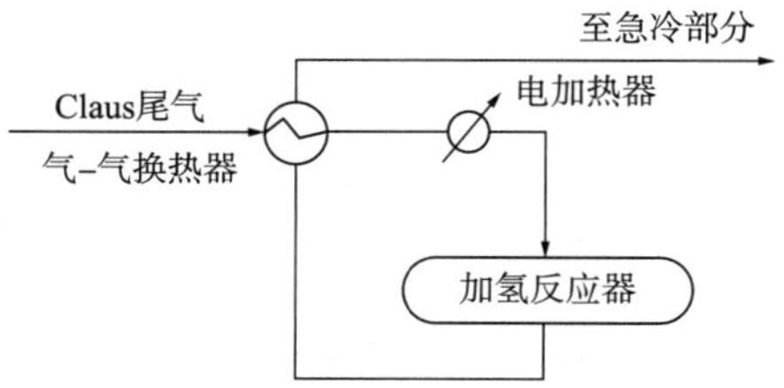

图 1-2-7　RAR 法加氢部分示意流程

（4）SSR 法

SSR 工艺属于还原吸收工艺，利用焚烧烟气余热加热硫黄回收尾气，达到加氢反应的温度，与常规的 SCOT 尾气处理工艺相比，取消了 SCOT 工艺中的在线加热炉及其配套的鼓风机等设备，避免了 SCOT 工艺中存在的许多问题，具有以下特点：

① SSR 工艺从硫黄回收至尾气处理全过程，只有硫黄回收燃烧炉和尾气焚烧炉，中间过程没有任何在线加热炉和外供热源的加热设备，利用自身尾气燃烧放出的热量加热硫黄回收尾气达到加氢反应温度。该工艺的设备台数、控制回路少于类似工艺，而且投资省、能耗低、占地面积较小。

② SSR 工艺无在线加热炉，无燃料气和空气进入系统，即无额外的惰性气体进入加氢反应器及其后部系统，使过程气总量较有在线加热炉的同类工艺少 5%~10%，因此设备规模小，尾气排放量和污染物(二氧化硫)绝对排放量少。

③ 取消了烦琐复杂的控制系统，加氢反应器入口温度为单参数调节，仅需调节尾气加热器热旁路量来控制加氢反应入口温度，使操作简便易行。

④ SSR 工艺使用外供氢作氢源，但对外供氢纯度要求不高，从而使该工艺对石油化工企业硫黄回收装置具有广泛的适应性。

⑤ SSR 工艺的主要设备均使用碳钢制造，且都可由国内制造。

中国石化齐鲁分公司胜利炼油厂年产 80kt 硫黄的硫黄回收装置是 SSR 工艺首次在大型硫黄回收装置上应用，该装置采用一段高温转化、两段催化转化硫黄回收和 SSR 尾气处理工艺。采用高温掺和达到一级催化转化温度，利用一级反应器出口过程气换热方式达到二级催化转化温度。硫黄回收尾气经尾气加热器达到加氢反应温度，尾气加热器采用气-气换热器，该设备热效率高，投资低。装置开工后，分析结果表明净化气中总硫含量达到国家排放标准，总硫黄回收率大于 99.9%。

SCOT 法和 SSR 法的比较见表 1-2-8。

表 1-2-8　SCOT 法和 SSR 法的比较

	SCOT 法	SSR 法
工艺原理	还原-吸收-再生	
硫回收率/%	≥99.8	
氢提供方式	在线还原炉发生次化学当量反应产生氢源	外供氢源
加氢反应器入口气体的加热方式	在线还原炉	采用气-气换热器(和尾气焚烧炉出口烟气换热)

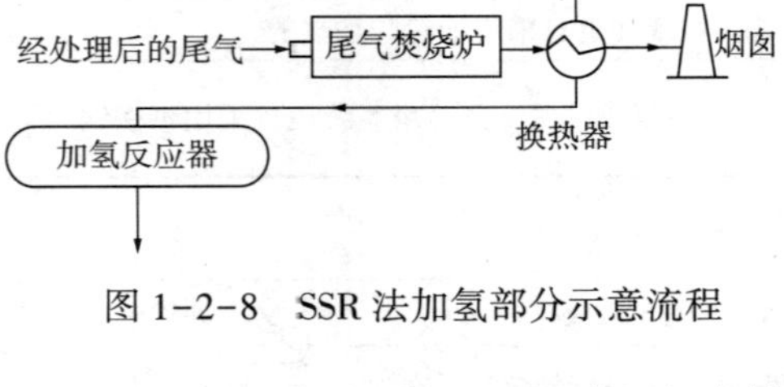

图 1-2-8　SSR 法加氢部分示意流程

SSR 法加氢部分示意流程见图 1-2-8。

(5) 其他方法

还原-吸收工艺中除上文介绍的几种工艺方法外，还有 ARCO 法、HCR 法、Super SCOT 和低硫 SCOT 法等。其中以 Super SCOT 和低硫 SCOT 法尾气净化度最高，净化气中硫化氢含量可小于 10μg/g，总硫含量小于 50μg/g，硫回收率可达 99.95%。

Super SCOT 法采用二段再生和降低贫液温度措施。上述两个措施可单独采用，也可同时采用。

① SCOT 法和 Super SCOT 法的比较见表 1-2-9。

② Super SCOT 工艺吸收-再生部分示意流程见图 1-2-9。

表 1-2-9　Super SCOT 法和 SCOT 法的比较

	SCOT	Super SCOT
工艺原理	还原-吸收-再生	
硫回收率/%	≥99.8	≥99.95
进入吸收塔的贫液和气体温度	常规	较低(硫化氢在胺液中的溶解度随温度降低而增加，因此降低贫液温度可达到提高净化度的目的)
再生塔	单段	二段再生塔分为上、下二段，上段贫液采用浅度再生，再生后部分贫液送至吸收塔中部作为吸收溶剂，其余部分进入下段进行深度再生；下段贫液进行深度再生，再生后贫液送至吸收塔顶部。可以看出，采用二段再生不但能改善贫液质量，还能降低再生需要的蒸汽耗量
贫液质量	常规再生 贫液质量一般	深度再生，贫液质量好。(为了提高净化度，必须首先提高贫液的再生效果，降低贫液中硫化氢含量)
蒸汽消耗	常规	较高(在要求 SCOT 法也达到 Super SCOT 法的净化度时，则 Super SCOT 法蒸汽用量比 SCOT 法减少 30%)
设备投资(相对比较)/%	100	≈130

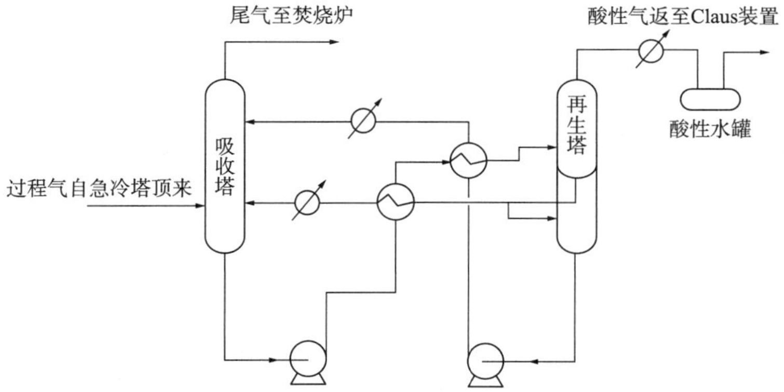

图 1-2-9　Super SCOT 工艺吸收-再生部分示意流程

低硫 SCOT 法：低硫 SCOT 法和 SCOT 法的比较见表 1-2-10。

表 1-2-10　低硫 SCOT 法和 SCOT 法的比较

	低硫 SCOT 法	SCOT 法
工艺原理	还原-吸收-再生	
硫回收率/%	≥99.95	≥99.8
吸收塔和再生塔塔盘数	较多	常规
进入吸收塔的贫液和气体温度	较低	常规
投资/%	115(由于塔盘数增加和冷却面积增加)	100
溶剂	加入助剂，以改善再生效果(即在相同蒸汽耗量时，贫液质量提高；或为达到相同贫液质量，蒸汽耗量降低)	常规

2.2.2.3　选择性催化氧化工艺

催化氧化工艺的基本原理是利用选择性氧化催化剂将尾气中的硫化氢直接催化氧化为硫

元素，以提高硫回收率。属于该工艺的有 BSR-Selectox 法、Modop 法和 Super Claus 法，其中以 Super Claus 法发展最迅速。

Super Claus 是荷兰公司的专利技术。1988 年首次在德国工业化，近年来发展迅速，目前已有超过一百套的装置(包括新建和改造)获得了专利许可证。它的优点是工艺简便、投资较低、硫回收率较高。硫回收率为 98.5%~99.5%。目前国内已有引进。

Super Claus 法分 Super Claus 99 和 Super Claus 99.5 两种工艺。示意流程分别见图 1-2-10 和图 1-2-11。前者是在常规 Claus 硫黄回收后增加一个选择性氧化反应器，采用专利氧化催化剂，使过程气中硫化氢直接氧化为元素硫，装置硫回收率为 99%；后者是在常规 Claus 硫黄回收和选择性氧化反应器之间增设加氢过程，将过程气中的元素硫、二氧化硫加氢成为硫化氢，硫氧碳、二硫化碳水解成为硫化氢，在选择性氧化反应器中使过程气中硫化氢直接氧化为元素硫，硫回收率可达 99.5%。

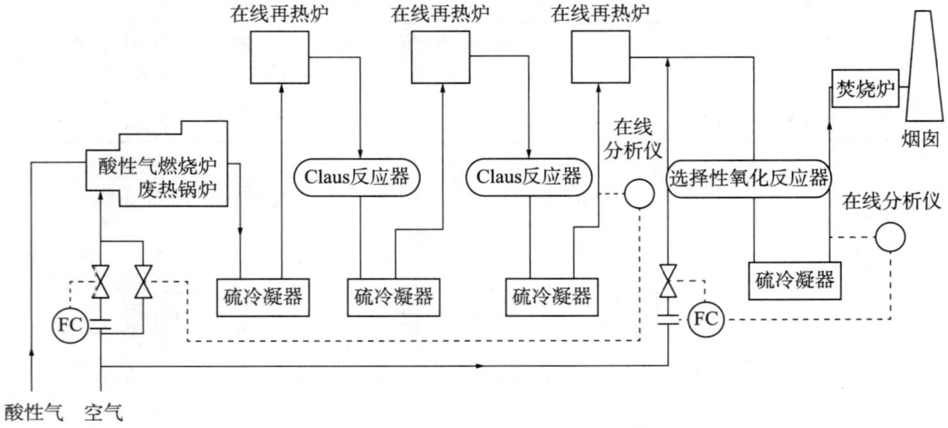

图 1-2-10　Super Claus 99 工艺示意流程

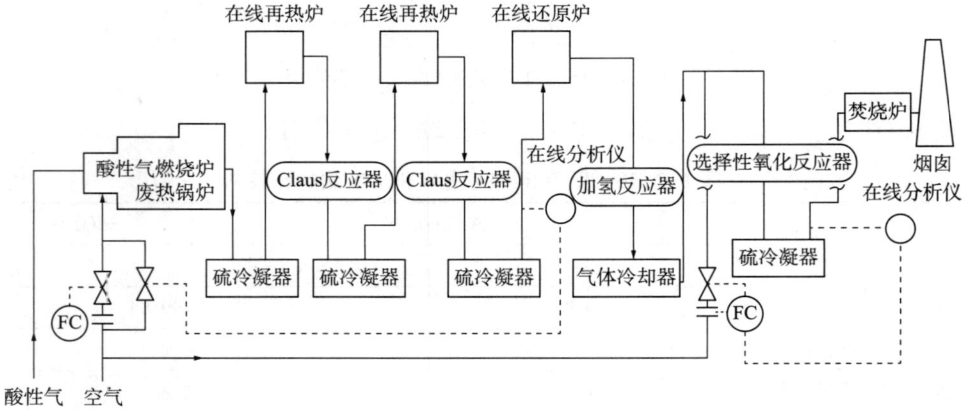

图 1-2-11　Super Claus 99.5 工艺示意流程

除 Super Claus 法外，还有 BSR-Selectox 法和 Modop 法。由于这两种方法所采用的氧化催化剂对水蒸气含量有一定要求，需采用接触冷却器使气流中的水蒸气含量从约 30%减少到约 5%，因而比 Super Claus 99.5 法增加了冷却脱水过程，使流程复杂，引起酸性水的二次污染，使发展受到限制。

2.2.2.4 湿法制酸法

从前文的介绍可以看出，三大类尾气处理工艺都是在 Claus 硫黄回收工艺的基础上加以延续和发展的。与此不同的是丹麦托普索公司的湿法制酸法专利技术，它可处理不同硫化氢含量的酸性气，也可处理硫黄回收尾气。二者流程基本相同。只是当处理硫黄回收尾气时，不需制气部分，尾气直接进入转化部分即可。处理酸性气时的示意流程见图 1-2-12。

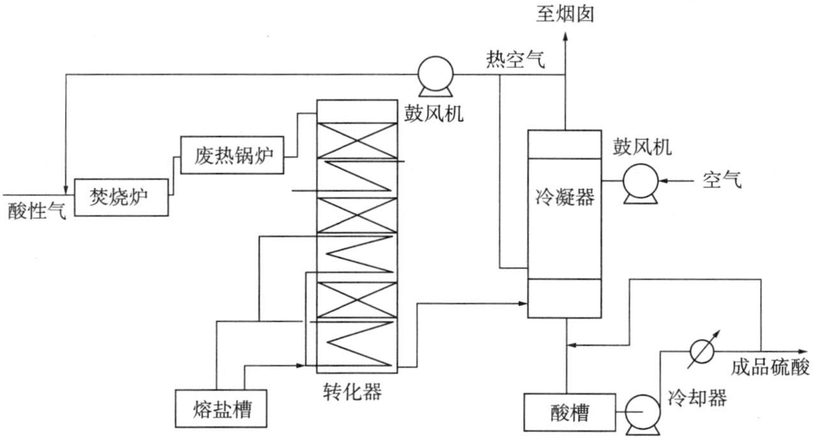

图 1-2-12 湿法硫酸法工艺示意流程

工艺流程包括下列三部分：

（1）酸性气焚烧

该部分由焚烧炉及余热锅炉组成。酸性气或硫回收尾气经焚烧炉焚烧，使酸性气中的硫化氢或尾气中的硫化物及硫元素全部转变为二氧化硫，经余热锅炉回收热量，同时产生蒸汽，并使气体冷却。

（2）二氧化硫氧化为三氧化硫

该部分由反应器和以熔盐作为热载体的热循环回路系统组成。冷却后的气体进入反应器，在催化剂作用下，将二氧化硫氧化为三氧化硫，二氧化硫转化率>99%。由于二氧化硫的氧化反应为放热反应，为除去反应热，以熔盐作为热载体的热循环回路系统及时将反应热取走，用于加热蒸汽和余热锅炉。

（3）酸冷凝部分

该部分由冷凝器、空气冷却系统和酸循环回路组成。三氧化硫气体和水蒸气反应生成气态硫酸，气态硫酸冷凝后即可获得液体硫酸，上述冷凝过程是在冷凝器中进行的。冷凝器是托普索公司的专利设备。冷凝热用于加热进入焚烧炉的空气，以利用其热量。出冷凝器的硫酸和经酸冷却器冷却至 40℃ 的部分硫酸混合，使其温度控制在 60℃ 左右，进入储酸槽，然后经酸冷却器冷却至 40℃，即可获得高浓度（浓度>98%）的成品酸。

2.2.2.5 液相氧化法

液相氧化法具有操作弹性大、原料适应性强等特点，代表性工艺有 LO-CAT 络合铁脱硫工艺、Sulferox 法等，在此以 LO-CAT 络合铁脱硫工艺介绍为主。

LO-CAT 络合铁脱硫工艺是在常温下，采用水基的多元螯合铁催化剂，将硫化氢转化为单质硫，能够处理不同浓度的 H_2S 含量的气体，适用于产量在 0.2~20t/d 的小规模硫黄回收装置，硫回收率可达 99.9%以上，处理后的净化气体中 H_2S 质量浓度可达 $10mg/m^3$ 以下。

该工艺区别于 Claus 工艺最大特点为液相、室温过程，而 Claus 工艺为气相、高温过程。LO-CAT 络合铁脱硫工艺虽然流程简单、操作弹性大、占地面积小、初次投资费用低，但运行成本高、化学溶剂消耗大，不适合规模较大的脱硫装置，且含铁废水难处理。该工艺生成的硫黄产品质量不高，所产硫黄可直接用于农业的土壤改性剂和农用杀虫剂，也可用于医疗卫生垃圾的处理剂，经熔硫设备提炼后，可为硫酸厂和化肥厂提供原料。

(1) 工艺原理

LO-CAT 工艺依靠络合铁催化剂溶液将硫化氢转化为单质硫。含硫化氢的气体进入吸收装置后与络合铁催化剂溶液接触，硫化氢被 Fe^{3+} 转化成单质硫，同时 Fe^{3+} 转化为 Fe^{2+}。净化后的气体排出装置，含硫溶液进入氧化分离装置，用空气将溶液中 Fe^{2+} 氧化为 Fe^{3+}，从而实现催化剂再生循环利用。而单质硫在装置底部沉淀形成浓缩硫黄浆液，硫黄浆液经泵抽出后先后经过过滤、干燥等工艺得到硫饼，滤液返回氧化分离装置。

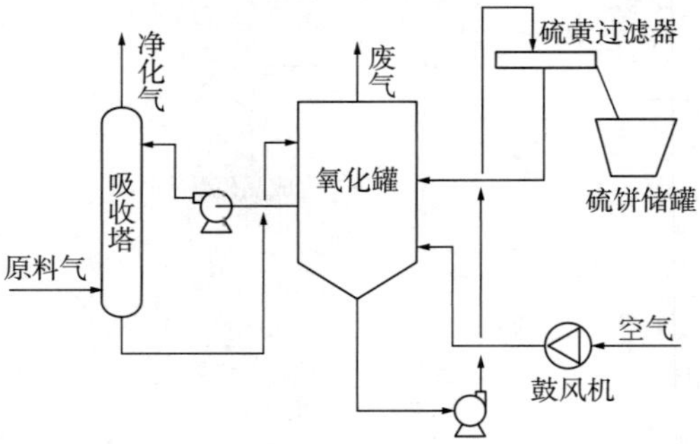

图 1-2-13 LO-CAT 法常规工艺示意流程

(2) 工艺流程

LO-CAT 法分为常规流程和自循环流程，如图 1-2-13 和图 1-2-14 所示。

常规流程为含 H_2S 原料气自吸收塔底部进入与络合铁催化剂溶液逆流接触，原料气中的 H_2S 被氧化为固体硫黄，净化后气体从吸收塔塔顶排出装置，反应后的催化剂溶液经泵提压送至氧化罐，氧化罐由鼓风机供风，经分布器在氧化罐内均匀分布将 Fe^{2+} 氧化为 Fe^{3+}，再生后的催化剂溶液经泵送回吸收塔循环利用，生成的固体硫黄顺着氧化罐沉积在底部，再经罐底浆液泵送至后续过滤等工序，过滤的滤液返回氧化罐。

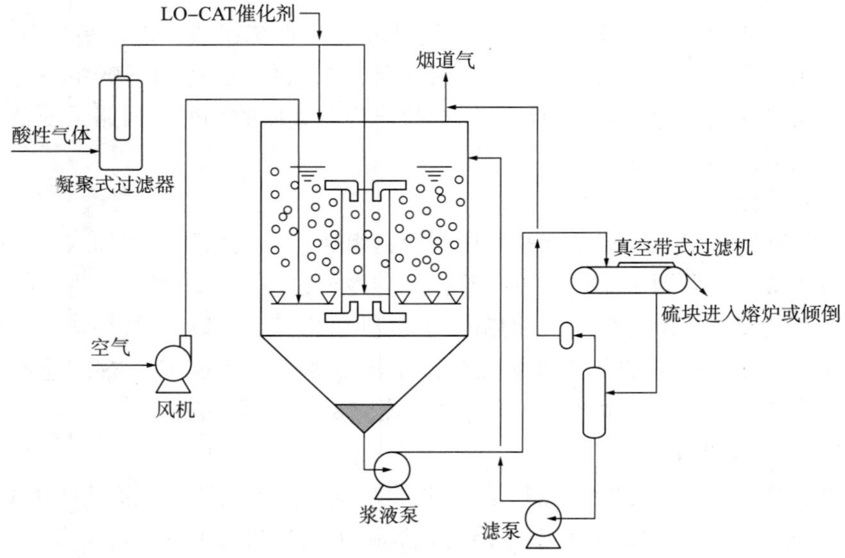

图 1-2-14 LO-CAT 法自循环工艺示意流程

自循环流程区别于常规流程的主要特点是将吸收与氧化合二为一，反应器设置内外筒结构，含 H_2S 原料气的氧化反应在起吸收器作用的内筒中进行，与作为氧化器的外筒构成套筒形式，从而将硫化物与空气隔离，以尽可能地减少副产物生成。进行吸收(脱硫)反应时，含 H_2S 的酸性气通过一个气相分配系统，在吸收器内鼓泡，并与从吸收器顶部下来的 Fe^{3+} 发生反应，生成的单质硫下沉至反应器底部。进行再生(氧化)反应时，被还原的 Fe^{2+} 在氧化器内通过压缩空气分配系统，将空气从外筒下部鼓入溶液，使 Fe^{2+} 被重新氧化为 Fe^{3+} 而得以重复利用。由于外筒溶液中空气量远多于内筒溶液中的酸性气量，故在反应器的内筒和外筒之间液体形成的密度差能将再生后液体抬升到吸收器上部而自动形成循环。

(3) LO-CAT 法几种助剂作用

① 络合铁催化剂溶液：黑色液体，提供足够的络合铁离子作为氧化剂，把吸收的硫化氢转变为硫黄；

② 络合铁稳定剂：亮黄色液体，维持铁离子在脱硫液中稳定存在；

③ 细菌抑制剂：浅棕色液体，抑制细菌在溶液中生长；

④ 表面活性剂：亮白色液体，降低表面张力，促使硫黄颗粒易于聚集和沉降。

(4) 主要操作要点

① pH 值控制。循环溶液 pH 值合适的范围为 8.0~8.5，通过加入 45%KOH 溶液调节 pH 值。

② 溶液氧化还原电势。氧化还原电势与 $Fe^{3+}\rightarrow Fe^{2+}$ 的转化率有关，氧化器出口氧化还原电势应在-125mV 以上，吸收塔出口氧化还原电势应在-250mV 以上。

③ 相对密度测定。通过相对密度的测定可以间接反映溶液中可溶性盐的含量，相对密度升高，系统中可溶性盐浓度提高，导致脱硫和再生效率下降。

④ 表面活性剂。硫颗粒表面有时附着气泡和碳氢化合物，加入表面活性剂，保证硫颗粒的润湿，促进硫沉降。通过沉降试验确定加入量。

⑤ 吸收再生温度控制。LO-CAT 溶液的吸收温度必须比进入反应器的温度高，防止碳氢化合物和过量的水冷凝，一般情况下维持在 1.7~2.7℃。

⑥ 根据工艺设计参数。控制碱度、络合剂、铁等在设计参数范围内，根据生产负荷的变化适当调整。

采用 LO-CAT 工艺的装置硫回收率随采用的催化剂不同而不同，一般为 98.2%~99.5%。

2.2.2.6 氨法脱硫工艺

氨法脱硫技术作为一种硫黄回收装置尾气治理技术，近年来得到了快速发展。该技术工艺流程简单、运行可靠、投资省、运行成本低，二氧化硫排放可达到 50mg/Nm^3 以下，能够满足 GB 31570—2015 标准要求，具有强大的技术竞争力。全部过程没有“三废”排放，还可以将二氧化硫回收成硫酸铵化肥。

此外，石油炼厂的加氢型酸性水中常含有较高浓度的氨气，可以用来制氨水或精制液氨，制得的氨可以用来处理硫回收尾气，节省了氨的外购费用，经济性高，且达到了以废治废、废物利用的效果。

(1) 基本反应原理及工艺流程

氨法脱硫技术以水溶液中的 NH_3 和 SO_2 反应为基础，在多功能烟气脱硫塔的吸收段，氨将硫黄回收装置烟气中的 SO_2 吸收，得到脱硫中间产物亚硫酸铵或亚硫酸氢铵的水溶液，见反应方程式(1-2-24)；在循环槽内鼓入压缩空气进行亚硫酸铵的氧化反应，将亚硫酸铵氧化成硫酸铵溶液，见反应方程式(1-2-25)。

$$SO_2+H_2O+xNH_3 = (NH_4)_xH_{2-x}SO_3 \qquad (1-2-24)$$

$$(NH_4)_xH_{2-x}SO_3+1/2O_2+(2-x)NH_3=\!=\!=(NH_4)_2SO_4 \quad (1-2-25)$$

在脱硫塔的浓缩段，利用高温烟气的热量将硫酸铵溶液浓缩，得到相对密度较高的硫酸铵浆液，浆液蒸发结晶系统进行蒸发结晶、旋流器旋流分离、离心机分离、干燥、包装等工序，得到硫酸铵产品。

流程示意图如图 1-2-15 所示。

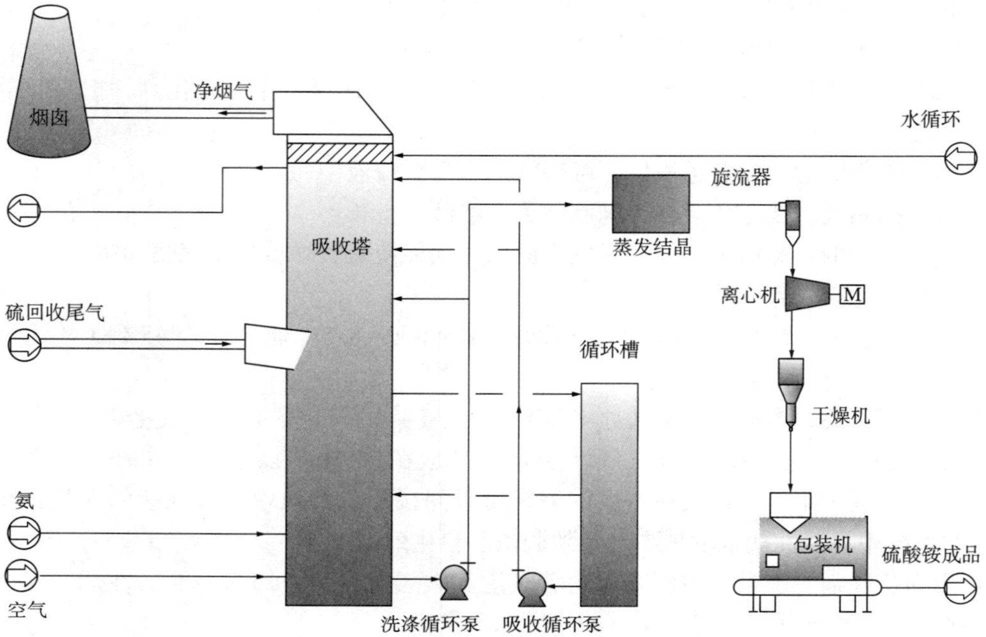

图 1-2-15　氨法脱硫工艺示意流程

（2）主要设备

整套工艺系统包括尾气系统、吸收循环系统、氧化空气系统、蒸发结晶系统、硫酸铵后处理系统、吸收剂系统、检修排空系统、工艺水系统等。

1）尾气系统

组成尾气系统的主要设备有烟道、烟道膨胀节等。所有脱硫烟道均采用钢制烟道，烟道设加强筋并保温。吸收塔入口前的原烟气段烟道由于烟气温度较高且远离吸收塔，无须防腐处理。在烟气入口靠近吸收塔处为干湿交界面，此部分烟道内衬合金以避免腐蚀。相应部位的膨胀节也考虑保温及防腐。净烟道烟温较低，为防止露点腐蚀，也采用碳钢+不锈钢材质，相应部位的膨胀节也考虑保温及防腐。

2）吸收循环系统

吸收系统的作用是从尾气中除去二氧化硫和其他酸性气体；将吸收塔内形成的亚硫（氢）铵氧化成硫酸铵；利用尾气热量，将硫酸铵溶液浓缩。设置吸收液液滴洗涤系统、细微颗粒物洗涤及高效除雾器对脱硫后的烟气进行充分洗涤、捕捉、细微颗粒物去除等，达到二氧化硫和细微颗粒物高效脱除的目的。组成吸收塔烟气吸收系统的主要设备有吸收塔、循环槽、吸收循环泵、洗涤循环泵、硫酸铵排出泵等。

3）氧化空气系统

氧化空气系统的作用是将满足压力要求的氧化空气送往吸收塔将亚硫（氢）铵氧化为硫酸铵。氧化空气系统的主要设备有氧化风机及相关管线。

4）蒸发结晶系统

蒸发结晶系统的作用是将硫酸铵溶液中的水通过蒸汽加热的方式让水蒸发，待蒸发至过饱和浓度后析出硫酸铵结晶。

工艺路线为蒸发分离室的浓缩液经蒸发循环泵打入蒸发加热器，再回蒸发分离室进行汽水分离，使浓缩液进一步浓缩并析出结晶，浓缩液继续循环。气体从蒸发分离室顶部出来，经过冷凝器使气体降温冷凝，不凝气经真空泵抽出排放。含结晶的料液从蒸发分离室的底部经排出泵打入旋流器。蒸发结晶系统主要设备包括料液槽、蒸发补液泵、蒸发循环泵、加热器、分离室、冷凝器、真空泵、旋流器给料泵等。

5）硫酸铵后处理系统

硫酸铵后处理系统的作用是将蒸发结晶系统生成的硫酸铵浆液加工得到硫酸铵产品。主要设备有旋流器、离心机、干燥机、自动包装机等。

工艺路线为从旋流器给料泵来的硫酸铵浆液送入旋流器，经过旋流器的分离，含固量40%~50%的底流进入离心机，将分离产出含水约4%的硫酸铵湿料，送至干燥机干燥，然后进入自动包装机包装入库，即可得到硫酸铵商品。旋流器上部的溢流液及离心机的母液均返回蒸发结晶系统。干燥鼓风机将空气鼓入蒸汽换热器换热后进入干燥机，在干燥塔机内热风对物料进行干燥；最后产品自干燥机出口流出，同时干燥尾气经旋风除尘器、引风机送至吸收塔内，经塔内洗涤除尘除雾后随净烟气排放。

6）吸收剂系统

吸收剂系统包括吸收剂存储槽(罐)及相应管路，吸收剂可以采用气氨、氨水、液氨等。氨水浓度越高，越有利于储存和水平衡的控制。若全部采用氨水，通常浓度不宜低于15%。根据氨水的特性，20%~25%属于比较好的储存和使用浓度。氨法脱硫技术可直接使用气氨、液氨(纯氨99.6%)，即气氨、液氨可以直接加入塔内，无须在塔外配制成氨水。

7）检修排空系统

检修排空系统主要设备有检修槽(或检修池)、检修泵、地坑和地坑泵。

地坑用于收集、储存脱硫系统在检修、冲洗过程中产生的液体。浆液管和浆液泵在停运时需冲洗，冲洗水通过地沟收集到地坑中，地坑的收集液通过地坑泵送至吸收塔循环使用。当吸收塔出现故障需要检修时，通过循环泵将吸收塔或循环槽的溶液送至检修槽。在吸收塔重新启动前，检修槽的溶液经检修泵送回吸收塔重复使用。检修槽的容量能收集吸收塔单塔故障状态下所有的液体。

脱硫装置所有冲洗和清扫过程中产生的废水经地沟收集回收至地坑，经地坑泵送回吸收系统重复使用。

8）工艺水系统

界区外来的工艺水经工艺水泵送至各用水点(主要用水点循环水槽)。工艺水系统按工艺需求量进行补水，以维持系统内的水平衡。工艺水供应系统的主要设备有循环水槽、循环水泵、工艺水泵。工艺水主要用于吸收塔补水、除雾器冲洗、管道冲洗。

工艺水随烟气蒸发、副产物带走水分而消耗。

(3）技术优势及先进性

1）节省投资

投资比 Super Claus、EURO Claus、SCOT 低20%~30%。

2）降低运行成本

蒸汽消耗低。能耗低，是SCOT工艺能耗的1/3，无加氢催化剂、溶剂和氢气消耗，整个尾气处理装置能耗低，运行成本大幅降低。

3）满足国内外排放标准

经处理后的硫黄尾气二氧化硫浓度可达50mg/Nm^{3}以下，优于最新环保标准特殊地区硫黄回收装置烟囱排放的要求。

4）解决硫回收开停工工况不达标问题

氨法可用于300~30000mg/m^{3}甚至更高二氧化硫浓度的烟气。当硫回收单元开停工或转化率有波动时，可调整循环液的pH值，确保烟气二氧化硫达标排放。

5）无三废排放

氨法脱硫处理硫黄尾气，无废水、废渣排放，烟气中的9%以上转化为硫铵产品，可直接作为化肥进行销售。

6）装置可靠性和稳定性高

氨法脱硫技术处理硫黄尾气，工艺流程短，无氢气系统、反应器系统等，工艺控制简单，装置可靠性和稳定性高。

7）旧装置改造方便

采用氨法脱硫改造方案，可以较低的运行成本将硫回收尾气中的二氧化硫等回收成硫酸铵，变废为宝，具有显著的环境和社会效益。此外，氨法改造也具有旧装置改造方便的优点，氨法脱硫改造无须对原有装置进行调整，不影响Claus装置和SCOT装置的正常运行。改造期间，原有硫回收装置无须停炉，可以待装置建成后，通过短暂的停炉时间完成烟道对接。

（4）运行中的主要问题

1）氨法脱硫对硫回收尾气的要求

硫回收尾气的压力需克服脱硫系统约2kPa的阻力降。硫回收尾气焚烧炉的设计应确保硫化氢等焚烧完全，脱硫塔入口处烟气H_2S、COS、CS_2、S总量小于10μg/g（不包括SO_2）。脱硫装置入口烟气氨含量小于3mg/Nm^3。避免过多游离氨进入脱硫装置，否则一方面影响脱硫系统结晶出料，另一方面也会产生气溶胶，导致出口粉尘超标。

2）氨法脱硫对氨品质的要求

脱硫系统若改反应剂为液氨，其品质应符合国家标准GB/T 536—2017《液体无水氨》合格品技术指标的要求，同时液氨不应含有H_2S等还原性物质及有机杂质。

3）水质对氨法脱硫的影响

氨法烟气脱硫工艺用氨作脱硫剂生产硫酸铵化肥，不排放废水，所有进入吸收液的杂质皆由硫酸铵产品带出，若用作脱硫工艺水，水质太差对脱硫装置的影响主要体现在以下方面：硫酸铵品质难以达到行业标准T/CPCIF 0006—2017的要求；硫酸铵结晶难以进行，根据经验一般吸收液中杂质的含量小于1%时结晶才能良好地形成。如果结晶形成不好或不能形成，硫酸铵将不能正常产出，脱硫运行也将无法维持；设备及管道容易形成结垢。水质钙镁离子过高容易造成吸收系统设备及管道的结垢，一旦结垢将会严重影响脱硫效率等性能及经济技术指标，脱硫装置也将难以维持正常运行。

2.2.2.7 碱法烟气脱硫技术

碱法烟气脱硫技术近些年在国内大型硫黄回收装置中得到大量应用，主要用于满足硫黄回收装置异常工况及开停工过程烟气二氧化硫排放浓度达标排放的要求，碱法烟气脱硫技术是镇海炼化2015年申请的专利，2016年在燕山石化65kt/a硫黄回收装置首次成功应用，并得到推广。

碱法烟气脱硫技术主要由烟气换热系统、SO_2吸收系统及废水氧化系统三部分组成。

（1）技术原理

碱法烟气脱硫技术是使用氢氧化钠（NaOH）溶液在塔内与烟气逆向接触，从而与烟气中的SO_2反应生成HSO_3^-、SO_3^{2-}与SO_4^{2-}，反应方程式如下：

脱硫过程：

$$2NaOH+SO_2 = Na_2SO_3+H_2O \quad (1-2-26)$$

$$Na_2SO_3+SO_2+H_2O = 2NaHSO_3 \quad (1-2-27)$$

其中，式(1-2-26)为NaOH溶液吸收SO_2及pH值高于8时的主反应方程式；当pH值降至5~8时，以式(1-2-28)为主反应方程式。

氧化过程（副反应）：

$$Na_2SO_3+1/2O_2 = Na_2SO_4 \quad (1-2-28)$$

$$NaHSO_3+1/2O_2 = NaHSO_4 \quad (1-2-29)$$

（2）工艺流程

从硫黄焚烧炉余热锅炉来的烟气温度较高，通过相变换热器降低温度，同时回收热量加热空气，加热后空气与脱硫后烟气混合，提高了烟气的温度，降低了水的分压，确保排放烟气不产生白烟。烟气在脱硫塔内通过与雾化的吸收液高速碰撞，使气、液二相流充分接触，烟气温度被急冷下来，同时烟气中的SO_2被液体中的碱性成分吸收，烟气得到充分净化。烟气经丝网除雾器脱水后由脱硫塔顶部达标排放。

脱硫后的吸收液进入塔底，吸收液在塔底与空气接触，部分亚硫酸盐被氧化生成硫酸盐，由脱硫循环泵继续送至塔体循环使用。为了防止吸收液的硫酸盐积聚，堵塞设备和管线，控制塔釜Na_2SO_4溶液浓度在5%~15%，需要外排少量高化学耗氧量（COD）废水至氧化罐，通过罐内的搅拌器使空气和吸收液充分接触，进一步氧化，降低COD，合格后污水送出装置。

为控制塔釜pH值在7左右，需不断向塔内补入NaOH溶液。脱硫塔的热量通过水蒸发带走，脱硫系统的液位会下降，需补充水以维持脱硫塔的液位。

烟气钠法脱硫技术流程如图1-2-16所示。

（3）技术特点

1）优点

① 技术成熟、流程简单、操作方便。

② 采用相变换热器降低入脱硫塔烟气温度，回收热量同时加热空气，高温空气与湿烟气混合消除白烟，同时避免设备腐蚀和盐类结晶。

③ 脱硫塔采用多级喷淋以提高烟气的洁净度，同时设多台泵以应对操作波动和装置开停工。脱硫效率可以达到98%~99%。

④ 空气氧化采用塔内外结合的办法，确保污水的COD合格排放。

2）缺点

① 增加碱液消耗，增加一定的运行成本。

② 产生硫酸钠废液，对沿海可排海地区影响不大，对内陆企业高含盐废水处理难度高。

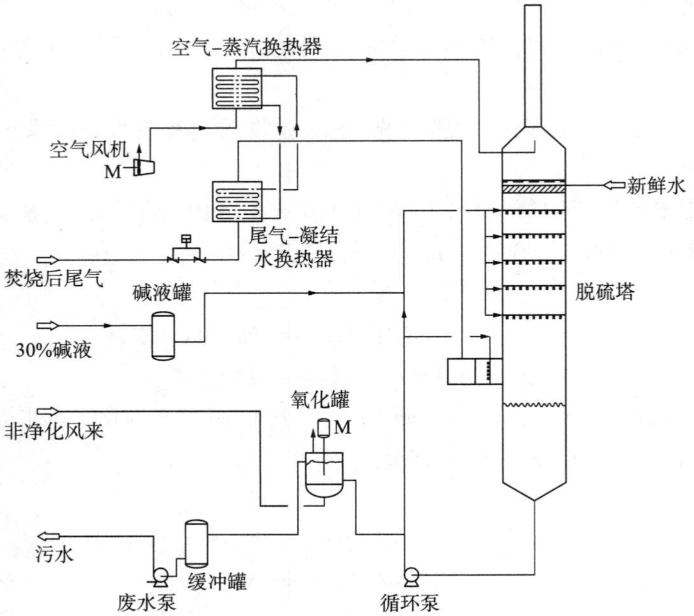

图 1-2-16　烟气钠法脱硫技术流程图

综上所述，硫黄回收尾气处理方法很多，每种方法各有特点，通常是净化度愈高的方法，投资和操作成本也愈高，就是说环境效益、社会效益和经济效益往往是矛盾的，因而在选择工艺方案时，首先要考虑环境效益，满足排放标准，同时也要考虑装置的经济效益，使其既满足环保要求，又最大限度地节省投资和操作成本。

2.3　催　化　剂

2.3.1　催化剂发展历史

世界经济的快速发展，使得迅速发展的交通及现代工业对轻质油品和优质中间馏分油的需求量持续增长，世界范围内可供原油正在逐渐重质化，高含硫原油份额越来越大。随着炼油能力的进一步扩大及环保要求的日益严格，不仅对硫黄回收技术，而且对催化剂的性能提出了更高的要求。自从 20 世纪 30 年代改良 Claus 法硫黄回收工艺实现工业化生产以来，相应使用的硫黄回收催化剂也经历了一系列的发展。到目前为止，大致可分为三个阶段：一是天然铝矾土催化剂阶段；二是活性氧化铝催化剂阶段；三是多种催化剂同时发展的阶段。目前国内应用最广、最成熟的是活性氧化铝催化剂。

（1）天然铝矾土催化剂阶段

早期的硫黄回收装置使用天然铝矾土作催化剂，硫黄回收率只有 80%～85%左右，未转化的各种硫化物经灼烧后都以二氧化硫的形式排入大气，对环境污染比较严重，但由于天然铝矾土价格低廉，且具有较好的活性，在很长时期内能够满足工业装置对硫黄回收率的要求，故得到广泛应用。

天然铝矾土催化剂的缺陷很明显，主要表现在强度差，使用过程中粉化严重；活性差；对某些硫化物特别是有机硫化物催化效果差。

20 世纪 30—70 年代，硫黄回收装置的催化剂是铝矾土。

（2）活性氧化铝催化剂阶段

20 世纪 60 年代以来，由于环境污染问题日益严重，世界上一些主要的工业化国家都相继研制和发展人工合成活性氧化铝催化剂，逐步取代了铝矾土催化剂。至 80 年代初，国外的硫黄回收装置上活性氧化铝催化剂几乎全部取代了天然铝矾土催化剂。我国 20 世纪 70 年代中期开始研制活性氧化铝硫黄回收催化剂，80 年代开始，我国硫黄回收装置逐步应用活性 Al_2O_3 硫黄回收催化剂。

在相同的工况下，采用活性氧化铝催化剂取代天然铝矾土催化剂，总硫转化率有了大幅度的提高；但是活性氧化铝催化剂也存在一定的局限性，主要表现在：

① 容易发生硫酸盐化而导致活性下降。

② 对有机硫化物(尤其是硫氧碳)的转化活性欠佳。

③ 和天然铝矾土相比，床层阻力增大。

针对上述问题，研制了一系列加有添加剂的活性氧化铝催化剂，用作添加剂的主要有钛、铁、硅的氧化物，它们在活性氧化铝催化剂中的含量在 1%~8%之间。

天然铝矾土、高纯度的活性氧化铝以及加有添加剂的活性氧化铝通称为铝基硫黄回收催化剂。

（3）多种催化剂同时发展的阶段

20 世纪 70 年代是硫黄回收技术重要的发展时期，硫黄回收装置的数量剧增，欧美等国都相继制定了严格的尾气排放标准，推动了尾气处理技术的发展，同时针对铝基催化剂的缺陷，80 年代又研制成功了一系列新型催化剂，形成了以铝基催化剂为主、多种催化剂同时发展的局面，例如耐硫酸盐化型、有机硫水解型、脱漏氧型等，也有针对复杂工况的多功能复合催化剂，例如，防漏氧型催化剂，这种催化剂也是氧化铝基催化剂，浸渍有活性组分，具有很高的活性，同时又能保护氧化铝基催化剂不受硫酸盐化的危害，延长催化剂的使用寿命。还有针对不同工艺开发的催化剂，如超级 Claus 工艺中，在原二级转化 Claus 的基础上，增加了选择性催化反应器，能够选择性地把硫化氢转化为元素硫而不生成其他副产物；还有还原吸收法中所用的加氢还原催化剂；用于 Claus 反应炉内的催化剂；用于尾气灼烧的催化剂等。

特别值得一提的是目前发展较快的钛基催化剂。钛基催化剂是一种二氧化钛基抗硫酸盐化作用的硫黄回收催化剂。该催化剂与目前正在工业上推广使用的氧化铝基催化剂相比，具有以下三方面特点。

① 对有机硫化物的水解反应和硫化氢与二氧化硫的 Claus 反应具有更高的催化活性，几近达到热力学平衡。

② 对于“漏氧”中毒不敏感，水解反应耐“漏氧”中毒能力强，并且一旦排除了高浓度氧的影响，活性几乎得到完全恢复。

③ 对达到相同的转化率水平，允许更短的接触时间，因此可以缩小反应器体积。

2.3.2 催化剂的性能指标

工业用催化剂的活性、选择性、寿命是由催化剂的组成、结构、物化性能决定的。催化剂的性能指标对催化剂的开发和使用有重要意义。

催化剂的宏观结构主要有：

① 催化剂密度　包括颗粒密度(假密度)、骨架密度(真密度)和堆密度。对于使用者来说，往往关心的是其堆密度。堆密度是以催化剂颗粒堆积时的体积为基准的密度。骨架密度>

颗粒密度>堆密度。

② 几何形状(如球形、圆柱形、圆环柱体、粉末、微球等形状)和尺寸(粒径从几微米~几十毫米) 例如硫黄回收及尾气加氢催化剂一般制成 ϕ4~6mm 的球形及条状三叶草形。

③ 比表面积 单位质量催化剂的表面积叫作比表面积(m^2/g)。其中具有活性的表面叫作活性比表面。催化剂比表面积越大，则活性越高。

④ 孔结构 包括孔径、孔径分布、孔容和孔隙率。

催化剂的微观结构和物化性能主要包括催化剂本体及表面的化学组成、物相结构、活性表面、晶粒大小、分散度、价态、酸碱性、氧化还原性、组分及能量分布等，这些与科研设计开发关系紧密，而使用单位了解即可，故在此不再介绍。

催化剂的宏观性能有机械强度(耐压、耐磨、耐冲击)、比热、导热系数、扩散系数等。在 Claus 反应器中催化剂重要的物理性能包括抗磨耗性能，因为过多的催化剂粉末会导致系统压降增加，发生沟流及引发硫黄块的形成并在冷凝器中产生硫雾及硫阻塞。

以某系列硫黄回收及尾气加氢催化剂为例，其典型的物化性质见表 1-2-11 和表 1-2-12。

表 1-2-11 某硫黄回收催化剂主要物化性质

颜色及形状	白色球形
外形尺寸/mm	ϕ4~6
Al_2O_3/%(质)	>90
比表面积/(m^2/g)	>300
比孔容/(mL/g)	>0.4
堆密度/(kg/L)	0.65~0.8
抗压碎力/(N/颗)	≥140
磨耗率/%(质)	<0.5

表 1-2-12 某尾气加氢催化剂主要物化性质

颜色及形状	蓝灰色球形或三叶草条形
外形尺寸/mm	ϕ2.5~3.5 或 ϕ3×5~20
MoO_3/%(质)	≥10~13
CoO/%(质)	≥1.6~2.0
比表面积/(m^2/g)	≥180
孔容/(mL/g)	≥0.30
堆密度/(kg/L)	0.70~0.80
压碎强度/(N/cm)	≥120

2.3.3 硫黄回收催化剂的失活及再生

2.3.3.1 硫黄回收催化剂的失活

日益严格的环保法规要求硫回收装置必须保持很高的硫回收率。由于硫回收装置在热转化阶段最高只能达到 60%~70%的硫回收率，因此在实际生产中预防催化剂失活对保证装置的高硫回收率和避免对下游尾气处理装置的影响就尤为重要。

氧化铝催化剂失活的原因有两类：第一类是改变催化剂基本结构性能的物理失活，包括磨耗和机械杂质污染、热老化或水热老化引起的比表面积损失。在运转良好的装置中，这类损耗尽管不可逆，但速度缓慢，不是失活的主要原因。主要失活原因是第二类，即由于化学反应或杂质沉积阻碍气体通道而造成的活性中心大量损失，包括硫酸盐化中毒，硫沉积和积碳等。通过再生可以恢复部分活性，但再生本身还可能引起第一类失活。催化剂失活主要有以下几种：

(1) 磨耗和机械杂质污染

催化剂的磨耗是不可避免的，但经长期的改进，目前所用的活性 Al_2O_3 硫黄回收催化剂的强度均较高，磨耗率大多在 1%以下，已经不是影响催化剂活性的主要因素了。

机械杂质是指过程气中夹带的铁锈、耐火材料碎屑等，也包括催化剂粉化后产生的细粉。总体而言，只要装置设计和操作合理，催化剂的强度良好，机械杂质对催化剂的污染也不是影响其活性和寿命的主要因素。

（2）热老化和水热老化

热老化是指催化剂在使用过程中因受热而使其内部结构发生变化，引起比表面积逐渐减少的过程。与此同时，氧化铝也会和过程气中存在的大量水蒸气进行水化反应，此过程和热老化相结合则更进一步加快催化剂的老化。工业经验表明，反应器温度不超过500℃时，这两种老化过程都进行得很缓慢，而且活性氧化铝只要操作合理，催化剂的寿命都在3年以上。要注意的是必须避免反应器超温，否则氧化铝会发生相变化，逐步生成高温氧化铝而使比表面积急剧下降，导致催化剂永久性的失活。

（3）硫沉积

硫沉积是在冷凝和吸附两种作用下发生的。前者指反应器温度低于硫露点时，过程气中的硫蒸气冷凝在催化剂微孔结构中；后者指硫蒸气由于吸附作用和随之发生的毛细管冷凝作用而沉积在催化剂微孔结构中。硫沉积而导致的催化剂失活一般是可逆的，可采取适当提高床层温度的办法把沉积的硫带出来，或者在停工阶段以过热蒸汽吹扫。

（4）炭沉积

炭沉积是指原料酸气中所含的烃类有时未能完全燃烧而生成炭或焦油状物质沉积在催化剂上。在上游脱硫装置操作不正常时，胺类溶剂也会随酸性气带入反应器，并发生炭化而沉积在催化剂上。对分流式Claus装置而言，由于酸气总量的2/3未进入燃烧炉，因而更容易在催化剂上发生炭沉积。在催化剂上有少量炭沉积时一般对活性影响不大，要注意的是焦油状物质的沉积。催化剂表面沉积1%~2%(质)的焦油时，有可能使催化剂完全失活。

工业上曾采用提高床层温度(至约500℃)，并适当加大进燃烧炉空气量的办法进行烧炭，但现已很少采用这种再生方法。因为在此过程中温度和空气量很难控制，一旦超温会导致催化剂永久失活。鉴此，解决炭沉积的关键是消除其起因。

（5）硫酸盐化

反应器温度和过程气中硫化氢含量愈低，愈容易发生催化剂的硫酸盐化；而过程气中的氧和二氧化硫含量愈高，也愈容易发生催化剂的硫酸盐化。当酸性气含有氨时，未被燃烧的氨在装置低温段会发生铵盐结晶，危害系统的正常运转。同时它在燃烧炉中部分氧化成一氧化氮，该物质对气相中的二氧化硫氧化成三氧化硫有催化作用，这是造成催化剂硫酸盐化中毒的原因之一。因而处理含氨酸性气时，其燃烧炉配风应适当过量，以减少氨和一氧化氮的量，同时温度也应适当提高，以提高氨的分解。

活性氧化铝催化剂的硫酸盐化是影响其活性的最重要因素。归纳起来，硫酸盐化的成因为：

① Al_2O_3与SO_3直接反应生成硫酸铝。

$$Al_2O_3+3SO_3 = Al_2(SO_4)_3 \qquad (1-2-30)$$

② 二氧化硫和氧在氧化铝上发生催化反应，生成硫酸铝。

$$Al_2O_3+3SO_2+3/2O_2 = Al_2(SO_4)_3 \qquad (1-2-31)$$

③ 二氧化硫在氧化铝表面不可逆化学吸附成为类似硫酸盐的结构。

从上述的成因可以看出，过程气中的含氧量、三氧化硫含量和催化剂的硫酸盐化密切相关。为此，出现了防漏氧型催化剂，它不但具有普通催化剂的活性，还能够消耗过程气中富余的氧，以避免它与二氧化硫生成三氧化硫造成硫酸盐化中毒。其脱氧反应机理为：

$$FeSO_4+2H_2S = FeS_2+SO_2+2H_2O \qquad (1-2-32)$$

$$FeS_2+3O_2 = FeSO_4+SO_2 \qquad (1-2-33)$$

过程气中所含的硫化氢可以还原硫酸铝，当其还原速度和生成速度相等时，硫酸铝的生成量就不再增加。

$$Al_2(SO_4)_3+H_2S \longrightarrow Al_2O_3+4SO_2+H_2O \quad (1-2-34)$$

实际生产分析发现，造成催化剂失活的原因有多种，而与日常操作相关的有以下三种：

① 装置系统操作温度过低造成催化剂床层温度过低。接近或低于硫的露点温度，液硫的生成使得催化剂的临时性失活，同时催化剂遇液态水被浸泡而变成粉末，造成永久性失活。

② 原料中带烃(尤其是重烃)，或在装置开停工时用燃料气预热的过程中对燃烧所需的配风比控制不当，都会使催化剂因积炭而临时性失活。

③ 装置工艺系统中过量氧的存在会造成催化剂硫酸盐化而致临时性失活。

尽管临时性失活可以通过热浸泡的方式来进行再生，但催化剂活性会因为高温的热冲击而减弱。

2.3.3.2 硫黄回收催化剂失活的判断及预防

(1) 硫黄回收催化剂失活的判断

由于造成催化剂失活的原因很多，如果能够对催化剂的活性做出正确的评估，对于节省操作费用和保证高硫回收率是非常有益的。用装置的硫回收率来判断催化剂活性的高低是最直接和明显的手段。催化剂临时性失活通常都伴有床层压力降增加的现象，如果装置的硫回收率降低且反应器床层压力降增加，通常意味着催化剂已经发生临时性失活。如果催化剂床层压力降没有明显变化，则意味着催化剂可能永久性失活。对于催化剂因永久性失活造成活性减弱的判断则比较困难。硫黄回收装置的反应器的床层高度通常约为900mm，但如果催化剂状态良好，实际的Claus反应通常在顶端至150mm处就可以达到平衡。

对各个反应器进出口温差和反应器床层温差的综合判断可以帮助确定催化剂的状态。以一个三级Claus硫回收装置为例：对某一催化剂，性能良好时反应器进出口温差大致应在一特定数值范围，如果反应器中温差不符合这一数值范围，则可能催化剂已部分失活。比如，某种型号催化剂活性高时，各反应器进出口温差为：一级反应器70℃，二级反应器22℃，三级反应器5℃。如果反应器进出口温差为下述情况：一级反应器为50℃，二级反应器为30℃，三级反应器为11℃，则说明一级反应器内的催化剂活性已经失活，Claus反应在一级反应器内已经不能达到平衡。

(2) 硫黄回收催化剂失活的预防

通过正确以下几点可将催化剂的失活控制并保持在最低水平：

① 正确的设备设计；

② 优化Claus装置的操作条件及开停工程序；

③ 选择合适的Claus催化剂及床层支撑填料；

④ 选择正确的催化剂再生程序。

绝大部分硫黄回收催化剂使用前不需进行活化处理，升温脱除吸附水后即可使用。酸性气燃烧炉烘炉完毕，将烟道气切入反应器(没有烘炉烟道的，烘炉期间烟气直接进入反应器)，使催化剂床层以30℃/h的速度升温。升至120~150℃，恒温2h脱除吸附水。原则上先升二级反应器，后升一级反应器温度，避免一级反应器内脱除的水分在二级反应器内凝结，给后期升温带来困难。当一级、二级反应器温度分别达到230℃和220℃以上时，再恒温2h稳定操作，然后可引酸性气转入生产。

用烟道气开工升温预处理催化剂时，应注意防止因氧气不足，燃烧不完全而使催化剂床层积炭。催化剂升温过程中，要尽可能防止 450℃以上高温，以免催化剂的性能受到损害。反应器顶部可设氮气或蒸汽保护线，一旦床层温度失控，在情况允许下可直接通入氮气或蒸汽来降温，建议优先使用氮气。在打开蒸汽前，必须先排尽管线内存积的冷凝水。

在装置生产中，应尽量按照 $H_2S/SO_2=2:1$ 的比例关系进行操作，这是达到最高硫黄回收转化率的关键。从反应机理来看，床层温度应控制得比较低才有利于反应的进行，但催化剂床层任何部位都不应低于硫的露点温度，所以温度一般应控制在 220℃以上。

催化转化床层的操作温度，不仅要考虑热力学因素，也要考虑硫蒸气的露点和气体组成。采用多段催化转化并设逐段冷凝收硫流程，就是为了降低气相中的硫蒸气分压，同时也降低了硫露点，反应器操作温度即可降低，从而提高了硫转化率。最佳反应器入口温度是一个使相应的反应器出入口温差最大的值。反应器操作温度至少应高于硫蒸气露点 30℃，以避免硫沉积在催化剂表面上。一般一级反应器可采用较高的操作温度如 290~340℃之间，这既可提高反应速度，又利于气相中存在的有机硫水解成硫化氢，提高硫的转化率。后段转化温度可低一些以保证最终转化率，一般控制在 220~260℃即可。催化剂的使用后期可适当提高操作温度，以弥补其活性的下降。

2.3.3.3 硫黄回收催化剂的再生

生产中对失活的催化剂进行再生的方法主要是脱附再生，即“烧碳”操作、“热浸泡”操作。一般推荐使用“热浸泡”操作。

如果在生产过程中装置总硫转化率，特别是有机硫水解率显著下降，床层温升下降及有温升下移趋势，床层压力降明显上升时，应考虑对催化剂进行再生操作。

对于永久失活的催化剂需进行更换，更换量取决于停工前温度分布、整体转化率、污染杂质、熔化、烟灰积垢，以及对催化剂的分析例如机械强度、颗粒尺寸和比表面积。如果催化剂的失活仅是由于催化剂的顶层的熔化而造成的，那么一般除去及更换受损部分就足够了。如果污染杂质和损耗延伸至床层更深处，那么必须过筛或更换所有的催化剂。

2.3.4 加氢催化剂

尾气加氢催化剂相对于硫黄回收催化剂是比较稳定的，其失活主要是物理失活。影响其加氢性能发挥的主要因素是催化剂中金属氧化物硫化(也称预硫化)的是否充分。相反，停用前要对催化剂进行充分的钝化，使硫化态的活性金属再转化为稳定的氧化态。因此，硫化与钝化是互逆的化学过程。加氢催化剂硫化的反应机理为：

$$MoO_3+2H_2S+H_2 = MoS_2+3H_2O+Q \quad (1-2-35)$$

$$9CoO+8H_2S+H_2 = Co_9S_8+9H_2O+Q \quad (1-2-36)$$

金属氧化物与硫化氢发生硫化反应，该反应是放热反应，硫化过程中催化剂床层会有一定的温升。

加氢催化剂钝化的反应机理为：

$$MoS_2+7/2O_2 = MoO_3+2SO_2+Q \quad (1-2-37)$$

$$Co_9S_8+25/2\ O_2 = 9CoO+8SO_2+Q \quad (1-2-38)$$

钝化反应是强放热反应，反应时会放出大量的热，伴随可能出现的单质硫及硫化亚铁的局部自燃，催化剂温升较为明显。钝化期间床层温度的控制主要取决于循环气中的氧含量。温度过高时，需要用加氢反应器入口氮气或蒸汽保护降温。

2.4 脱 硫 剂

胺法脱硫在气体净化工业中应用较广，其过程简单，净化度高。国内大部分硫回收装置配套的尾气处理装置中，都应用吸收-解吸体系的胺法脱硫来回收硫化氢。

吸收是分离气体混合物的重要单元操作。这种操作是使混合气体与选择的某种液体相接触，利用混合气体中各组分在该液体中溶解程度的差异，有选择性地使混合气体中一种或几种组分溶于此液体而形成溶液，其他未溶解的组分仍保留在气相中，以达到从混合气体中分离出某些组分的目的。

在吸收操作过程中，能够溶解于液体中的气体组分称为吸收质(或溶质)；而不被吸收的气体称为惰性气体(或载体)；所用的液体称为吸收剂(或溶剂)；吸收操作所得到的液体称为溶液，其主要成分为吸收剂和溶质；剩余的气体称为吸收尾气，其主要成分应为惰性气体，还含有残余的吸收质。

在吸收过程中，如果吸收质与吸收剂之间不发生显著的化学反应，可以当作气体溶解于液体的物理过程，则称为物理吸收。如果吸收质与吸收剂之间发生显著的化学反应，则称为化学吸收。吸收质溶解于吸收剂中时，常伴有热效应，当发生化学反应时，还会有反应热，其结果是使溶液温度逐渐升高，这样的吸收过程，称为非等温吸收。如果热效应很小，或被吸收的组分在气相中浓度很低，则认为是等温吸收。

吸收在化工生产中应用很广泛，主要用来达到以下四个目的：

① 分离混合气体以获得一个或几个组分；

② 除去有害组分以净化气体；

③ 制取成品；

④ 废气处理、尾气回收。

在一定的温度和压力条件下，气体和液体直接接触，气相吸收质溶解在液相之中，并且，随着过程的进行，它在液相中的浓度逐渐增大；与此同时，溶解在液相中的气体分子也可能返回到气相中去。在操作初期以吸收为主，但经过足够长时间后，吸收质从气相溶于液相的速率相等，气相和液相处于动态平衡，即液相中可以溶解的吸收质数量达到了极限。在一定条件下，当气液处于平衡时，一定数量吸收剂所能溶解吸收质的最大数量，称为平衡溶解度，简称溶解度。此时溶液上方气相中可被吸收组分的分压，称为平衡分压。

在相同的温度和分压下，不同气体在同一种溶剂中的溶解度不同，甚至相差很大。对于同一种溶质来说，随温度升高而减小。总的来说，加压和降温可以提高气体的溶解度，对吸收操作有利。

吸收过程的实质是溶质从气相转移到液相的质量传递过程。溶质从气相到液相的转移是通过扩散进行的。因此传质过程也称为扩散过程。扩散的基本方式有两种：分子扩散和对流扩散。以分子运动的方式通过静止流体的转移称分子扩散。分子扩散是由于分子热运动的结果，扩散的推动力是浓度差，扩散速率主要决定于扩散物质和静止流体的温度和某些物理性质。物质通过湍流流体的转移称为对流扩散。此时扩散物质不仅依靠本身的分子扩散作用，并且依靠湍流流体的携带作用而转移，而后者的作用是主要的。

相反地，使溶解于液相中的气体释放出来的操作称为解吸。生产中解吸操作的目的有两个：一是为了获得纯净的气体组分；二是为了将吸收操作中的吸收剂与吸收质分开，以便使吸收剂能循环使用。

解吸与吸收是一个相反的过程。它的机理与吸收过程也是相反的。解吸的必要条件是气相中吸收组分的分压必须小于液相中的吸收质的平衡分压。凡是不利于吸收的因素均有利于解吸。因此高温、低压有利于已吸收组分与溶剂的分离。所以，将溶液加热是解吸操作中最常用的方法。

在气体净化中，主要使用的胺类有六种：一乙醇胺(MEA)、二乙醇胺(DEA)、三乙醇胺(TEA)、甲基二乙醇胺(MDEA)、二甘醇胺(DGA)、二异丙醇胺(ADIP)。

胺溶液与硫化氢和二氧化碳的基本化学反应如下。

当用一乙醇胺时，对硫化氢：

$$2RNH_2+H_2S = (RNH_3)_2S \tag{1-2-39}$$

$$(RNH_3)_2S+H_2S = 2RNH_3HS \tag{1-2-40}$$

对二氧化碳：

$$2RNH_2+H_2O+CO_2 = (RNH_3)_2CO_3 \tag{1-2-41}$$

$$(RNH_3)_2CO_3+H_2O+CO_2 = 2RNH_3HCO_3 \tag{1-2-42}$$

或

$$2R_2NH_2+CO_2 = RNHCOONH_3R \tag{1-2-43}$$

当用二乙醇胺时，对硫化氢：

$$2R_2NH+H_2S = (R_2NH_2)_2S \tag{1-2-44}$$

$$(R_2NH_2)_2S+H_2S = 2R_2NH_2HS \tag{1-2-45}$$

对二氧化碳：

$$2R_2NH+H_2O+CO_2 = (R_2NH_2)_2CO_3 \tag{1-2-46}$$

$$(R_2NH_2)_2CO_3+H_2O+CO_2 = 2R_2NH_2HCO_3 \tag{1-2-47}$$

或

$$2R_2NH+CO_2 = R_2NCOONH_2R_2 \tag{1-2-48}$$

当用三乙醇胺时，对硫化氢：

$$2R_3N+H_2S = (R_3NH)_2S \tag{1-2-49}$$

$$(R_3NH)_2S+H_2S = 2R_3NHHS \tag{1-2-50}$$

对二氧化碳：

$$2R_3N+H_2O+CO_2 = (R_3NH)_2CO_3 \tag{1-2-51}$$

$$(R_3NH)_2CO_3+H_2O+CO_2 = 2R_3NHHCO_3 \tag{1-2-52}$$

上列式中 $R=C_2H_4OH$

上述这些反应都是可逆反应，在较低温度下(20～40℃)，反应向右进行(吸收)；在较高温度下(105℃以上)，则都向左进行(解吸)。这就是硫化氢和二氧化碳可以在常温下被胺液吸收，高温下则解吸的道理。

由反应表明，每摩尔胺只与0.5摩尔硫化氢或二氧化碳起反应。超过此限度将产生重碳酸盐或硫氢化物，对设备产生腐蚀。此外，值得注意的是二氧化碳与胺的反应需要有水或水蒸气的存在时才能进行。

当被处理的气体中含有硫氧碳(COS)或二硫化碳(CS_2)时，会与一乙醇胺及二乙醇胺反应，生成不能再生的衍生物，累积在溶液中，影响吸收效率。如不除去，还会加速对设备的腐蚀。

硫氧碳也能与二乙醇胺反应，但速度慢得多，且反应产物在再生过程中能分解，胺即被回收。所以，当气体中含硫氧碳时，使用二乙醇胺比一乙醇胺好。

二硫化碳与一乙醇胺、二乙醇胺均能按如下反应式生成不能再生的化合物。

$$2RNH_2+CS_2 = RNCSSH_2 \cdot H_2NR \quad (1-2-53)$$

$$2R_2NH+CS_2 = R_2NCSSH \cdot HNR_2 \quad (1-2-54)$$

式中 $R=C_2H_4OH$。

气体中氧的存在会引起乙醇胺的氧化降解。乙醇胺在氧与硫化氢同时存在时能按如下反应式生成稳定的硫代硫酸胺盐。

$$2R_2NH+2H_2S+2O_2 = (R_2NH_2)_2S_2O_3+H_2O \quad (1-2-55)$$

气体中有氰化氢、氧和硫化氢同时存在时，能产生如下反应：

$$2RNH_2+2HCN+O_2+2H_2S = 2RNH_2HCNS+2H_2O \quad (1-2-56)$$

上述副反应的存在，说明当气体中含有氧、氰化氢时，采用乙醇胺溶液脱硫是不适宜的。同时，也说明不同的条件下，应采用不同的脱硫溶剂。目前在尾气吸收操作中，以二乙醇胺、甲基二乙醇胺、二异丙醇胺使用居多。通常，选择一种合适的脱硫剂应遵循以下原则：

① 吸收活性和选择性要高。

② 溶液稳定性好，不易降解变质。

③ 操作弹性大，适应性强。

④ 溶液不易发泡，胺损失小。

⑤ 腐蚀性小。

在胺液使用过程中，比较容易出现“发泡”的现象，且通常发生在吸收塔。胺液“发泡”会降低装置的处理量，增加胺损失及降低尾气净化度，因此，应尽量避免或减轻“发泡”。

引起胺液“发泡”的原因有很多，如：胺液中有大量悬浮的固体微粒；胺液中溶解或冷凝了烃类；原料气中含有机酸；胺液产生降解产物；胺液浓度过高(一般溶液浓度控制在20%~40%)；气液接触速度过快及胺液搅动过分剧烈等。胺液“发泡”的共同点是胺液的黏度明显增大。

为避免或减轻胺液“发泡”，可采取的措施有：防止胺液与空气接触；控制胺液再生温度不宜过高，以减少胺的降解；采用高效的胺液过滤装置，及时除去固体颗粒杂质；净化溶液及使用消泡剂等。

在正常操作条件下，胺液的净化措施——过滤与复活是防止“发泡”的最主要措施。使用消泡剂能取得一定效果，但不是根本措施，只能作为查找和消除“发泡”原因前的应急措施。

胺液消耗指标是决定装置的操作费用和产品成本的重要因素之一。操作过程中，胺的损失有机械损失——蒸发和气相夹带，以及化学损失——胺的热降解和化学降解变质。胺的降解产物往往导致设备腐蚀和胺液“发泡”，使胺液的机械损失大大增加。

胺液使用过程中，杂质被不断地带入，降解不断地发生，造成了胺液质量不断下降。可以从以下几个方面检查、判断胺液质量是否下降。

① 吸收效果下降，净化尾气不达标。这是胺液质量下降甚至变质的主要表现和结果。即使再生塔操作正常，也不能对吸收有所帮助。这种现象说明，胺液本身产生了变化，这种变化很可能是由于降解造成的。降解使得胺液中的有效成分降低了，有时称之为“自由胺”

降低，而变成降解物质的胺液，有时称之为“束缚胺”增加。值得注意的是，常规的胺浓度总碱分析，不能识别出被降解的“束缚胺”，因此难以凭借溶液碱度分析来判断。

② 胺液颜色产生变化，尤其是贫液变化明显，呈现出红褐色或黑色或墨绿色。当胺液发生降解时呈现红褐色；若胺液系统中产生了大量的硫化亚铁，则表现出黑色。

③ 分析胺液中硫代硫酸根($S_2O_3^{2-}$)浓度，是判断胺液降解程度的最简便的理论方法。优质的胺液中，$S_2O_3^{2-}$ 浓度不会大于 1g/L，而降解比较严重的胺液，$S_2O_3^{2-}$ 浓度会达到 20g/L 以上。

④ 如果胺液很脏、黏度很大，则发泡的概率会大大增加，如果不及时采取净化及再生措施，发泡频率和剧烈程度都将加大。

第3章　硫黄回收装置的设备

3.1　硫黄回收装置的炉类设备

3.1.1　酸性气燃烧炉

酸性气燃烧炉是硫黄回收装置的重要设备，可以说是硫黄回收装置的心脏，60%～70%的硫化氢在燃烧炉中转化为硫；杂质在燃烧炉中基本得到处理；控制部分硫化氢完全燃烧为二氧化硫。燃烧的好坏直接决定过程气中硫化氢与二氧化硫的配比，从而决定Claus反应进行的程度，进一步决定硫黄回收装置转化率的高低。可以说，在硫黄回收过程中，酸性气燃烧炉对装置起决定性的作用。

3.1.1.1　燃烧炉的重要参数

燃烧炉的重要参数主要有炉膛温度、炉膛体积、设计压力、炉壁温度等。

(1) 炉膛温度

炉膛温度越高对反应越有利，尤其当酸性气含氨时，为保证氨分解，炉膛温度必须高于1250℃。当炉膛温度不够时，可采用空气和酸性气预热；加入燃料气；用富氧代替空气或采用双喷嘴燃烧器等办法，其中以空气和酸性气预热的方法最简单。

(2) 炉膛体积

采用停留时间确定炉膛体积(国内原按炉膛体积热强度来确定)，国外都控制在1s以内。基于反应平衡原理，延长炉内停留时间，对提高转化率贡献不大，但停留时间延长后设备体积增大，燃烧炉的投资和热损失相应增加。国内燃烧器无测试手段，为保证酸性气和空气均匀混合，设计停留时间一般按1～2s考虑。

(3) 设计压力

按压力源可能出现的最高压力，即上游塔的安全阀定压作为设备的设计压力，再按爆炸压力(爆炸压力一般按0.7MPa)校核炉体不超过材料的流动极限(0.9流动极限σ_S)，壁厚按其中较大者选取。

(4) 炉壁温度

为防止腐蚀，炉壁温度应高于三氧化硫的露点温度，国内设计一般按130～300℃考虑。

3.1.1.2　酸性气燃烧炉各部件的作用及特点

酸性气燃烧炉一般采用圆筒卧式燃烧炉，结构上一般包括火嘴、炉体、花墙、热电偶、防雨罩、点火器、看火孔、高温气体出口、防爆孔、衬里等部分。

(1) 火嘴

火嘴是酸性气燃烧炉的关键设备，通常的火嘴采用分布器或导向片来强制酸性气与空气二者旋转、混合。火嘴燃烧时，空气在外围，酸性气从中央火嘴出口螺旋均匀喷出，在空气的保证下，能达到理想的燃烧。有的装置用双火嘴燃烧，还有专门用于烧含氨酸性气的火嘴。火嘴主要用于烘炉及为炉膛燃烧提供火源。火嘴效率不高或设计不能满足要求，将可能导致设备腐蚀加剧、催化剂失活、催化剂寿命缩短、装置转化率大幅下降、系统堵塞等诸多问题。酸性气和空气混合是否完全是影响燃烧效果的重要因素，而酸性气和空气的混合基本就在火嘴内完成。因此，要求火嘴应达到以下条件：

① 酸性气与空气能充分混合。

② 火嘴必须保证能将 1/3 的硫化氢燃烧成二氧化硫以满足反应器内 Claus 反应的化学计量要求。

③ 能将酸性气中的杂质尽可能地燃烧完全。

④ 保证在满足以上燃烧要求后能基本消耗掉空气中带来的氧。

⑤ 在较大流速波动范围内仍能发挥高效作用。

⑥ 能在燃料气低于化学计量燃烧的情况下使用，以满足开停工的需要。

⑦ 能满足装置在低负荷运行时掺烧燃料气的要求。

（2）炉体

炉体是炉子的主体，所有部件均以炉体为依托。炉体材料一般为碳钢，为防止露点腐蚀，酸性气燃料炉及尾气焚烧炉壁温均在 130~300℃。内部衬里一般有三层：第一层为迎火层，采用特制锆刚玉莫来石大砖；第二层为隔热耐火层，采用耐温较好的中轻质隔热耐火浇注料(或轻质耐火砖)；第三层为隔热层，采用导热系数低的轻质隔热浇注料。

（3）花墙

位于炉体中后部位置，由一堵砖缝错开的格子砖墙构成，具体结构见图 1-3-1，在花墙下部有一半圆孔，由活砖砌成，其作用是必要时便于到燃烧炉尾部去检修。砌花墙的目的是使气体充分混合，燃烧均匀，提高并稳定炉膛温度，使反应气流有一个稳定的充分接触的反应空间，使气流尽可能均匀地进入余热锅炉，减轻高温气流对余热锅炉管板的热辐射，阻挡并分离气体中携带的固体颗粒，防止固体颗粒对后续操作造成大的冲击。目前也有不设置花墙的酸性气燃烧炉，但为了降低反应气流对余热锅炉套管冲击应采用缩颈环的形式。

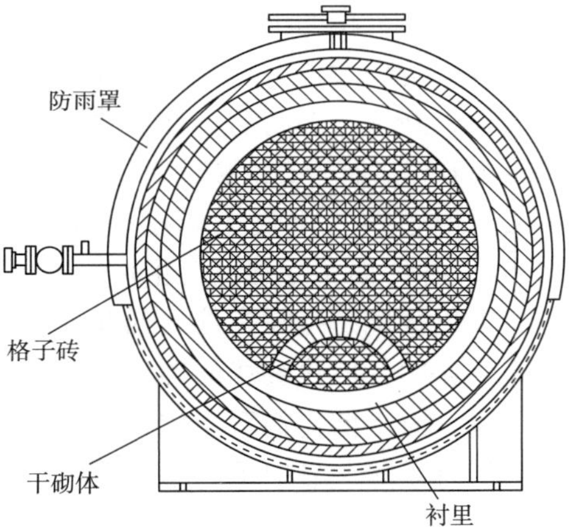

图 1-3-1　酸性气燃烧炉花墙结构图

（4）热电偶

用于测量炉膛温度，是判断炉子燃烧情况的重要依据。其测量数据在 DCS 上显示。酸性气燃烧炉在火嘴后部设置有高温热电偶及低温热电偶，低温热电偶主要用于装置开工烘炉过程，温度较高时，低温热电偶可能会损坏，而高温热电偶测量低温段偏差较大。因此，低温时段采用低温热电偶，500℃以上换高温热电偶。正常生产时，燃烧炉炉膛温度监控多用红外测温仪，一般在炉中部及后部各设置一台。

（5）防雨罩

炉壁外上方弧度为 270°或 180°的金属罩，目的是保护碳钢外壳及内部的耐火材料免受热脆裂的影响从而延长燃烧炉的寿命。防雨罩与炉体外壳间留有一定空隙，主要是为了提供一隔热空气间隙让空气在其中流动，这一隔热空气间隙稳定了壳层的温度，防止壳层过冷而引起酸冷凝及内部腐蚀。

（6）点火器

点火器位于主燃烧器旁，分为斜插式和直插式，点火器主要用于燃烧炉点火，其上有电打火装置，点火时先由电点火打火，再引瓦斯燃烧。

(7) 看火孔

看火孔位于炉子前端或炉侧，与主燃烧器构成一个整体，作用是观察火嘴燃烧情况。也有的设计前后两个看火孔。

(8) 高温气体出口

高温气体从酸性气燃烧炉出来的地方。因再热方式的不同，出口也不一样，有的只有一个出口，高温气体全部进入余热锅炉；有的在燃烧炉上方另开一出口，作为再热时热源气体的出口，通入余热锅炉的气体则作为冷源气体。

(9) 防爆孔

防爆孔是为了防止炉内压力超高而损坏炉体的设施。此处是整个炉体中能承受压力最低所在。当炉内压力超过炉子所能承受压力时，此处首先爆开，从而泄除炉内压力。新型炉子一般不设防爆孔，炉内压力超高时装置将自动停车。

3.1.2 尾气焚烧炉

由于硫化氢的毒性远比二氧化硫大，因而无论硫黄回收是否有后续的尾气处理，尾气均应通过焚烧将尾气中微量的硫化氢和其他硫化物全部氧化为二氧化硫后排放，同时由于焚烧后的尾气温度较高，能避免低温排放尾气时酸性物质对设备管线的腐蚀。故焚烧炉是硫黄回收装置必不可少的组成部分。

尾气焚烧主要有热焚烧和催化焚烧两种。热焚烧是指在有过量空气存在下，用燃料气把尾气加热到一定温度后，使其中的硫化氢和硫化物转化为二氧化硫；焚烧温度一般控制在500~800℃，低于500℃时硫化氢和其他硫化物不能完全焚烧，高于800℃对焚烧完全影响不大，但燃料气用量大幅度增加。因此，综合各方面考虑，焚烧温度一般控制在500~800℃。各厂据实际情况，指标可能不同，但一般不超过此范围。

催化焚烧是指在有催化剂存在，并在较低温度下，使其中的硫化氢和硫化物转化为二氧化硫。显然，催化焚烧的燃料和动力消耗均明显低于热焚烧，但自20世纪70年代中期投入应用后，由于催化剂费用较高、存在二次污染，尾气中氢、一氧化碳等还原组分易导致催化剂失活等原因，目前国内一般采用热焚烧方法。

3.1.2.1 尾气焚烧炉及各部件的作用及特点

在硫黄回收装置中，一般采用的是圆筒卧式焚烧炉。其结构主要由圆筒炉体及烟道、烟囱组成。圆筒炉体主要组成部件有：燃料燃烧火嘴、尾气入口、空气入口、衬里、防雨罩、点火装置等。与酸性气燃烧炉组成部件相同的，在此不再介绍。

(1) 炉体

炉体作用同酸性气燃烧炉。结构上，尾气焚烧炉炉体前一部分为燃烧区，温度较高，为双层或多层衬里结构，一般为耐酸耐磨浇注料或耐酸隔热浇注料，后一部分为混合区，温度较低，采用轻质耐热浇注料作为衬里。

(2) 火嘴

火嘴是尾气焚烧炉的关键设备。火嘴效率不高或设计不能满足要求，将有可能导致设备腐蚀加剧、污染物不能得到充分燃烧、尾气排放超标。因此，要求火嘴应达到以下五个条件：

① 尾气、瓦斯与空气能充分混合燃烧。

② 火嘴必须保证能将硫化物充分燃烧成二氧化硫。

③ 能将尾气中的污染物尽可能地燃烧完全。

④ 在较大流速波动及流量变化范围内仍能发挥高效作用。

⑤ 能保证正常生产或开停工工况下烟气各项污染物达标或低值排放。

通常的火嘴采用分布器或导向片来强制燃料气和空气二者旋转、混合。空气在外围，瓦斯从中央火嘴出口均布的小孔均匀喷出，在保证空气充足的前提下，实现充分燃烧。

(3) 烟囱

烟囱是硫黄回收装置焚烧后尾气直排大气的出口，其排放物直接排入大气。其结构有钢制的，也有混凝土浇筑的；钢制烟囱内有衬里，作用是隔热和保护烟囱不受腐蚀。一般为圆筒形。主要由烟囱主体和支架组成。其作用是将硫黄回收尾气排出，并尽量减少对大气的污染。

对于钢制烟囱，在操作中主要是防止露点腐蚀，特别是在烟囱顶部。此处温度较低，极易产生露点腐蚀。同时，因受金属材质的限制，焚烧后的高温气体不能直接排入烟囱，需经过冷却后才能排放。综合两方面考虑，尾气排放温度一般控制在250~350℃。另外在操作中还应防止烟囱积硫。

3.1.2.2 尾气焚烧炉的燃料系统

尾气焚烧炉最主要的辅助部分是燃料系统，燃料系统是维持焚烧炉正常温度的必要保证。燃料系统直接采用天然气作燃料或与厂瓦斯系统相连。当与厂瓦斯系统相连时，一般设瓦斯脱液罐、流量控制系统、压力控制系统，主要是消除或缓解瓦斯带油、带水等对焚烧炉造成的波动，保证燃料气组成、压力、流量平稳，不致造成尾气焚烧炉操作上的不稳定。

尾气焚烧炉采用瓦斯作为燃料，瓦斯来源不同，其组分也不相同，但基本上是 C_1 ~ C_4 的烷烃。系统往往含有凝缩油，在系统减压时会汽化，吸收大量的热量，容易造成设备、管线冻凝。因此，瓦斯系统应当配备良好的伴热系统。

3.1.3 在线炉

在SCOT尾气加氢工艺中，部分企业因氢气资源不足等，没有外供氢源，采用在线炉的方式，它的主要作用是加热硫黄回收尾气，使之达到加氢催化还原反应所需的温度，同时提供反应所需氢气。

在线炉一般也采用卧式炉结构形式，整体上分为火嘴与炉体两大部分，而炉体根据工艺要求，前后分成燃烧室和混合室，燃料气与空气在燃烧室进行燃烧，高温气体在混合室中与硫黄回收尾气混合，进入加氢反应器。

在线炉主要构件与尾气焚烧炉非常接近，因此不再重复介绍。

3.2 反 应 器

3.2.1 任务

① 在低温条件下，通过催化剂的作用，使过程气中的硫化氢与二氧化硫按2∶1的分子比反应生成硫。

② 使燃烧炉燃烧时副反应生成的有机硫水解，进一步提高硫黄收率。

3.2.2 反应器的主要参数

(1) 空速(停留时间)

每小时进入反应器的原料量与反应器内催化剂藏量之比称为空速，表示过程气和催化剂接触时间的长短，常用空速的倒数来相对地表示反应时间的长短，空速的单位为 h^{-1}。空速越高，表明催化剂与过程气接触时间越短，装置处理能力越大。

空速取决于催化剂性能。不同的催化剂允许的空速也不同，目前国内采用空速一般为600~900h^{-1}。

(2) 床层温度

根据反应热力学原理，H_2S与SO_2的低温催化反应为放热反应，床层温度越低，反应转化率越高，但当温度低于硫露点时，会引起硫蒸气在催化剂表面冷凝堵塞催化剂活性孔道，使催化剂失活，因此过程气进入反应器的温度至少应比硫蒸气露点高10~30℃。

一般设计在一级反应器装填有机硫水解钛基催化剂，结合有机硫水解反应吸热，通常提高一级反应器过程气入口温度使得床层温度达到300~320℃左右，从而确保有机硫水解率。故一般一级反应器入口温度控制在220~250℃，而二级、三级反应器入口温度控制在210~230℃。

3.2.3 反应器的结构及其作用

3.2.3.1 形式

一般大、中型规模的装置应优先选择卧式反应器，其一级反应器、二级反应器及加氢反应器相连布置，卧式反应器压降小，分布均匀。规模小的装置也可选择立式反应器，一级、二级反应器相叠放置。

3.2.3.2 构件

反应器一般包括：壳体、隔热衬里、格栅、丝网、人孔、装卸料口、排污口、热电偶、进口、出口等。下面介绍几种主要构件。

(1) 壳体

此为反应器的本体，材质一般为碳钢。为反应器内部构件的承载体。组合式反应器两个之间是隔开的。

(2) 隔热衬里

在反应器四周壁上有隔热衬里，主要作用是隔热保护，维持反应器温度。

(3) 格栅

主要作用是承载催化剂。

(4) 丝网

一般为不锈钢材质，主要作用是防止瓷球、催化剂穿透而泄漏。

(5) 进、出口

为过程气进、出反应器的地方。在立式反应器中，为便于液硫汇集，在底部有5%的坡度，向出口方向倾斜。大型硫黄装置进口还设置气体分布器。

(6) 热电偶

反应器内均设置有多点式热电偶，用于监控反应器床层温度变化。一般会根据具体反应器大小及催化剂装填量设置3~4支多点式热电偶，从而实时观察催化剂床层的温升以及温度分布。

3.2.4 加氢反应器

加氢反应器是尾气加氢反应的关键设备，是尾气中含硫物质发生加氢还原反应的场所。与硫黄回收反应器类似，加氢反应器也有立式和卧式两种，而卧式反应器也是优先选择。

加氢反应器的构件与硫黄回收反应器基本相同，包括壳体、衬里、格栅、丝网、装卸料口、热电偶、进出口等，其作用也是一致的。

加氢反应器与硫黄回收反应器在结构上也是相似的，硫黄回收尾气不论进入卧式还是立式加氢反应器，都有一套气体分布装置，以便使气体均匀地穿过催化剂床层，这样整个加氢反应也会更均匀。催化剂在反应器的中间部分，由格栅承载。而催化剂下部又有气体汇合管，汇合管高出设备底部10cm左右，少量遗落至反应器底部的催化剂或瓷球不容易被携带到后面的生产工序当中。

由于加氢反应器与硫黄回收反应器在流程中所处位置不同，催化剂装填方法步骤也略有不同。

加氢反应器内通常会装有两组或三组测温仪表，观察催化剂床层的温升以及温度分布。

3.3 塔类设备结构及其作用

3.3.1 急冷塔的结构及其作用

（1）急冷塔的作用

加氢后的硫黄回收尾气温度可达250~320℃，为了达到理想的胺液吸收条件，必须对尾气进行预处理。加氢反应器出口尾气一般先经过蒸汽发生器换热，产生低压蒸汽，温度降至150℃左右，然后进入尾气急冷塔。在一些处理能力较小的装置中，加氢尾气可以直接进入急冷塔，而不需设置蒸汽发生器。急冷塔是对加氢后尾气进行冷却、水洗的场所。其主要作用是降低加氢尾气的温度，使之达到理想的吸收温度。同时通过水洗除去杂质，保护胺液吸收系统。醇胺吸收硫化氢的最佳温度是25~40℃，因此，加氢尾气经过急冷塔后，温度被降至40℃或更低。加氢后的尾气自塔底进入，与塔顶来的急冷水逆流接触，在浮阀塔盘或填料间完成传热过程。换热后的急冷水自塔底流出，经过过滤去除杂质，再经空冷或水冷器冷却至理想温度，重新返回急冷塔内冷却尾气。

（2）急冷塔形式

大多数急冷塔会选择浮阀塔或填料塔。

浮阀塔从结构形式上分属于板式塔，板式塔的塔盘常用的有泡罩型、浮阀型、筛板型、舌型及浮动舌型等。急冷塔为气液接触型塔，气液相介质相对干净，一般使用常规的浮阀型塔盘即可，对常规浮阀塔盘简单介绍如下。

1）浮阀塔

浮阀塔盘是在塔盘板上开许多圆孔，每一孔上都装有一只带三条腿的可上下浮动的阀。浮阀的结构形式很多，有F型、V型、十字架型及A型等，最常用的是F-1型。工作时，气、液流程与泡罩塔盘类似，气体通过阀孔将浮阀向上顶起，穿过环形间隙以水平方向吹入液层，气、液两相呈泡沫状进行传质传热。浮阀可随气囊的增减在较宽的气囊范围内自由调节升降，以保持稳定操作。浮阀塔盘具有如下优点：

① 生产能力大　因浮阀在塔盘板上排列比泡罩更紧凑，故生产能力比泡罩塔盘提高20%~40%，与筛板塔盘差不多。

② 操作弹性大　因浮阀可在一定范围内自由升降以适应气量的变化，所以能在较宽的气流范围内保持高的效率。浮阀塔盘操作弹性比泡罩和筛板都要大得多。

③ 效率高　由于气液接触充分，且气体以水平方向吹入液层，故雾沫夹带少，分离效果好，一般效率比泡罩塔盘高15%左右。

④ 压降小　气流通过浮阀时只有一次收缩、扩大及转弯，故压降比泡罩塔盘低。

⑤ 结构简单、制造安装较方便　浮阀塔盘由于其性能优良，又无特别明显的不足，因而在炼油、化工生产的塔类设备中得到了广泛的应用。

2）填料塔

填料塔也是炼油化工生产中较常用的一种气、液传质设备，国内一些尾气处理装置也将填料塔应用到尾气急冷塔和吸收塔中。与板式塔相比，填料塔具有结构简单、压降小、填料易用耐腐蚀材料制造等优点。但填料安装、清洗、检修都较麻烦，对含固体杂质、易结焦、易聚合的物料适应能力较差。在实际应用中选哪一种形式的塔，很难有一个绝对的标准，选用时往往要考虑如物料性质、操作条件、经济方面的因素等。填料的种类很多，按其堆砌方式大体可分为颗粒填料和规整填料两大类。颗粒填料由于其结构特点，只能自由堆砌，因此也称为"乱堆"填料。常见的颗粒填料有拉西环、鲍尔环、十字环、θ 环、弧形鞍、矩形鞍等。这种填料气、液两相分布不够均匀，故塔的分离效果不够理想。为此产生了规整填料，这种填料分离效果好、压降低，适用于在较高的气速或较小的回流比下操作。目前使用的主要是波纹网填料和波纹板填料。

填料是一种固体填充物，其作用是为气、液两相提供充分的接触面，并为强化其湍流程度创造条件，以利于传质，所以填料塔效率的高低与其所使用的填料关系很大。一般对填料有如下六方面的要求：

① 空隙率(也称自由体积)要大。即单位体积填料层中的空隙体积要大。

② 比表面要大。即单位体积填料层的表面积要大。

③ 填料的表面润湿性能要好，并在结构上要有利于两相密切接触，促进湍流。

④ 对所处理的物料具有良好的耐腐蚀性。

⑤ 填料本身有足够的机械强度。

⑥ 取材容易，制造方便，价格便宜。

在填料塔的顶部，为了使液体能均匀分布在填料上，以利于气、液两相的充分接触，在最上层填料的上部设置液体分布装置。由于气体沿填料层上升速度在塔截面上分布是不均匀的，中央气速大，靠近塔壁气速小，这样对下流的液体的作用也就不同，使得液体流经填料层时有向塔壁倾斜流动的现象，这种现象称为"壁流"。液体分布装置则可减小甚至消除壁流现象的产生。

3.3.2　吸收塔的结构及其作用

冷却至 40℃以下的加氢尾气进入吸收塔底，与塔顶来的贫胺液(以下称贫液)逆流接触，二者发生传质，是典型的化学过程。吸收塔的作用就是使贫液与尾气相互接触，进而有选择性地将尾气中硫化氢和二氧化碳吸收，被吸收过的净化尾气中仅含有微量的硫化氢气体，经焚烧后排入大气。

与急冷塔相似，吸收塔普遍的结构形式也是浮阀塔和填料塔两种，从应用的情况来看，填料塔虽然压降小，传热传质效率较高，但是致密的填料容易堵塞，影响生产，而处理起来又有相当的难度。

3.3.3　再生塔的结构及其作用

吸收了硫化氢的富胺液(以下称富液)进入溶剂再生塔，在一定的温度、压力下发生与吸收反应互逆的解吸反应，产生酸性气，同时胺液得到再生。再生后的贫液硫化氢含量推荐不大于 1g/L，最大不应超过 2g/L。酸性气返回硫黄回收装置作为原料气处理。再生塔常采用浮阀塔盘。

3.4 捕集器的结构及作用

利用丝网的阻挡和吸附作用，将过程气中雾状硫充分回收下来，降低硫分压，提高硫收率。Claus 工艺生成硫为可逆反应，因此要使反应向生成硫的方向移动，必须及时冷凝捕集反应过程中生成的硫，降低过程气中硫的分压，提高反应转化率。捕集器的捕集效果直接影响硫黄收率。

捕集器的结构形式一般采用波纹板、泡罩或丝网三种。波纹板和泡罩式捕集器不易堵塞，捕集效果较差；丝网捕集器效果较好但容易堵塞，目前采用丝网捕集器的较多。

捕集器一般与冷凝器直接相连，与冷凝器形成一个整体。其作用与原理和独立的捕集器是一样的。从冷凝器中出来的过程气直接进入捕集器，这样流程更短，占地更少。

捕集器一般为带夹套结构或外盘管伴热，内部还有加热盘管，夹套和加热盘管的作用是为捕集器提供保温和加热，以防温度过低，硫黄凝固而堵塞系统。

捕集器中的过程气一般选择自下而上的流程，过程气在通过丝网时，其中的液硫分子被捕集下来，通过捕集器出口流入液硫管线。从而使过程气中的硫分压进一步降低，有利于后续工艺的进行。

3.5 过滤器的结构及作用

急冷水过滤器一般采用滤芯式过滤，此类过滤器内部装有一只或多只滤芯，滤芯又分为可清洗型和一次性使用型两种，一次性滤芯多为致密度不同的滤布。急冷水穿过过滤网，水中的固体杂质被留在滤网内。经过一段时间，过滤器滤芯内外压差逐渐增大，影响到急冷水的正常循环，必须对滤芯进行清洗。清洗前首先要将过滤器切出系统，清洗的方法有两种，一是通过更改流程对过滤器进行反冲洗，二是将过滤器内的滤芯拆出由人工清洗。隔离清洗不但增加了劳动强度，且有可能影响工艺过程的连续性。一种新型的自动清洗式过滤器近年来被越来越多地应用。当然，其成本要比滤芯式过滤器昂贵。滤芯式过滤器属于全过滤型，正常情况下急冷水全部进入过滤器内参与过滤。

自动过滤器采用部分过滤，而且过滤量可以用旁通阀自由调节。过滤器由程序控制器来控制清洗时间、频率等。当以下条件发生时，过滤器进入清洗状态：

① 当滤网内外压差达到设定值，控制系统会提供一个电信号，启动清洗过程。

② 手动按下启动键，可强制进行清洗。

③ 设置控制盘上的时间控制器，过滤器则可定时进行清洗。

过滤器筒体内装有吸吮式扫描器，清洗启动后，扫描器进行螺旋式运动，将滤网上的杂质吸入扫描器，悬浮固体经冲洗后由排放管排出。

3.6 冷换设备

3.6.1 余热锅炉

(1) 余热锅炉作用

① 通过产生蒸汽回收热量。

② 将高温过程气冷却。

（2）余热锅炉的特殊要求

余热锅炉的设计除应遵守蒸汽锅炉设计准则外，还应考虑硫黄回收装置的特殊要求：

① 为使管板不产生局部过热，使管板全部浸没在液相中，管板最高点宜低于余热锅炉最低液位线。

② 余热锅炉出口管箱底部根据需要，可设置液硫出口管嘴，此处有可能产生液体硫黄。

③ 余热锅炉安装应有一定坡度，坡度为2%。

（3）余热锅炉结构

余热锅炉主要由蒸汽汽包和余热锅炉组成。一般采用热虹吸式循环。除氧水直接进入汽包，再进入余热锅炉壳程内，余热锅炉所产生的蒸汽和水的混合相进入蒸汽汽包，蒸汽从汽包的顶部进入蒸汽管网系统，水则继续循环。

① 保护套管　由于燃烧炉的末端接余热锅炉入口，余热锅炉管板迎火面接触介质温度高且含有高浓度硫化氢及硫蒸气，容易发生高温硫腐蚀，因此，必须对炉管的进口和表面加以保护，以避免高温和腐蚀的影响。管板金属表面应采用耐高温材料加以保护，管头必须采用保护套管；保护套管通常使用高铝陶瓷管，主要是保护余热锅炉的管壳及管入口。保护套管一般为圆形密封套，有一个或两个凸缘，一端插入锅炉管，管板外伸出约10cm长，再用耐火浇注料将伸出部分嵌入固定。因维修比较困难，且必须在停工后才能处理，因此，保护套管施工质量必须得到保证，浇注料与套管之间不能有缝隙，套管必须全部深入炉管内，耐火浇注料施工完成后要留有充足的时间进行养护，确保耐火材料在使用过程不会发生开裂坍塌等现象。

② 余热锅炉　余热锅炉是除氧水与过程气换热的场所，又分为管程和壳程，管程介质为过程气，过程气经过余热锅炉温度从1000℃以上降至300℃左右，从而降低气相中硫分压，使得液硫在一级硫冷器进一步冷却后分离；壳程为产汽过程，主要用过程气的热量将除氧水升温，产出中压蒸汽，进入汽包。

对使用高温掺和工艺而言，管程布置略有区别，外掺和法的余热锅炉管程全部为相同管径的管子，作用相同；内掺和法的余热锅炉管程中部为一直径大得多的管子，作为热源气体的通道；而冷源气体则通过直径较小的管子；掺和时，利用冷热掺和阀的开度来控制冷热气体量，从而达到控制过程气温度的目的。

③ 液位计　用于观察余热锅炉内液位变化。因余热锅炉一般产出3.5MPa中压蒸汽，温度在256℃左右，故液位计必须耐温、耐压、防腐。

④ 液硫出口　余热锅炉内液硫流出的通道，有的装置不设。酸性气燃烧炉来的高温气体在余热锅炉中得到冷却，其中的硫分子发生变化，部分气态硫被冷凝为液态硫，从这里流出余热锅炉，与过程气分离经硫封罐进入液硫储罐。

⑤ 过程气出、入口　承接来自酸性气燃烧炉的高温气体，排出经冷却的过程气。过程气出口有的装有冷热掺和阀，可以对出口过程气的温度进行冷热掺和，从而调控出口过程气的温度。

⑥ 升汽管　壳程里的蒸汽进入汽包的通道，余热锅炉壳程中的水受热后汽化，产生蒸汽，通过此通道进入汽包。

⑦ 降液管　汽包内的液体流回壳程的通道，随着壳程内液体汽化，汽包内液体通过此通道流回壳程。

⑧ 汽包　位于余热锅炉上方，是蒸汽与水分离的场所。蒸汽自泡包顶部产出，产出的蒸汽为避免产生水击，一般经焚烧炉中后部过热后并入蒸汽管网，水则自降液管流入余热锅炉。

⑨ 余热锅炉的安全附件　由于余热锅炉产生一定压力的蒸汽，为了保证其安全可靠，余热锅炉必须安装安全附件，并保证完好。主要的安全附件有：安全阀、压力表、液位计。

⑩ 排污设施　余热锅炉加注的除氧水会携带少量的钙、镁离子，长期运行会出现结垢现象，为此，一般采取连续注入定量磷酸三钠的方式。为了确保蒸汽质量和余热锅炉的长周期运行，余热锅炉装有排污设施，定期或不定期排除锅炉内沉积的污垢。排污装置装在余热锅炉下部，主要设备为排污罐，排污罐上装有安全阀，按照压力容器进行管理。排污罐与汽包、余热锅炉相连，汽包内排污为连续排污，排污量一般为进水量的2%，余热锅炉的排污为定期排污，一般为一天一次。在非正常状态下，排污视具体情况而定。

3.6.2　换热器

硫黄回收装置中，经常存在加热、冷却、冷凝等工艺过程，换热设备必不可少。换热器种类繁多，根据硫黄回收工艺需要，硫黄回收装置主要应用气-气换热器及气-液换热器，目前管壳式换热器应用最为广泛。

管壳式换热器也称列管式换热器，具有结构坚固、可承受较高压力、适应性强及选材范围广等优点。按其结构特点又可分为固定管板式、浮头式、U形管式和填料函式。硫黄回收工艺常用的是固定管板式和浮头式换热器。

3.6.2.1　固定管板式换热器

所谓“固定管板”是指管板和壳体刚性连接在一起，相互间无相对移动。固定管板式换热器广泛应用于炼油各工艺中，它使用可靠，结构简单，制造容易，在壳体直径相同时，排管数量最多，换热面积大；经验成熟，材料应用广泛，适应性强，而且每根换热管都可单独进行更换和管内清洗。固定管板式换热器的两端管板，采用焊接方法与壳体连接固定，不具备抽芯可能性，且机械清洗空间狭窄，故一般壳程要走清洁的介质。另外，这种换热器管壳程温差不能太大，通常冷热流体温差不能超过50℃。这种换热器比较适用于温差较小，壳程压力不高、壳程结垢不严重或能用化学清洗的场合。当两流体的温度差较大时，应考虑在外壳的适当位置上设计一个补偿圈（或膨胀节），以减少因管、壳程温差而产生的热应力。当壳体和管束热膨胀不同时，补偿圈发生缓慢的弹性变形来补偿因温差应力引起的热膨胀，从而避免壳体和管束膨胀不同步发生脱焊泄漏。

硫黄回收装置余热锅炉和硫冷却器大多使用固定管板式换热器。工艺操作中，要充分认识到固定管板换热器的结构特点，最大限度地保护设备长周期运行。

生产中应避免换热过程中冷热端温度的大幅波动，避免产生较大的应力变化，引起管束与管板、管板与壳体的脱焊泄漏；同时要确保换热器液位，以使管程完全浸泡在液相中。

由于硫黄回收装置余热锅炉和硫冷却器管束内介质不只是气体，还会夹带一定量的液体硫，为促进液体在管束内的流动，避免出现积硫，在设备安装时，换热器管束由高温端至低温端往往留有一定的坡度。在系统停工吹扫过程中，也容易使管束吹扫得更为彻底。

3.6.2.2　浮头式换热器

浮头式换热器一端管板是固定的，与壳体刚性连接，另一端管板是活动的，与壳体之间并不相连，活动管板一侧总称为浮头。浮头式换热器的管束可从壳体中抽出，故管外壁清洗方便，管束可在壳体中自由伸缩，所以无温差应力；但结构复杂、造价高。因浮头密封不严造成管壳程流体混合的现象，在贫富液换热器中经常会出现，从而导致贫胺液不合格，影响吸收效果。

浮头式换热器适用于冷热液体温差较大，介质易结垢需要清洗的场合。浮头式换热器多应用于尾气处理装置，如急冷水冷却、胺液冷却及贫富液换热等。

3.7 硫封罐与液硫储罐

3.7.1 硫封罐的结构及作用

硫封罐为装置实现液硫与过程气分离的设备。液硫线深插入硫封罐底部，再从硫封罐上部流出，从而在硫封罐内建立一定高度的液硫，形成静压力，维持系统压力，避免过程气进入液硫储罐。当系统压力高于硫封静压力时，过程气会冲破硫封进入大气。一般在燃烧炉烘炉前，需在硫封罐内装入足够量的固体硫黄，目的是通过夹套蒸汽加热使之熔化建立硫封；也可不装硫黄，采取先关阀引酸性气，后利用生产中的液硫缓慢形成硫封。硫封罐的封压与液硫高度成正比。硫封罐可起到保护风机、提高操作压力的作用。

3.7.2 液硫储罐的结构及作用

液硫储罐的主要作用是暂时储存液硫，并为液硫脱气提供场所。液硫储罐内装有加热盘管，主要用于液硫的加热保温。

对于液硫储罐与硫封罐一体化的装置有溢流堰，处于液硫储罐与硫封罐之间，当液硫液位高于此堰时，液硫将从此处溢流到液硫储罐。

3.8 离心式压缩机

3.8.1 离心式压缩机的工作原理

离心式压缩机属于透平式压缩机，指气体在叶轮内的流动方向大致与旋转轴相垂直的压缩机。叶轮随轴高速旋转使气体产生离心力，在中心位置形成微负压，气体从叶轮中心吸入沿着叶道流向叶轮外缘。叶轮对气体做功，使得气体获得动能，气体的压力和流速提高后，再流经扩压器等通道使气流减速，将动能转变为势能，气体的压力进一步提高。

3.8.2 离心式压缩机的性能

离心式压缩机的稳定工作范围较窄，当排气量偏离设计流量时，机组效率很低。离心式压缩机有三个性能特征。

3.8.2.1 性能曲线

性能曲线是反映离心式压缩机流量、压缩比、功率和效率相互关系的曲线，离心式压缩机性能曲线如图 1-3-2 所示。

① 在一定转速下，增大流量 Q，压缩比将下降，反之则上升。

② 在一定转速下，当流量为某个值时，压缩机效率达到最高值，当流量大于或小于此值时，效率将下降，一般以此流量的工况点作为设计工况点。

③ 性能曲线左边受喘振工况的限制，右边受阻塞工况的限制，二者之间的区域称为压机的稳定工况区域，该区域的大小是衡量压机性能的一个重要指标。

④ 压缩机的级数越多，则气体密度变化的影响越大，特性曲线越陡，稳定工况区域也越狭窄。

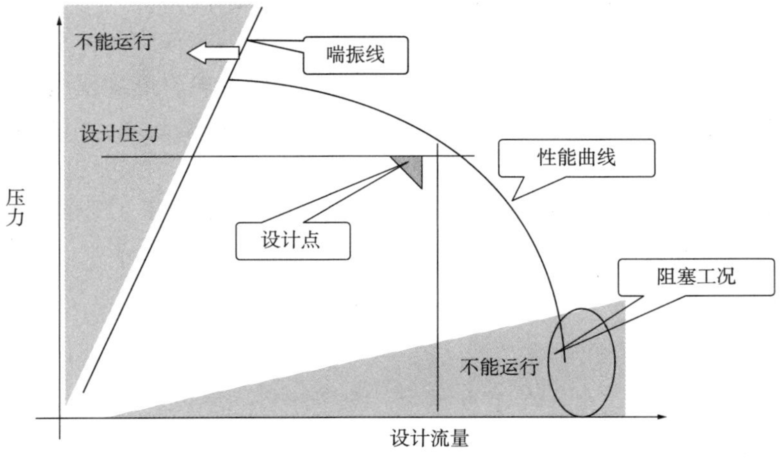

图 1-3-2　离心式压缩机性能曲线

⑤ 转速越高，性能曲线越陡，稳定工况区域越窄。此外，整个压缩机的性能曲线会向大流量方向移动。

3.8.2.2　阻塞工况

阻塞工况是当压缩机的流量增加到某一值时，气体在工作面产生分离，流道变窄，当出口流通面积与入口相等或小于时，叶轮失去扩压作用，压力下降的一种工况。阻塞工况下压缩机的性能大大降低，严重时会损坏压缩机。

3.8.2.3　喘振工况

喘振对压缩机危害很大，造成部件损坏，严重时整台压缩机损坏。

3.8.3　离心式压缩机的结构

离心式压缩机具有结构紧凑、尺寸小、流量大、易损件少等优点，常用于大流量、低压比的场合，可用于任意气体。离心式压缩机的基本结构主要分为转子和定子。转子是压缩机的转动部分，主要由主轴、叶轮、平衡盘和推力盘等部件构成；定子主要指压缩机不能转动的固定元件，由机壳、扩压器、弯道、回流器和蜗壳等构成，另外还有密封和轴承等部件。

① 叶轮　离心式压缩机的一个重要部件，气体在工作轮中流动，其压力、流速都增加，同时气体的温度也升高。叶轮是离心式压缩机对气体做功的唯一元件。通过叶轮将能量传递给气体，使气体的速度及压力都得到提高。叶轮是高速旋转的部件，要求材料具有足够的强度。为了减少振动，叶轮和轴必须经过动平衡试验，以达到规定的动平衡要求。

② 主轴　起支撑安装其上的旋转零部件(叶轮、平衡盘等)及传递扭矩的作用。

③ 平衡盘　叶轮两侧的压力不相等，在转子上受到一个指向叶轮进口方向的轴向推力。为了减少止推轴承的载荷，往往在末级之后设置一个平衡盘。平衡盘左侧为高压，右侧与进气压力相通，因而形成一个相反的轴向推力，承担了大部分的轴向推力，减轻了止推轴承的负荷。

④ 推力盘　推力盘是利用它的两侧气体的压力差来平衡轴向力的零件。在多级离心式压缩机中，由于每级叶轮两侧的气体作用力不一致，从而会使转子受到一个指向低压端的合力，我们称这个合力为轴向力。轴向力对于压缩机的正常运转是不利的，它会使转子向一端窜动，甚至使转子与机壳相碰，发生事故。

⑤ 扩压器 装在叶轮出口，将从叶轮流出的高速气体的动能转变为势能，提高气体的压力。

⑥ 弯道和回流器 将扩压器出来的气体引导到下一级叶轮，继续压缩。

⑦ 蜗壳 将从扩压器或叶轮(无扩压器时)出来的气体汇集起来，引出机外。蜗壳也有一定的扩压作用。

压缩机转子与定子间的密封通常采用迷宫密封、浮动环密封和干气密封等。轴承多采用推力滑动轴承和径向滑动轴承。

第 4 章　液硫脱气与成型

4.1 液 硫 脱 气

4.1.1 液硫脱气的目的

硫黄回收装置生产的液硫一般含有 300～500μg/g 的硫化氢，硫化氢在液硫中的溶解度与常规不一样，在较高的温度下反而溶解得多。这种现象是由于在 Claus 反应过程中生成了多硫化氢的缘故。多硫化氢是硫与硫化氢间平衡反应生成的聚合硫化物。

$$H_2S+(x-1)S \longrightarrow H_2S_x \qquad (1-4-1)$$

脱除液硫中的硫化氢十分必要。如果溶解于液硫中的 H_2S 和 H_2S_x 不脱除，一则会影响硫黄质量，二则在液硫冷凝为固体硫黄的过程中，释放出来的硫化氢气体将会对硫黄成型场所造成空气污染，液硫进行脱气，使硫化氢浓度降至 10μg/g 以下，达到如下目的：

① 确保液硫装卸、输送中的安全，减少硫化氢对操作人员的危害。

② 减少或消除硫化氢在空气中爆炸的可能性，空气中硫化氢的爆炸下限为 4.3%；通过脱气，大幅降低硫化氢含量，确保安全。

③ 减少环境污染，在成型或装卸过程中，硫化氢将随温度的降低而逸出，污染环境，未逸出的硫化氢残留在固体硫黄中，会引起二次污染，脱气后，污染大幅减少。

④ 改善产品质量，脱气成型后的硫黄外形规整、粉末少、没有异味。

4.1.2 液硫脱气的工作原理

硫化氢在液硫中的溶解度随液硫温度升高而增大(不同温度下的溶解度见图 1-4-1)，随气相中硫化氢分压增加而增大。因此，液硫脱硫化氢工艺使用有利于气液接触的搅拌和雾化技术来加快硫化物的分解。利用惰性气体作吹扫气，降低气相中硫化氢分压，从而加速硫化氢的脱除。降低液硫中硫化氢溶解度的另一方法是向液硫脱气池内注入气体氨，气态硫化氢溶于液硫后，与液硫形成多硫化氢的结构。在此过程中，氨实际上是作为一种催化剂而存在的，氨可促进多硫化氢的分解($H_2S_x \longrightarrow H_2S+S_{x-1}$)，从而使硫化氢逸出。

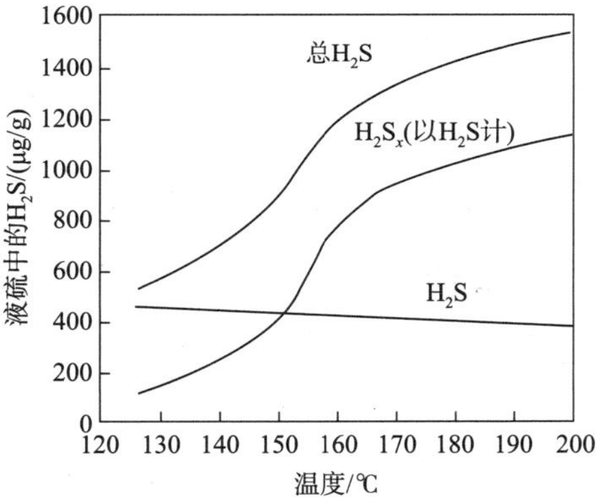

图 1-4-1　H_2S/H_2S_x 在液硫中的溶解度

液体硫黄中含有的硫化氢以硫化氢和多硫化氢形式存在，将氨注入液硫中，促使多硫化氢分解成硫化氢。蒸汽抽空器不断将液硫储罐上方气体抽出，降低气相中硫化氢的浓度，从而使平衡向右移动。

多硫化氢⟶注氨多硫化物分解⟶溶解态硫化氢⟶气液接触硫化氢解吸⟶气态的硫化氢。

注氨对促进多硫化氢分解的原理如下：

$$HNS-S_x-SNH \longrightarrow 2NH_3\uparrow_{\text{气相}} + H_2S\uparrow_{\text{气相}} + (x+1)S$$

$$\uparrow + NH_3$$

$$HS-S_x-SH \rightleftharpoons H_2S\uparrow_{\text{气相}} + (x+1)S$$

4.1.3 液硫脱气方法

液硫脱气方法很多，目前国内运行较多的主要有 LS-DeGAS 脱气、空气鼓泡脱气、循环脱气和 Shell 脱气四种方法。LS-DeGAS 脱气是利用净化尾气作为鼓泡气体，净化尾气通过压缩机提压后进入液硫池鼓泡区，液硫中的硫化氢被气提进入废气中，气提产生的废气通过抽射器或真空泵抽出送至加氢反应器入口，加氢反应器催化剂需使用具有一定耐氧能力的特殊催化剂。LS-DeGAS 液硫脱气工艺如图 1-4-2 所示。空气鼓泡脱气是从制硫风机出口引一股空气作为鼓泡气体，硫化氢被气提进入废气中，通过抽射器或真空泵抽出送至酸性气燃烧炉，采用此工艺因废气中硫化氢浓度低，对酸性气燃烧炉硫回收率有一定影响，尤其是采用蒸汽抽射器作为动力源，炉膛温度会出现明显下降。空气鼓泡液硫脱气工艺如图 1-4-3 所示。循环脱气是利用液硫泵从液硫储罐抽出液硫，将液硫送入液硫喷嘴，通过喷嘴喷洒再返回液硫储罐，不断循环至硫化氢被脱到符合要求为止。由于搅动作用，液硫释放出其中的硫化氢，循环液硫脱气工艺见图 1-4-4。Shell 脱气是将空气连续注入液硫储罐内的两个汽提塔，利用汽提作用将硫化氢汽提出来，利用空气使约 60%的硫化氢氧化为单质硫。汽提塔是箱式结构，在上部和下部都开口，在此，液硫通过搅拌空气而得到反复升降达到脱气目的。Shell 液硫脱气示意流程见图 1-4-5。

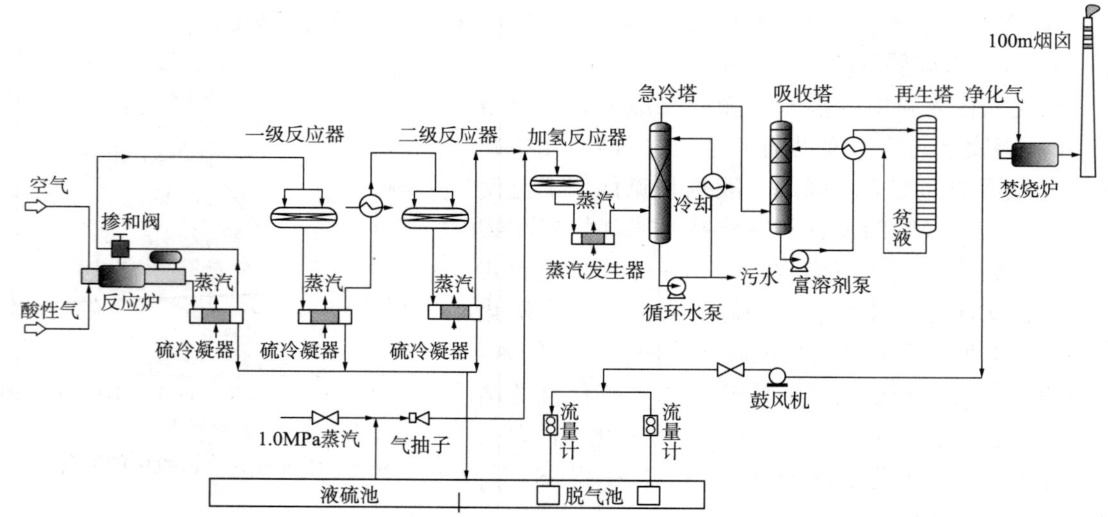

图 1-4-2　LS-DeGAS 液硫脱气示意图

4.1.4 液硫脱气的操作

① 启动液硫脱气泵，使液硫储罐内液硫形成闭路循环。泵出口液硫返回脱气罐，出口线设有喷射器，以促进硫化氢的逸出。

② 向液硫储罐内注入少量氮气或氨气，气体被直接注入液硫底部。注气过程中应注意观察液硫储罐的压力，一般保持微正压为宜。

③ 用蒸汽或氮气抽空器将液硫储罐内含硫化氢的气体抽至尾气焚烧炉。

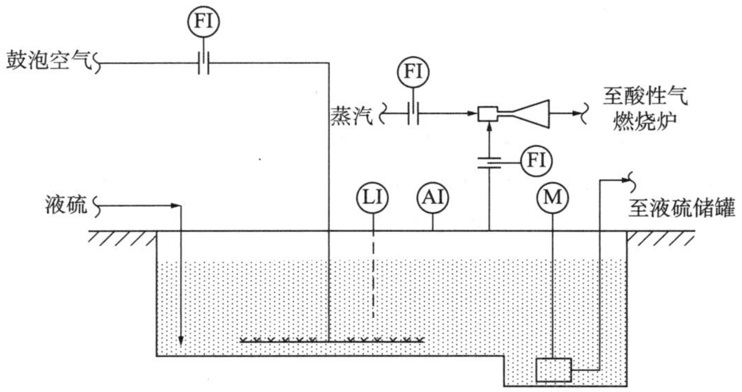

图 1-4-3　空气鼓泡液硫脱气示意图

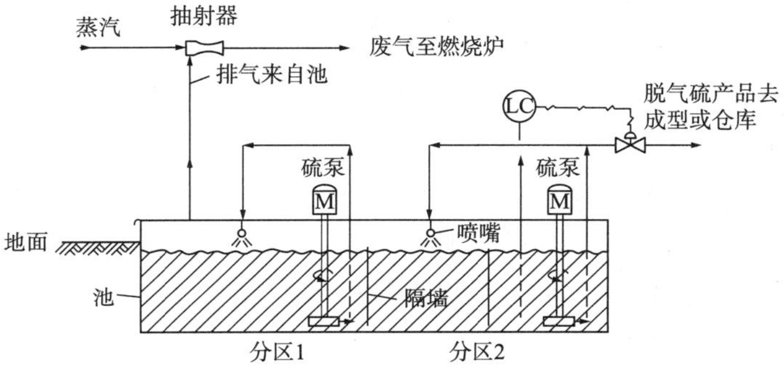

图 1-4-4　循环液硫脱气示意图

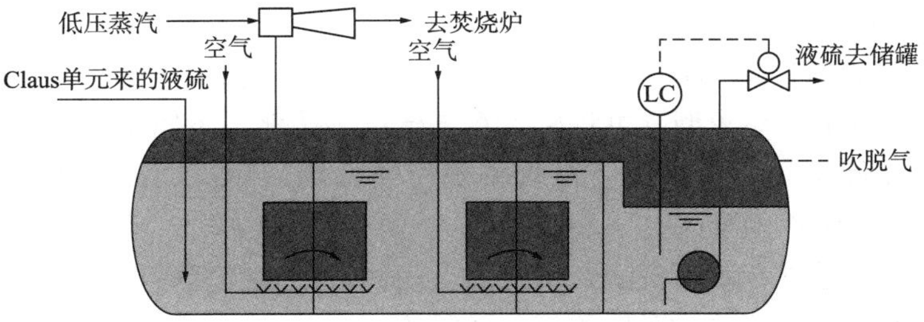

图 1-4-5　Shell 液硫脱气示意图

④ 脱气一般连续进行，也可随固体成型的生产开停。在保证平稳运行和脱气效果的前提下，尽量减少尾气焚烧炉的负荷，减少物料消耗。

4.1.5　液硫脱气的故障处理

（1）液硫储罐抽出口堵塞

当抽出压力较小时，液硫储罐气体抽出口可能形成硫晶体，阻碍脱气进行。严重时可能形成硫堵塞。需要拆抽出口阀疏通。观察液硫储罐放空线可帮助判断出口阀是否堵塞。

（2）脱气线腐蚀泄漏

由于脱气介质中含有硫化氢和水，在送往后续设备设施途中容易出现露点腐蚀，当用蒸汽作动力时，腐蚀则更为明显。因此，脱气线应尽量缩短并加伴热系统。

（3）液硫储罐自燃

采用不同脱气工艺的液硫储罐，防止自燃的方式也不一样，对于空气鼓泡，要保持连续的有氧环境，使产生的硫化亚铁能够及时得到氧化；采用其他工艺脱气的，则需要保持无氧环境。对于液硫罐的操作，要求保持无氧环境，防止出现硫化亚铁自燃。

液硫储罐保持微正压，如果产生负压，氧气就会从液硫储罐的检尺口等不密闭处进入液硫储罐。而在液硫储罐和金属管线、器壁上，硫化亚铁是极容易生成的，在氧含量高的条件下，硫化亚铁在40℃以上就可能自燃。当液硫储罐出现自燃时，如果范围小，应直接消灭火源。如果不能立即灭火，则应用氮气或蒸汽隔绝氧气，同时采取灭火措施。当火势较大时，应立即采取更有效的灭火手段，并报火警。

4.2 硫黄成型与包装

硫黄出厂方式有液体和固体两种。只要能确保液体硫黄的固定用户，首先推荐以液体硫黄形式出厂(减少投资和占地面积、降低操作费用)。近年新建的几个规模较大的硫黄回收装置都按液体硫黄出厂设计，但也同时设计固硫出厂。

国内硫黄回收装置生产的硫黄基本上都加工成粒状、片状、块状等固体。固体硫黄储存、运输都比较方便。

4.2.1 硫黄成型简介

硫黄成型工艺一般有四类：空气成型、水成型、块片成型和颗粒成型。

空气成型是在一塔中让液硫从顶部喷嘴分散流下，空气从底部向上流动并将液硫冷却成型。产生的硫黄颗粒直径在1～6mm。其优点是硫黄成型质量较好，设备固定，生产可靠；缺点是能耗大，对小型装置不经济。

水成型是将液硫喷洒入水箱，液硫在水中固化，然后过滤成产品。产生的液硫颗粒直径在1～6mm。其优点是能耗低，产品标准；缺点是硫黄中水分含量高，废水及固体硫黄酸度大，腐蚀性强，粒度分布变化大。

块片成型是液硫通过不锈钢带或橡胶转鼓时用水喷洒冷却钢带或转鼓而使其冷却成固体，在末端固体硫黄被切块成型。过程中，水与硫黄不接触，不属于水成型。生产的硫黄平均厚度为5mm。其优点是灵活性大，对大小规模装置均适用；缺点是脆性及粉尘不理想，对设备腐蚀较严重，维护困难。

颗粒成型是液硫通过专用喷头喷到钢带的上表面，用水在钢带的下表面进行冷却，使喷出的液硫固化成半球形颗粒状。产生的硫黄颗粒直径在1～6mm。其优点是能耗低、可实现规模化自动包装；缺点是单台设备成型量不大、投资较大。

目前固体硫黄从外形分有块状、片状和粒状三种形式。国内上述三种形式硫黄均有生产。三种形式硫黄的成型方法比较见表1-4-1。

表1-4-1 硫黄成型方法比较

采用设备	转鼓结片机	钢带成型机	粒状成型机
优点	占地面积小、操作简单、投资低	处理量大	产品粒度均匀、操作环境粉尘较少、包装及输送方便
缺点	转鼓容易变形，处理量受限制	结构较复杂，占地面积也较大，钢带要求高	设备投资较大、工艺过程复杂
适用范围	适合中、小型装置	适合大、中型装置	适合大型装置

4.2.2 包装

对于固体硫黄的包装应注意：

① 固体工业硫黄用符合规定的包装袋包装。包装应符合硫黄包装的有关规定。

② 每一批硫黄均应采样分析，在包装物的明显部位标上 GB 190—1990(2009)所示的“易燃固体”“危险品”的标志。同时标明：生产厂家、产品名称、商标、等级、出厂日期、批号、产品净重、危险化学品生产许可证等。

4.2.3 成型机工作原理

4.2.3.1 转鼓成型机

工作原理：由液硫泵送来的液硫喷淋在成型机的转鼓上，多余的液硫溢流回液硫储罐，转鼓由电机带动运行，转鼓内用循环水冷却液硫，凝固在转鼓上的硫黄在转鼓转动中被固定在机壳上的刮刀刮下来自行落入料仓，待包装入库。

转鼓硫黄结片机由底座、支座、下壳体、转鼓刮刀、驱动机构等组成，工作时，通过转鼓外壁黏结液态硫黄，转鼓内水将液硫间接冷却成固态，旋转过程中与刀片相切成型，结片厚度一般在 0.8~1.6mm。生产能力一般在 0.5~2t/h。

转鼓硫黄结片机的优点是占地面积小，操作简单，维修方便。其缺点是生产能力小，适合小型装置使用。

4.2.3.2 胶带硫黄成型机

胶带硫黄成型机由托辊机架、胶带、液硫分布器(机头)、喷淋水部分以及传动部分组成。

胶带硫黄成型机工作原理类似于胶带运输机，但速度运行较慢，所用的胶带应能耐热耐硫。液硫的冷却方式采用水直接喷淋到胶带表面，然后注入液硫。待液硫在胶带上稍微冷却(此时液硫表面有一薄层开始固化)，再在硫黄表面喷淋水进行冷却，最后用风冷却。

胶带硫黄成型机的优点是设备简单，操作方便，生产能力大。缺点是占地面积大，耗水量大，硫黄含水分多，影响产品质量。

4.2.3.3 钢带结片机

工作原理：由液硫泵送来的液硫通过置于钢带始端上方的液硫分布器将液硫输送到钢带上，用水冷却钢带使液硫凝固在钢带上，再将固体硫黄送到置于钢带末端的破碎机破碎成小块状硫黄，然后包装入库。

钢带结片机主要由不锈钢带及配套电机、减速器、抽风机和冷却水系统组成。其结构与胶带硫黄成型机基本相同，不同之处是将胶带换成不锈钢带，冷却方式由直接喷淋改为钢带间接冷却。

钢带结片机除兼有胶带成型机的优点外，还将喷淋水由直接冷却改为间接冷却，降低了用水量，因生产能力较大，可达到 3~9t/h，在国内硫黄回收装置的使用中占有主导地位。钢带机除能够生产片状硫黄外，还能够生产均匀的颗粒状硫黄，这种硫黄成型机称为造粒机，在硫回收装置中得到越来越广泛的应用。

硫黄造粒机与普通钢带结片机结构基本相同，关键的区别在于钢带结片机的下料方式为液硫通过管线铺洒在钢带表面，造粒机是液硫首先进入分布器，通过旋转，将液硫以液滴的形式甩到钢带上被冷却，然后用刮板清除。

4.2.4 成型机的开停机步骤与维护(以钢带结片机和钢带造粒机为例)

4.2.4.1 液硫泵的启动及切换

① 全面检查液硫泵。

② 关闭出口阀，全开入口阀。

③ 启动电机。

④ 当出口压力大于或接近操作压力时逐渐开启出口阀，调节流量。

⑤ 开泵过程应注意电机电流变化，不许超过额定值，若电机启动声音异常或启动不起来，应立即切断电源检查。

⑥ 启动过程中应注意密封处是否有泄漏。

⑦ 切换泵时，先做好备用泵开泵前的准备工作，如盘车加油等，启动电机，待出口压力正常后，逐渐开大出口阀，同时逐渐关小被切换泵的出口阀，直至被切换泵的出口阀完全关闭，切换过程保持流量平稳。被切换泵停泵。

4.2.4.2 钢带结片机开机准备

钢带结片机开机前，检查钢带各部位完好情况；确认钢带无卡边、跑偏现象；检查主动轮和托轮座以及各机泵是否有合格的润滑油或润滑脂；检查钢带冷却系统各部件是否完好；对成型机进行检查，看主要零部件是否齐全，钢带表面清洁无杂物，特别是硬质杂物。以上各项如有问题，应整改好后，再进入下一环节。

4.2.4.3 钢带结片机开机

启动钢带结片机开关，确认钢带结片机运转处于正常状态。然后，启动冷却水泵，打开各冷却喷嘴对钢带进行冷却。启动液硫泵。缓慢打开液硫管线考克。控制考克开度，保证硫黄厚度在规定范围内。

4.2.4.4 钢带结片机维护

经常检查钢带结片机的运行情况。确保机泵润滑油、润滑脂正常运行。运行中如果发现硫黄厚度超标、夹层等，应及时调整。在钢带结片机运行中如出现问题，应及时处理。在保证成型机运转正常的同时，还应检查液硫泵运转、液硫线伴热情况，确保液硫输送正常。同时确保成型机冷却系统运转正常。

4.2.4.5 钢带结片机停机

首先按离心泵操作规程停运液硫泵，关闭液硫线入口考克，在没有液硫流入成型机后，停运钢带结片机，停冷却水系统，清除钢带结片机及周围杂物。

4.2.5 钢带结片机常见故障与处理

① 由于冷却水量没有控制好，造成硫黄成型时出现夹层现象，中间部分没有完全冷凝下来，这时需要开大冷却水，使液硫完全冷凝而成型；由于成型过程中，液硫量控制不好，造成硫黄成型厚度或厚或薄，超出硫黄厚度控制指标，此时应根据具体情况将考克开度调节好。

② 成型机运行中，钢带跑偏时应对钢带进行校正，消除跑偏现象；钢带运行较长时间后，有可能出现钢带裂纹，此时应视具体情况停机补焊或更换钢带；在机泵运行中，由于电压、电流、润滑油等原因也可造成故障，应视情况加以处理。

③ 成型操作中，由于液硫量控制不好，有可能造成液硫从钢带上外溢或前面的液硫向后回流，此时，应将考克关小，使液硫量适中；有时由于液硫线蒸汽压力低造成液硫线堵塞，此时应提高蒸汽压力，确保液硫温度。

4.2.6 钢带造粒机的开停机步骤与维护

4.2.6.1 钢带造粒机开机前的检查

① 进行设备整体检查，检查主要零部件是否齐全，有无缺损。

② 检查钢带表面，造粒机头有无异物及硬质颗粒，如有应及时清理。

③ 检查运转部位润滑情况，轴承内是否充满润滑油(脂)。

④ 检查冷却水系统是否畅通，过滤网喷嘴是否有堵塞现象。

⑤ 检查液硫泵、液硫线伴热温度、压力和疏水情况，避免液硫凝固。

⑥ 检查防黏剂辊是否按要求浸入防黏剂中且与钢带接触良好。

⑦ 检查钢带胶条有无损坏现象，胶条与两端滚筒边缘有无间隙。检查钢带松紧程度，钢带的焊口及边缘有无裂纹和破损。

⑧ 检查钢带两侧紧急跳闸开关是否在运行位置。

⑨ 空试皮带输送机以确保达到良好运行状态。

⑩ 检查抽风机是否完好。

4.2.6.2 钢带造粒机开机步骤

① 启动冷却水系统进行冷却和湿润钢带，并检查喷头有无堵塞现象。

② 检查机头与钢带位置是否适宜。

③ 启动钢带运行，进行无负荷运转 5min 左右，检查钢带有无跑偏现象。打开热空气阀吹扫机头。

④ 投用抽风机系统。

⑤ 启动皮带运输机，使运输系统投入运行。检查皮带有无跑偏现象，准备接料。

⑥ 启动造粒机头，并空试 5min，检查确认机头运行有无异常，伴热是否正常。

⑦ 确认造粒机头运转正常后，启动液硫泵，检查机头下料情况。

⑧ 降低机头位置至正常，一般距离钢带 2~3cm，或根据液硫颗粒均匀度调节。

⑨ 根据下料量调节钢带转速、机头转速，使液硫泵、机头、钢带配合一致。其顺序依次为先钢带，后机头，最后是液硫泵。

4.2.6.3 钢带造粒机运转中的检查

① 检查转动设备运行有无异常声音，各部轴承有无过热现象，各部位润滑情况。

② 检查钢带跑偏情况，胶条与滚筒边缘是否受力均匀，否则应适当调节。

③ 检查钢带张力是否合适。

④ 检查冷却水系统，包括冷却水温度、压力，喷嘴情况。

⑤ 检查伴热蒸汽压力及温度。

⑥ 检查防黏剂损失情况，并将配制好的防黏剂添加于防黏剂槽内。

⑦ 检查各部刮板有无损伤。

4.2.6.4 钢带造粒机停机步骤

① 关闭液硫泵开关，关闭液硫线进、出口阀。

② 旋转机头继续运转 5min，甩出残存的液硫。

③ 打开气阀吹机头 2 次，每次 5s。用变频器降低机头旋转速度，稍后再停机头。手动升高机头 5~10cm。

④ 确认钢带上无残留的硫黄后，用变频器降低钢带速度，稍后再停钢带。

⑤ 关闭风动控制卸料槽开关，使卸料槽刮板离开钢带。

⑥ 停运皮带运输系统。

⑦ 停运冷却水系统。

⑧ 停运抽风机系统。

4.2.6.5 钢带造粒机常见故障与处理

(1) 硫黄冷却不透

钢带冷却效果不好，应检查水冷器，保证冷却温度。检查喷嘴，使造粒均匀。另一个原因是下料量大。

（2）钢带跑偏

滚筒中心线与钢带中心线不垂直，或滚筒表面结垢，应及时调整滚筒中心线，若仍跑偏则有必要重新调整成型机支架。清除滚筒表面结垢。也可能是钢带接头处不平直或钢带变形，则应对钢带进行相应处理。

（3）硫黄造粒不匀

甩到钢带上的硫黄液滴不饱满，结片，分布不均匀。原因之一是旋转机头与钢带距离不当；原因之二是机头转速与钢带转速不协调，钢带转速过快时粒大或结片，钢带转速过低时硫黄液滴密集或有重叠。如果是整体分布不均匀，可能是机头甩料孔有堵塞。以上处理措施并不复杂，但要根据症状进行调整。

（4）紧急停机

成型机转动设备多，因此容易出现设备故障，操作不慎，还容易出现人身事故，因此，当发生下列情况时，应采取紧急停机：

① 转动部件出现异常剧烈杂音；

② 钢带发现明显跑偏，胶条损伤；

③ 钢带表面有明显压伤或划伤；

④ 各部轴承超温；

⑤ 冷却水突然中断；

⑥ 造粒机机头突然停运；

⑦ 出现危及操作员人身安全的情况及其他紧急情况。

此类设备应备有紧急停车联锁控制器，启动联锁，成型机即可尽快地停车。若无联锁控制，则应以保护人身及设备的安全为原则进行快速停车。停车后，完成正常停车所剩下的各项工作。查找事故原因并进行处理，同时做好重新开机的准备工作。

第5章 硫黄回收装置的开停工

5.1 新装置开工

5.1.1 开工准备工作

装置交付开工前应组织设计、施工、生产等部门的人员认真检查。内容包括：流程走向是否正确；管线、仪表、阀门安装是否完好；设备安装是否符合施工规范和设计要求；主体工程和辅助设施是否配套、齐全；照明灯具、通信器材是否齐全好用；有无漏项工程。检查事项要做好记录。只有这些工作经检查无误后，装置方可进入后续开工准备阶段。

装置开工前的准备工作主要包括组织准备、技术准备、人员准备、安全准备、外部条件准备、物质准备和设备准备等方面。

(1) 组织准备

成立专门的组织对开工过程全程控制；在人员的组织配备方面，要保证组织分工明确、统一指挥、权责分明。

(2) 技术准备

准备好开工资料，包括开工方案、开工统筹图、吹扫记录表、盲板拆卸登记表、交接班本、运行记录。与环保部门制定好环保措施。

(3) 人员准备

组织职工学习开工方案以及各项制度，做到每个参与开工的职工掌握开工方案，熟悉开工步骤及特点。全部参加开工的人员都应持证上岗。

(4) 安全准备

与安全部门制订好开工安全措施；防火、防毒器材完好备用，确保每个相关人员都能熟练掌握消防、防毒和安全防护的正确使用方法。安全防护用品准备齐全。

(5) 外部条件准备

与调度及相关装置加强联系；清扫装置地面，脚手架拆除。开工前火炬系统经过测试，保证火炬线畅通。

(6) 物质准备

准备好开工工具，装置引汽、非净化风、新鲜水、除盐水、除氧水、循环水、氮气、瓦斯、氢气、净化风至装置入口处备用。三剂准备完毕。如有必要，硫封罐应备有足够硫黄以确保硫封的建立。

(7) 设备准备

所有设备安装到位，各种表格、记录、资料齐全；单机按要求试运完毕，确认完好；设备附件齐全，完好备用；各机械设备整机、动力装置、安全装置、冷却系统、润滑系统完好备用。

5.1.2 单体设备的检查与验收

① 检查风机、机泵、空冷风机、注剂泵是否安装完好，单机试运是否好用，机泵润滑、冷却是否符合要求。

② 检查燃烧炉、焚烧炉、反应器的衬里是否符合要求，热电偶是否按规定安装好，安全附件是否齐全。内部杂物是否清理干净，检查炉子看火孔是否好用，检查炉子火嘴是否符

合工艺要求。

③ 检查冷换设备、余热锅炉、空冷设备是否安装完好，工艺介质走向、阀门、法兰、附件安装是否符合工艺要求，检查该类设备试压记录。

④ 检查急冷塔、吸收塔、再生塔的内构件、附件、工艺介质走向是否符合工艺要求，检查该类设备试压记录。

⑤ 检查酸性水罐、瓦斯罐、净化风罐、胺液储罐等容器的内构件、附件、工艺介质走向是否符合工艺要求，检查该类设备试压记录。

⑥ 检查安全阀、压力表是否按有关要求安装。安全阀定压是否符合要求。

⑦ 检查主工艺流程安装走向是否正确，流程上的阀门、法兰是否符合工艺要求，检查主工艺流程的试压、吹扫记录。

⑧ 检查氮气、瓦斯、氢气、蒸汽、净化风、非净化风、除盐水、除氧水、循环水、新鲜水、凝结水系统等公用工程系统管道是否按要求安装校验合格，管道试压是否合格。

⑨ 检查高温掺和阀、闸阀、蝶阀、旋塞阀等各种阀门是否开关灵活。

⑩ 检查采样口是否齐全、完好。

⑪ 检查各设备避雷接地情况是否符合规范要求。

⑫ 检查仪表是否齐全，检验是否合格，各控制仪表调试是否合格，各联锁调试是否合格，DCS 流程、报警、趋势、信息和调节等组态是否满足工艺要求。

⑬ 检查盲板是否按要求拆装。

5.1.3 Claus 催化剂的装填

此处介绍的装填方法为一般普遍的装填方法，针对不同的催化剂，装填方案也不一样，具体装填方案以催化剂生产厂家的装填方案为准。催化剂装填前应烘器完毕。

① 新建装置在烘炉烘器结束并进行设备内部检查、清扫完成后，可进行催化剂装填。

② 催化剂装填应在干燥条件下进行，避免在阴雨天气或湿度很大的环境下装填，以免影响强度。

③ 打开人孔，确认反应器各附件是否安装齐全，内部是否清理干净并保持干燥，衬里是否完好，格栅是否装好。

④ 装填催化剂前，必须先把反应器内部清扫干净，将篦板安装就位，铺上 8~10 目不锈钢丝网，要求丝网平整，不能留有缝隙，特别是丝网与反应器壁相接的地方更要注意，四周固定，避免催化剂漏至反应器底部。

⑤ 先在丝网上面堆放摊平一定厚度、直径较大的瓷球，然后在瓷球上平摊一定厚度、直径较小的瓷球，瓷球每装一层都要将其平整。如考虑到以后卸剂时便于催化剂与瓷球分离，可在瓷球与催化剂之间再加一层丝网。要求篦板和丝网至少确保使用 1 个运行周期。

⑥ 检查催化剂状况，如发现细粉较多，需经规定的筛子过筛后才能使用，主要是除去因运输、搬运过程中可能产生的<4mm 的粉尘碎粒，以免损伤催化剂和造成反应器压降升高。装填时应将催化剂先装入布袋中，再吊入反应器，催化剂下落高度不大于 500mm。装入催化剂高度应按厂家要求执行。催化剂装填完后应再一次平整。

⑦ 催化剂装填过程中应铺垫木板，装填人员必须站在催化剂床层铺垫的木板上进行装填操作，严禁使用金属器具挖掘。催化剂装填至预定高度后，应用木制工具将催化剂表面铺平，并在上面再铺垫一层小瓷球，用于减缓气流对催化剂表层的冲击，同时顶部瓷球也成为结碳时的吸附空间，同样起到保护催化剂的作用。

⑧ 催化剂装填完毕，经检查没有问题后应立即封上料口，启用前应避免水汽及过程气

进入反应器，例如反应器入口蒸汽线应检查确认不内漏。

⑨ 开工前应先用干燥风进行吹扫，除去床层粉末。

⑩ 装填过程中可由催化剂生产厂家指导或由厂家直接装填。

5.1.4 吹扫试压

5.1.4.1 试压目的

① 考察静设备(包括反应器、冷换设备、容器、阀门等)及所有工艺管线在正常的工艺操作条件下的密封性能是否符合规范要求。

② 通过试压，检查和考验工程质量、设备安装质量和管线焊接质量及使用材质等方面问题，便于及时发现装置施工的漏项和缺陷。

③ 装置吹扫的目的是清除管道内泥沙、焊渣、铁锈等脏物；同时进行贯通检查工艺管道是否畅通，工艺管线安装是否正确。

5.1.4.2 试压要求

① 设备试压和管道试压同时进行，主要检查其密封面的严密性。

② 设备和管道试压应在吹扫干净的基础上进行。

③ 试压完毕，各岗位必须把设备及管道内的介质及冷凝液排净，并打开低点放空阀门。

④ 试压前认真改好流程，并经三级检查确认合格。

⑤ 新鲜水、循环水及除氧水线以本身介质的最高压力憋压。

⑥ 风线以风的最高压力憋压 30min 进行检查，蒸汽线以蒸汽的最高压力进行试压。硫黄主过程气流程以氮气或压缩空气高于操作压力 1.5 倍进行。

⑦ 反应器、容器的试压须专人负责，试压用的压力表必须严格校正，有完备的校验单和合格证。

⑧ 工艺管道及设备的试压过程中，要通知仪表人员对仪表引压管线进行试压。

5.1.4.3 试压标准

设备和管线的试压均按相关规定压力进行试压，严禁超压损坏设备。如用蒸汽介质进行试压的工艺管线和设备，如试压所需压力超出蒸汽压力时，则按蒸汽进装置的最大压力试压，尽可能满足试压要求。

5.1.4.4 选用介质

① 酸性气、氢气、瓦斯、尾气处理管道和设备：氮气。

② 蒸汽线、伴热夹套线和余热锅炉系统和设备：蒸汽。

③ 过程气管线和设备：空气或氮气。

5.1.4.5 试压注意事项

① 无论是设备试压还是管道试压，升压过程都不能过猛过急，要力求平稳升压。

② 试压达到要求的压力后，应有专人对焊缝、盲肠、法兰、人孔、阀门、仪表引压点等进行检查，并认真做好记录。

③ 试压合格的标准为：在规定的试压标准范围内，各检查点无漏水、漏气、冒泡现象。

④ 在一定时间内压力不下降，一般情况下，保压不少于 30min 为合格。如不合格，必须查到漏处，泄压整改后，再升压检查。发现问题应及时做好标记，并汇报给车间进行处理。

⑤ 试压合格后，要放尽存液，打开排凝和放空阀，待设备内温度降至常温后方可关闭排凝和放空。

5.1.4.6 准备工作

① 试压前应将设备、管线已拆开的法兰，管线上的流量计、调节阀、疏水阀等设备恢

复好，在适当位置安装压力表。

② 准备好气密试验的工具，如肥皂水、刷子、洗耳球及其他便于携带的容器等。

5.1.4.7 贯通吹扫、气密试压注意点

① 引公用工程要事先与相关单位联系。

② 引汽的过程要缓慢并打开放空吹扫干净，必要时在设备前折法兰放空，引蒸汽一定要慢，严防水击损坏管线及设备。引蒸汽的时候，由于高温蒸汽与管道中的冷凝水接触，冷凝水升温，发生相变，体积迅速膨胀，出现“汽锤”，使管道猛烈抖动，称为“水击”。“水击”最简单的判断方法是管线抖动，发出巨大的声响。为防止水击，装置引蒸汽时，在蒸汽管线末端和低点处先开放空阀，排凝后再开蒸汽阀。在蒸汽管道投用时首先要进行小流量暖管操作。管网来1.0MPa过热蒸汽一般温度在250℃左右。管网来0.3MPa蒸汽一般温度在150℃左右。引蒸汽时，如果不进行低点排凝，会造成蒸汽管线产生水击，甚至将管线拉断。为了保证安全，引蒸汽时应缓慢，防止水击，引汽时各支路蒸汽分别引进。

③ 流量计、压力表、阻火器、自控仪表等要事先拆除，待吹扫干净后再安装到位。吹扫前，仪表引压线、液位计上下游阀、压力表手阀、安全阀上下游阀都要处于关闭状态。吹扫后期，打开这些阀门。

④ 压力容器进行气密性试验时，一般应将安全附件装配齐全。

⑤ 要进行液压试验的压力容器，气密性试验应在耐压试验合格后进行。

⑥ 碳钢和低合金钢制压力容器，其试验用气体的温度应不低于5℃，其他材料制压力容器按设计图样规定进行。

⑦ 吹扫要逐根吹扫，不能互相窜，吹扫结束负责人要签名认可。

5.1.5 余热锅炉煮炉

5.1.5.1 煮炉目的

余热锅炉由于受热面上沾有油污和铁锈，影响正常传热，铁锈容易堵塞管路，破坏正常的水循环，使受热面过热损坏，因此必须在烘炉时煮炉。煮炉主要是利用酸性气燃烧炉烘炉过程气中带出来的余热，使用除氧水和化学药剂（Na_3PO_4、NaOH）对锅炉进行清洗、预磨，脱除锅炉系统内设备和管线表面的油脂、铁锈等有害物质，保证开工中锅炉的安、稳、长运行。煮炉可以在系统首次升温前进行，也可以与系统首次升温同时进行。

一般来说，新装或改装，检修更换50%以上受热面的余热锅炉需要煮炉，其中分为三类：一类是从制造到安装，保管完好，无锈蚀，仅个别腐蚀锈斑；二类是新锅炉长期露天存放，无可靠防腐措施，锈蚀较重或更换50%受热面，受热面表面机械化学清洗后；三类是拆迁的锅炉，内壁除有铁锈外还有水垢。

5.1.5.2 煮炉前的准备工作

现场准备防碱灼伤用的防护用品和清水。系统用除氧水置换，炉水硬度≤5mg/L。将煮炉用的NaOH、$Na_3PO_4 \cdot 12H_2O$配成一定浓度的溶液，加入汽包内。煮炉具体加药量见表1-5-1。

表1-5-1 煮炉加药量

名称	一类	二类	三类
NaOH/（kg/m^3水）	2~3	2~3	5~6
$Na_3PO_4 \cdot 12H_2O$/（kg/m^3水）	2~3	2~3	5~6

5.1.5.3 *煮炉的具体操作(以 3.5MPa 锅炉为例，其他压力参照煮炉)*

联系调度，改好流程往汽包内给水到人孔下几厘米处。从人孔处加入化学药剂，封上人孔，继续加水至正常水位，以确保煮炉的正常进行。打通流程建立水循环，保持汽包最低水位，打开汽包放空阀。汽包给水至液位 35%~45%，投用液位控制，同时给蒸汽加热，然后开始循环。

保持汽包正常液位，当汽包开始产汽时，关小放空阀，保持有少量蒸汽流动，并由放空阀控制汽包的压力，当汽包压力升到 0.35MPa 时系统热紧，检查各部分泄漏情况，并保持 8h 恒压碱煮(分析碱度 PO_4^{3-})。0.35MPa 恒压结束后，将汽包压力泄到 0(泄压速度 0.5MPa/h)。排污点排污一次(分析 PO_4^{3-} 及碱度，每两小时一次)。

排污后，将汽包压力升到 1.0MPa。在 1.0MPa 下恒压 12h 碱煮(分析 PO_4^{3-} 及碱度，每两小时一次)。1.0MPa 恒压结束后(分析汽包的水碱度及 PO_4^{3-} 浓度)，将汽包压力泄到 0.5MPa (泄压速度 0.5MPa/h)。排污点排污一次。

1.0MPa 恒压煮炉后，将系统压力升到 2.5MPa。在 2.5MPa 下恒压 24h，每小时分析汽包的水碱度及 PO_4^{3-} 浓度一次。以 0.5MPa/h 的速度将压力泄到 1.5MPa，排污点排污一次。

2.5MPa 恒压煮炉后，将系统压力升到 3.5MPa。在 3.5MPa 下恒压 24~48h，每小时分析汽包的水碱度及 PO_4^{3-} 浓度一次，当碱度及 PO_4^{3-} 浓度在 4h 内稳定不变时，说明煮炉结束(碱度≥46.5mg/L)。以 0.5MPa/h 的速度将压力泄到 2.0MPa。排污点排污，并通过汽包给水旁路阀给汽包上水、换水，直到合格为止(投用连排)，碱度<10mg/L。换水合格后，带压冲洗各取样管道、所有水位计管道、连定排污管道、各疏水系统管道、各压力表管道。

煮炉结束后，随酸性气燃烧炉的降温，汽包逐渐降温、降压，最后自然冷却。降温后，排净汽包存水，打开汽包人孔检查。

煮炉合格条件：煮炉完毕，检查汽包内壁应无油垢、锈斑，除去附着物后金属表面应无残存锈斑。如果不合格，则应重新按照上述步骤进行煮炉。

如果煮炉完成后，锅炉没有立即投用，则应采取停炉保护措施：往锅炉系统内装入配有化学药剂的除氧水，再加入氢氧化钠或氨水，使 pH 值达到 10。

5.1.5.4 *煮炉注意事项*

配药时，应穿戴好工作服，由化水工作人员进行，确保药品齐全。加药前，应先用除氧水溶解，将溶液搅拌均匀，配成浓溶液，不得将固体药液加入汽包内。进行配药时，应遵循氢氧化钠的配制安全规定。加药时，锅炉水位应低于人孔下边缘。煮炉用药一次加完。煮炉期间水位保持在 35%~45%范围内，每小时检查水位计一次，注意监视压力、气温、水位的变化。煮炉期间炉水碱度不得低于 46.5mg/L，否则加药补充。煮炉期间，无关的设备应隔离或断开。上水由现场通知，换水时防止汽包温度变化太猛太快。降压速度≤1.0MPa/h。升压速度控制在使汽包温度升速≤50℃/h。升压以后，炉水采样分析每两小时一次，排污前后各分析一次，煮炉后期每小时分析一次。煮炉经换水合格后方能冲洗管道，打开人孔、手孔进行检查。

5.1.6 电机空运与单机试运

脱开所有机泵的联轴器，电机先点试，检查电机转向是否正确，启动电机空运不少于 4h。电机空运时，检查机件振动、地脚螺丝、声音等是否正常；检查机体、轴承温度、电流等是否正常，并做好记录。电机空转合格后，联系相关人员上好对轮，并校正中心。

鼓风机单机试运时间应不少于 4h；其他泵、成型机试运时间不少于 2h；检查机泵压力、流量、温度、振动、润滑、温升、声音等是否正常；试运过程中发现异常，应立即停运，检查修理，修理完继续试运；试运不合格的机动设备不能投入使用。

5.1.7 水联运

胺液系统开工时，首先应进行水联运。

(1) 水联运目的

① 检验流程是否畅通，机泵运行是否正常。

② 检查系统泄漏点并处理。

③ 检查仪表、调节阀指示、控制是否正常。

④ 对胺液系统进行清洗，洗净检修遗留的脏物、焊渣等，避免堵塞或对胺液质量产生影响。

(2) 水联运步骤

① 打通吸收塔、再生塔循环流程，如胺液储罐装有胺液，应确保与胺液储罐断开，防止水洗水与胺液互窜；没有胺液最好带罐循环。有些装置没有再生塔，则可建立更为简单的闭路循环。

② 自贫液泵注水洗水(新鲜水或除盐水)至吸收塔。

③ 吸收塔液位达60%以上时，启动富液泵，将水洗水经贫、富液换热器送至再生塔。贫液泵注水不停。

④ 当再生塔液位达到50%，系统水洗水量已经足够，贫液泵注水停止，启动贫液泵，系统形成闭路循环。

(3) 吸收水联运的注意事项

① 新系统或系统较脏时，可对系统进行碱洗。

② 水联运建立初期，流程内各低点应定期进行排污，使固体杂质排出。

③ 胺液过滤系统应投用。

④ 各仪表投用并与现场对比；调节阀手动、自动试验。

⑤ 视水洗水质量，水联运可进行一次以上的水置换，将系统内水全部排尽，重新建立循环。

5.1.8 点火烘炉

酸性气燃烧炉、尾气焚烧炉同步点火升温操作，缩短开工时间。尾气焚烧炉的点火升温、烘炉可以参照酸性气燃烧炉的相关操作进行，由于两炉操作步骤相差不大，本书只对酸性气燃烧炉的操作进行讲述。

5.1.8.1 准备工作

在燃烧炉点火前，按工艺要求对设备进行全面的吹扫，试压检查，保证设备及管线流程的完好、畅通。检查炉附件及其他附属设备的完好状况，确认具备点火条件。点火前应将炉体排气孔打开。

新炉子或内部衬里有较大改动的炉子砌好后，应有一定时间进行自然通风干燥。然后才能进行以下操作：

① 开瓦斯进装置阀，引瓦斯进装置。

② 瓦斯罐脱液。

③ 瓦斯含氧分析，连采两个样，分析氧含量<1%方可点火，瓦斯罐加强脱液，伴热投用正常。

④ 为防止瓦斯带液，在炉前点一临时火把试烧，当火把燃烧稳定且无带液现象时，说明瓦斯已能满足点火要求。

⑤ 余热锅炉上水至约70%液面，打开汽包放空阀。

⑥ 启动风机，适当调节风量，吹扫炉膛 10~20min，然后调整炉膛压力。

5.1.8.2 点炉升温

（1）点火

① 当各项准备工作完成，经检查无误后可拆炉前瓦斯盲板，风机保持放空状态。

② 复位装置各单元联锁，按照酸性气燃烧炉点火程序操作进行点火。点火程序一般为程序初始条件确认、启动点火程序、引空气吹扫、调整空气流量、确认点火，同时程序控制打开瓦斯切断阀，引入瓦斯火焰检测或人工现场反馈点火情况，点火成功。

③ 调节瓦斯、空气进炉量，使瓦斯完全燃烧。

④ 若一次点火未成功，点火程序默认返回初始条件，为确保瓦斯不内漏可关闭瓦斯现场手阀，再次点火前氮气吹扫炉膛不得少于 15min。

⑤ 点火操作中要严格遵守吹扫、点火、开瓦斯三个步骤。时刻关注点火情况及燃烧情况，操作人员不得离开现场。如用点火棒点火，要调整炉膛压力为微负压，还应注意不要正视看火孔，以免回火伤人。

（2）烘炉

1）烘炉目的

一是除去炉体耐火材料在砌筑过程中积存的表面水和耐火材料固有的结晶水避免炉膛在急剧升温时，因水分迅速汽化，膨胀造成裂缝，炉子衬里变形甚至倒塌。二是使耐火材料得到充分烧结，增加其强度。考察耐火材料的耐热性及火嘴使用情况。三是考察热电偶，视镜及各附件在高温燃烧状态下的使用性能。

2）酸性气燃烧炉烘炉流程

酸性气燃烧炉烘炉期间过程气可以根据实际流程选择走开工烟囱、Claus 跨线或急冷塔出口跨净化气管线至焚烧炉，但一定要保证烟气污染物达标排放。

3）烘炉注意事项

① 点火操作完成后，应严格按烘炉曲线进行升温，调节瓦斯宜少量多次，避免炉膛温度骤升骤降。炉膛前后温差不宜过大，否则影响衬里脱水效果。一般应控制在 100℃以内。特别是新炉子或内部衬里更换较大时，更应按厂家要求，严格升温。一般新炉子首次烘炉低温段不使用燃烧炉火嘴，避免瓦斯流量过低不易控制，采用临时火嘴进行低温恒温脱水。由于耐火砖材料在高温时伸缩性比较大，所以升温速度尽量缓慢。升温要平稳，燃烧要完全。如在升温过程中突然熄火，应立即关闭进炉瓦斯阀及风阀，用空气（氮）吹扫炉膛 15min 以上，赶尽炉内残余瓦斯后，再按步骤点火。在高温情况下（如 500℃）熄火，可用氮气扫后点火。为使高温掺和阀及其管线里面得到烘干，要求冷掺和开得小一些。让烟气在反应器前经紧急放空线直接进尾气焚烧炉焚烧，以免烟气对催化剂造成损坏。

② 瓦斯要尽量当量燃烧，防止析炭，建议至少每小时分析一次氧含量。因焚烧炉烟气直接排放大气，氧含量可略高控制。通常空气量与瓦斯量体积比为 10∶1 至 15∶1 为宜。瓦斯是否当量燃烧可按如下几种监测方法：其一是用洁白的玻璃棉在燃烧后的过程气放空口放一会儿，若玻璃棉变黑，说明瓦斯没有当量燃烧，析出炭黑；其二是对烟气采样分析；三是观察火焰颜色：火焰为稳定的淡蓝色为当量燃烧。如果火焰发红，炉膛发暗，说明瓦斯过

量，空气不足，应适当增加配风或稍关瓦斯。如果火焰发红且较长，并且烟囱冒黑烟，说明瓦斯带油，此时应加强瓦斯脱液，同时联系调度，采取相应措施。如果火焰中冒火星或缩火，说明瓦斯中带有水分，此时应关小瓦斯罐蒸汽盘管蒸汽量，并加强瓦斯脱液。如果火焰发白，且跳动不稳，说明瓦斯量太小，风量太大，此时应视情况确定是增瓦斯还是减风量，或同时减风增瓦斯。

③ 炉子升温时要注意冷换设备及催化剂的保护。对于新建装置，有紧急放空线的，过程气应走紧急放空线；没有紧急放空线的，焚烧炉后换热设备如蒸汽过热器、余热锅炉等，必须有冷介质保护，避免设备超温。而当设备温度较高时突然加水，则极易引起设备损坏，最明显的例子是锅炉的爆管。对于气-气换热器，应用氮气进行降温保护。对于运行一段时间，检修后再开工的装置，有紧急放空线或开工烟囱的，过程气应走紧急放空线或开工烟囱，要对 Claus 单元的余热锅炉进行热态保护；没有紧急放空线或开工烟囱的，要烘炉前就对 Claus 单元的余热锅炉、硫冷凝器、蒸汽加热器，SCOT 单元的蒸汽加热器、蒸汽发生器，尾气焚烧单元的蒸汽过热器、余热锅炉等进行热态保护，否则在设备表面温度低于烟气露点温度时，在设备表面形成酸雾露珠，导致腐蚀。同时，应严格关注设备过程气侧出口温度，避免温度过高时突然加水，否则极易引起设备损坏。

④ 烘炉过程中，要勤于检查，发现异常要及时处理。调节进炉风量和瓦斯量以 15～20℃/h 升温。升温操作开始，启用有关仪表。认真做好记录，绘制实际升温曲线。进行下一阶段升温时，应先提高进炉风量，再提瓦斯量。

4）各阶段升温操作及作用(针对不同的耐火材料，具体要求可能不同)

① 从常温升至 120℃，恒温 8h，主要是为了脱去耐火材料的表面水和砌筑过程中积有的水分。

② 从 120℃升至 240℃，恒温 16h，此为耐火材料的收缩阶段。

③ 从 240℃升至 575℃，恒温 24h，此为耐火材料散失结晶阶段。

④ 从 575℃升至 865℃，恒温 24h，此为耐火材料烧结阶段。

⑤ 从 865℃升至 1000℃，恒温 16h，此为检验耐火材料耐高温情况及检查施工质量阶段。

⑥ 从 1000℃升至 1300℃，恒温 4h 后，以 10℃/h 降温至 800℃熄火焖炉。

⑦ 新炉子应继续降温至 100℃以下后打开炉子，自然通风至常温，进炉检查炉体衬里是否有变形、裂纹、塌陷现象，砌缝是否开裂；检查燃烧炉的火嘴是否烧坏、变形，喷火孔是否堵塞；检查热电偶、热电偶套管是否完好。如有问题应及时处理。检查无问题，封人孔，防止耐火衬里和保温材料受潮。烘炉过程完成。

(3) 尾气焚烧炉点火烘炉

其步骤可参照以上步骤进行。

(4) 烘反应器

可加临时火嘴和风线，也可采用电烘烤。具体操作以厂家指导为主。

5.1.9 系统升温及系统保温

5.1.9.1 系统升温

当燃烧炉烘炉、系统气密完毕并检查正常后，重新点火升温，当酸性气燃烧炉温度恒定在 1000℃以上时，可将过程气改进反应器。进行系统升温。此时，关闭紧急放空阀，引过程气入反应器。硫黄 Claus 反应器投用前升温的作用主要是检查系统是否通畅、脱除催化剂水分、提升系统温度到正常生产温度，防止生产时积硫。

① 反应器床层按 30~40℃/h 速度升温，预处理催化剂至床层温度达到 120℃恒温 2h 脱除吸附水。

② 按催化剂活化曲线升温，严格控制好床层温度。

③ 当催化剂活化完后，维持一级反应器床层温度 230~290℃，二级反应器床层温度 230~250℃恒温 2h，稳定操作后可引酸性气生产。

④ 升温流程：酸性气燃烧炉→余热锅炉→一级冷凝器→一级反应器→二级冷凝器→二级反应器→三级冷凝器→捕集器→尾气焚烧炉→烟囱。

⑤ 系统升温时冷却器要用蒸汽保温。作用有：在系统升温时，整个系统的温度都比较低，冷却器给汽保温，可以相对提高烟气温度；升温时，冷却器用蒸汽保温可以使反应器内及管道里残留的硫气化；如果冷却温度低，就可能堵塞冷却器管程，给开工带来困难，也会因设备表面温度低于烟气露点温度，在设备表面形成酸雾露珠，导致腐蚀，所以必须用蒸汽保温。

5.1.9.2 系统升温注意事项

① 升温过程要配给足够的风，以防在整个流程上特别是催化剂积炭和积硫。过程气氧含量控制在 2%以上。

② 升温过程中，要均匀缓慢地提高温度。

③ 升温过程中，各排污点要加强排污。

④ 若燃烧炉或反应器温度超高，可在减少瓦斯或酸性气量的同时，用氮气降温。

⑤ 在系统升温时，当将要达到引酸性气条件时，硫封罐应及时建立硫封。

5.1.9.3 在线炉点火升温

① 调试点火装置正常，或准备好点火用具。

② 引瓦斯至炉前排放，连续采两个样，分析氧含量<1%，达到点炉要求。

③ 在线炉至加氢反应器流程关闭，开启放空线。

④ 启动风机，吹扫炉膛 10~15min 后，调整风量，保持适当炉膛压力。

⑤ 启动点火装置，引瓦斯进炉，进行点炉。

⑥ 点炉成功，火焰稳定后，调节瓦斯量及空气量，使瓦斯完全燃烧。

⑦ 以炉膛前部热电偶为准，按升温曲线进行升温。

⑧ 混合室出口温度达到 250℃后，启动循环风机进行冷回流以控制该温度。循环风机出口压力应低于在线炉风机出口压力。

5.1.9.4 SCOT 工艺的加氢反应器升温

装置开工时，加氢反应器一般需要升温和预硫化两个大的步骤。投用前首先要进行升温，应按照升温曲线升至 200℃，等待预硫化操作。升温速度不宜过快，一般为 20~30℃/h，如果是新装填的催化剂，则应在 120~150℃之间恒温 2h，这样有利于脱除水分。不同的尾气处理工艺，其升温方法也不同，例如 SCOT 工艺用在线炉烟气控制反应器入口温度来升温，而 SSR 尾气处理工艺是通过换热提高循环氮气温度，为反应器升温。尽管升温介质、方法不同，但往往都利用循环增压风机或抽射器强制循环，其优点是升温速度易于控制，而在高温段比较容易提升。

(1) 升温前应具备的条件

① 加氢催化剂装填完毕，气密合格。

② 在线炉升温结束。
③ 循环风机试运，达到备用条件。
④ 循环风机出口压力控制调节阀正常投用。
⑤ 加氢反应器出口蒸汽发生器窜蒸汽保护。
⑥ 急冷塔水循环正常。

（2）升温步骤

① 在线临时停炉，加氢反应器入口拆盲板。
② 在线炉重新点炉，控制升温温度。
③ 启动循环风机，将在线炉烟气引入加氢反应器，建立循环。
④ 用冷回流量控制反应器入口温度，使床层以20℃/h的速度升至200℃。
⑤ 回流期间，循环风机出口压力高于反应器压力，在线炉鼓风机压力高于循环风机压力。

5.1.9.5 SSR工艺的加氢反应器升温

（1）升温条件

① 加氢催化剂装填完毕，气密合格。
② 尾气焚烧炉升温结束。
③ 循环风机试运，达到备用条件。
④ 氮气系统正常。
⑤ 升温系统压力控制调节阀正常。

（2）升温步骤

① 硫黄回收系统升温烟气改入尾气焚烧炉。

② 切断与硫黄回收系统、吸收系统的关联，尾气加热器、加氢反应器、急冷塔、循环风机组成一个闭路循环系统。

③ 向系统内注入氮气，当达到一定压力时启动循环风机建立循环，氮气可关闭或稍开保持系统压力。系统压力主要由压控调节阀来控制。

④ 循环氮气经尾气加热器与焚烧炉烟气换热，为加氢反应器升温。低温状态下加氢反应器提温速度不宜过快，且应在120~150℃恒温2h以脱除催化剂的水分，这一点对于新催化剂则尤其重要。整个升温过程应尽量按照升温曲线进行。升温后期可能需要提高焚烧炉温度来保证升温的顺利进行。

⑤ 当反应器床层温度均衡地达到200℃时，升温完毕，恒温等待催化剂预硫化。

用硫黄回收升温烟气来升温的方法是先将硫黄回收烟气自尾气换热器排放入焚烧炉，待温度达到200℃时改入加氢反应器，烟气自加氢反应器出口或急冷塔出口排入焚烧炉。该方法的缺点是硫黄回收系统烟气配风要求高，硫黄回收与尾气开工相互牵制，硫黄回收烟气中生成有大量的H_2O，影响升温，因此不推荐使用。

加氢反应器升温期间，应为催化剂预硫化做好准备，其中重要的一点是引入液氨进系统，保证预硫化期间急冷塔内冷却水的pH值。各装置根据自身特点，也可以准备氨水溶液或氨气，在急冷塔pH值低时，注入急冷水系统。

5.1.9.6 建立胺液循环

（1）建立胺液循环的条件

① 胺液配制完毕，浓度分析合格。

② 各仪表、DCS 控制、机泵均处于备用状态。

③ 水联运完毕，系统内水洗水排净。

④ 系统注氮气进行置换，将空气赶净，防止氧对胺液的降解。

（2）建立胺液循环步骤

① 胺液引至贫液泵入口，启动贫液泵，将胺液打入吸收塔。

② 当吸收塔液位达 60%时，启动富液泵，将胺液送入再生塔。贫液泵继续向吸收塔送胺液，保持吸收塔液位在 50%～60%之间。

③ 当再生塔液位达 50%时，打开塔底出口阀，将胺液送回胺液储罐，至此循环建立完毕。

（3）胺液循环建立后注意事项

① 胺液循环时，要密切注意各设备的液位，以防止胺液跑冒或泵抽空。

② 启用胺液过滤系统。

③ 如果再生塔底无塔底泵，可用氮气控制塔顶压力，压力大小以能够保持再生塔液位为宜。

（4）胺液升温

① 将 0.3MPa 蒸汽引至再生塔塔底重沸器入口阀前，排尽管线内凝结水。

② 重沸器缓慢给汽，参照重沸器胺液返塔线温度，以 20℃/h 的速度升温。或参照再生塔塔底温度，以 20℃/h 的速度升温。给汽速度过快易导致设备应力变化大而造成设备泄漏损坏。

③ 再生塔塔顶冷换系统投用。

④ 塔底温度升至 120℃后保持蒸汽量，由于水蒸气在塔内的上升及塔内保持一定的正压，塔顶温度最终也可接近指标。

⑤ 塔顶水蒸气被冷凝至再生酸性气罐，液位达 50%后，向再生塔塔顶建立回流。

5.1.10 引酸性气入系统

5.1.10.1 引酸性气条件

装置开工时，从酸性气燃烧炉至尾气焚烧炉之间的各个工艺设备、管线壁温应预热到 118℃以上；所有液硫夹套管道经蒸汽充分预热至能熔化硫黄，否则不要引入酸性气进行操作。因为管道和设备的壁温会比工艺介质的温度低一些，所以此时工艺介质对应的温度应该在 121℃以上，防止液硫在此凝固而造成堵塞。

系统达到引酸性气条件后，拆酸性气入装置盲板，酸性气引入脱液罐及预热器，准备引酸性气开工。引酸性气进脱液罐前要严格检查脱液罐及酸性气线有无泄漏，放空阀和采样阀一定要关严。酸性气引入脱液罐后，对酸性气进行脱液。

5.1.10.2 酸性气的脱液操作

酸性气的脱液主要在脱液罐中进行，脱液罐的作用就是对酸性气起缓冲作用，使酸性气中夹带的液体从酸性气中分离出来，净化酸性气。脱液的目的是防止水、油等液体被带进炉后，降低炉温甚至造成熄火，影响炉子寿命。酸性气带液进炉的原因：分液罐液面指示不准，造成无液假象；上游溶剂再生装置操作波动；酸性气线伴热未开。

无论是在开工过程中还是在日常操作中，操作员都应认真检查脱液罐液位，发现液位较高时应及时脱液。脱液时，操作员应两人同行，佩戴适用的防毒面具或空气呼吸器，站在上风向，一人监护，一人操作。脱水阀与脱水口应有一定距离，脱水不可脱空，防止硫化氢泄漏。脱出的酸性液体要脱入密闭系统，关闭与脱液线相连但与脱液无关的阀门。缓慢打开酸性气脱液罐底部排液阀，同时观察液位变化。脱液过程一定要慢，当液位指示到液面计5%以下时，关闭排液阀，恢复流程。脱液过程中，操作员不得离开现场，防止脱空。

5.1.10.3 引酸性气

引酸性气前应确认酸性气组成、流量符合要求。为了提高燃烧炉炉膛温度、减少副反应，防止酸性气中杂质堵塞系统，脱液后的酸性气及酸性气燃烧炉的进炉空气可用1.0MPa蒸汽加热。

当引酸性气的各项工作准备就绪后，再次对装置进行全面检查，确保无误后，可将酸性气引至炉前，当炉膛温度达到1000℃以上时，可引酸性气入炉燃烧。此时，先将瓦斯量减少，然后逐渐打开酸性气进炉阀，慢慢引酸性气入炉燃烧，同时逐渐关闭瓦斯入炉阀。

酸性气刚引入时，配风可比正常操作时稍大，待反应器床层温度至操作温度时可以正常配风；调整好进炉空气量、酸性气量，使燃烧正常。在酸性气切换过程中，应两人以上配合进行。酸性气引入过程不应太快。酸性气引入后检查酸性气压力、流量、温度、带水情况及供风量，观察炉子燃烧情况，并及时调节炉膛温度。

当系统各部温度、压力正常时，按正常操作调整好配风，即按酸性气中烃类完全燃烧和1/3硫化氢完全燃烧生成二氧化硫进行配风。当系统正常后，按正常频率开始采样分析。控制好各项工艺指标。对各排污点加强排污，转入正常生产后炉子配风由手动改为自动。

5.1.10.4 加氢催化剂预硫化

（1）用硫黄回收尾气进行预硫化

用配风偏低得到的硫黄回收尾气来进行。预硫化反应仅需要Claus尾气中的硫化氢，而尾气中二氧化硫含量对于预硫化过程来说则越低越好。预硫化反应在250℃环境下进行，反应带有微小的温升。预硫化结束后，即可引Claus尾气进行正常的加氢还原反应了，此时Claus装置改变配风至正常比例。

1）条件

① 加氢反应器床层温度达到200℃。

② 硫黄装置接收酸性气，转入正常生产。

③ 加氢尾气因含有二氧化硫，进吸收系统阀应关闭。

④ 急冷塔注氨系统正常。

2）预硫化步骤

① 焚烧炉炉膛温度按正常指标控制。

② 当催化剂床层温度升到200℃时，硫黄回收装置调整操作，使尾气中(H_2S+COS)/SO_2的比值达到4~6，同时提高过程气中的氢含量，使反应器入口的氢含量保持在3%左右。随后要求反应器入口按20℃/h的速度继续升温，当床层中部温度达到260℃时再次进行恒温操作，并将反应器入口的氢含量提高到4%~5%的范围，在260℃恒温状况下对加氢催化剂进行预硫化。

③ 投用急冷塔出口的氢在线分析仪，将急冷出口氢含量控制在2%~3%。

④ 预硫化过程中，尾气急冷塔水pH值用注氨控制在7~8。

⑤ 每小时分析加氢反应器进、出口的硫化氢、二氧化硫、氢含量。预硫化完成的标准是反应器进、出口硫化氢含量平衡或出口略高于入口，二氧化硫含量为零；亦可参考床层温升变化情况，当床层温度不再上升或略有下降时，即据此判定催化剂预硫化结束。

⑥ 预硫化结束后，调整硫黄配风比和尾气入口温度在指标内。

（2）直接用硫化氢预硫化

1）操作要点

直接用硫化氢预硫化的工艺适用于有多套硫黄装置且不是同步开停工的工厂中，操作要点如下：

① 溶剂吸收再生系统达到热循环状态。

② 用惰性氮气将加氢反应器系统建立循环，通过调整加氢反应器加热器的温度，以20~30℃/h 的温升加热，直到温度达 200℃。

③ 从炼油酸性气获得用于预硫化催化剂的 H_2S，至反应器的预硫化过程气必须含有1%~2%(体)的 H_2S 和 3%(体)左右的氢气。使用比长管分析预硫化期间加氢反应器的入口和出口气流中的 H_2S 含量。

④ 以 20℃/h 的速度提高加氢反应器床层温度至 260℃，继续预硫化。

⑤ 若循环气中的压力偏高，则通过压控阀将多余的含 H_2S 气流排入溶剂吸收再生系统，在吸收塔内进行 H_2S 的吸收反应，吸收塔出来的富液进入再生塔再生，再生后的气体进入正常生产的硫黄装置处理。

⑥ 若循环动力使用的是循环风机，要确保风机的密封不发生泄漏。

⑦ 该预硫化操作过程，要防止含氧的制硫单元尾气进入加氢反应器。

2）预硫化结束的判断标准

根据分析结果，调整酸性气加入量和氢气加入量，观察反应器床层温升情况，直至反应器入口、出口的 H_2S 分压基本相同，床层温度不再上升或略有下降时，预硫化结束。

5.1.10.5 引尾气开工

（1）引尾气的条件

① 加氢催化剂预硫化结束，各指标已达到正常操作条件。

② 胺液系统热循环建立，达到引尾气的条件。

③ 硫黄回收操作正常。

（2）引尾气的步骤

① 打开尾气进硫化氢吸收塔阀门，将尾气引入吸收塔。注意吸收塔的液位、压力变化，注意装置系统压力的变化。

② 净化尾气引入焚烧炉焚烧，注意焚烧炉温度变化。

③ 根据净化尾气中总硫含量，调整胺液循环量。

④ 再生塔顶压力正常后，将再生酸性气改入硫黄回收酸性气分液罐。

5.1.11 操作调整

① 调节操作，使各点温度达到工艺指标要求。

② 手动遥控或自动控制比值，按最佳配风比配风，第一级反应器入口分析(H_2S+COS)/SO_2=2∶1。

③ 定期排污。定期检查蒸汽发生器压力、液面和系统压力等。

5.1.12 全装置转入正常调整操作

① 调整酸性气燃烧炉配风，控制第一级反应器入口过程气中 H_2S/SO_2=2∶1。

② 加氢反应器床层温度达到要求后，控制氢含量为 2%~2.5%。

③ 调整各点操作温度，使装置转入正常。要注意检查自保联锁系统的阀位回讯，同时

要到现场就地确认。

④ 脱气池液面达到启动条件后，启动液硫脱气系统。

⑤ 各分析项目转入正常生产频次。

5.2 装置正常开工

从新装置水联运结束或装置检修后开工视为正常开工。对比于新装置开工，主要是正常开工无须竣工验收(5.1.1 及 5.1.2 相关内容)、余热锅炉一般不用煮炉(5.1.5)、炉子烘炉程序相对简化，炉子烘炉(5.1.8)可省。其余步骤可参照新装置开工进行。

5.3 装置停工

5.3.1 Claus 正常停工

停工要求：与调度及相关装置加强联系，做到停工过程平稳有序，不给上游装置造成大的冲击。停工过程中，做到不着火、不堵塞、不超温、不超压、不误操作、不损坏设备、不造成人身伤害。催化剂要处理好。设备、管线要吹扫干净，为设备检修及下一周期开工创造有利条件。

5.3.1.1 停工准备

① 准备好停工资料，包括停工方案、停工统筹图、吹扫记录表、盲板登记表等。

② 组织职工学习停工方案，做到每个参与停工的职工掌握停工方案，熟悉停工步骤及特点。

③ 准备好停工工具、防毒器具、消防器材等防火防毒器材，确保每个相关人员都能熟练掌握使用方法。

④ 检查装置氮气管线、水线、蒸汽管线等是否完好、畅通。

⑤ 准备好停工物料。

⑥ 与调度及上游装置加强联系。

⑦ 与安全环保部门对接制定好安全环保措施。

5.3.1.2 催化剂处理

(1) 催化剂热浸泡

其他参数不变，将 Claus 反应器入口温度比正常温度提高 20~30℃左右，使床层温度提高 20~30℃(此温度各厂可能有差异)。维持此温度 24h。目的是赶尽反应器内存硫，除去催化剂上的积硫。在此过程中，应注意保持酸性气流量的平稳，同时要加强排污。

(2) 催化剂硫酸盐还原

当催化剂使用较长的一段时间后，由于操作不当或其他方面的原因，造成催化剂的硫酸盐化。所谓的硫酸盐化是二氧化硫和过量氧气反应生成三氧化硫，三氧化硫和催化剂中的活性组分三氧化二铝生成硫酸铝，这一过程称为催化剂的硫酸盐化。硫酸盐还原就是增大硫黄回收尾气中的硫化氢和二氧化硫的比值，使硫酸铝和硫化氢发生还原反应，生成二氧化硫和氧化铝。催化剂热浸泡完成后，其他热浸泡条件不变，调整系统配风，按 H_2S/SO_2 在(3~4)/1 配风，维持 24h，目的是使催化剂的硫酸盐还原，减少催化剂上的硫酸盐。

5.3.1.3 系统吹扫

催化剂硫酸盐还原完毕后，可以进行系统吹扫。在进行系统吹扫时，各厂采用的吹扫介质有所区别，主要有酸性气和瓦斯两种。介质的不同，吹扫方法也不一样。

(1) 用酸性气吹扫

当催化剂处理完后，逐步降低酸性气量，加大配风，按烃类和硫化氢完全燃烧进行配风。此时应与调度及上游装置协调好，确保酸性气平稳降量，不出现反复。如果无法保证酸性气的平稳降量，建议不要采用酸性气吹扫。

在系统降量及加大配风时，应密切关注系统各部温度的变化，如出现剧烈温升现象，说明吹扫风量过大，可能已引起自燃，此时应立即停止酸性气的进一步降量，并用配风来控制温度。如有必要，还要用氮气或蒸汽降温。根据催化剂的不同，反应器床层温度控制也不一样(一般催化剂温度不超过400℃)，吹扫中要严格按催化剂要求控制床层温度，严禁超温，以免造成催化剂的永久性失活。

当系统各部温度不继续上升时，可以进一步降量，加大配风吹扫24小时。加大配风过程应缓慢，可按5%增量递增，在加大配风时也应注意温度的变化，如出现剧烈温升，应立即恢复原来的配风量。吹扫过程中，冷却器可视温度用蒸汽保护。系统伴热蒸汽压力不能低于0.4MPa，液硫系统温度应不低于125℃。如自产汽不足时，应引1.0MPa蒸汽伴热。系统二氧化硫吹扫结束后，切断酸性气，切断酸性气应关闭酸性气进炉阀，阻火器上、下游阀，快速切断阀上、下游阀。

当加大配风时，系统各部温度继续下降，则表明系统内已基本吹扫干净。系统自后往前拆开液硫线三通盲板，确认已无液硫流出时，可以认为系统已吹扫干净。切断酸性气进料后，仍需密切注意各部温度的变化，防止床层着火及硫化亚铁自燃。

由于用酸性气吹扫不利于环保，停工时尽量不用。

(2) 用瓦斯吹扫

切断酸性气后，手动打开燃料气控制阀，引瓦斯至炉，同时关闭酸性气控制阀。计算对应于实际燃烧空气流量的燃料气量。

如果反应器的温度有升高的趋势，应稍微降低燃烧空气流量，并做分析确定一氧化碳和氧的浓度，调整燃烧空气量使它们处于控制范围内。瓦斯吹硫过程中，必须保证瓦斯当量燃烧，余热锅炉气体出口采样分析氧含量在1%~2%之间，每半小时分析一次，若发现析炭，自炉前注蒸汽或稍加大风量。

提高Claus反应器的入口温度，使催化剂床层温度接近350℃(对应于不同催化剂，此温度可能有所不同)，保持该温度24小时。当所有液硫线都没有液硫时，说明系统内所存在的硫已经吹扫干净。缓慢降低反应器床层温度至约200℃(降温速度40℃/h)。反应器床层温度稳定后，缓慢地增加进入主燃烧器的空气量，使反应器进口过程气含氧量约为1%。观察床层温度是否升高，如果床层温度有剧烈升高，则立即减少进燃烧炉空气量，恢复燃料气的亚完全燃烧状态，控制温度不得超过400℃。

当床层温度稳定时，再增加反应器进口过程气中的氧含量至2%，观察床层温度是否升高，这时在燃烧炉中燃料气是完全燃烧状态。逐步增加氧含量至3%~5%，观察Claus反应器的温升趋势。床层温度稳定时，增加反应器进口氧含量至8%。如果此时在Claus反应器中已不发生任何反应，床层温度没有温升，可视为吹硫完毕。

当反应器床层温度稳定且无温升时，通过增加空气量来降低燃烧炉温度。同时以不超过

40℃/h 的速度降低反应器入口温度至 150℃。当反应器出口温度低于 150℃及燃烧炉温度低于 400℃时，关闭至主燃烧器的燃料气和空气阀，然后切断所有进炉阀门停运风机，引氮气进行置换。关闭酸性气进炉阀和空气进炉阀，停风机，逐渐开启氮气进炉阀，此过程中应保证炉膛温度不致下降太快。当反应器出口过程气中 $SO_2 \approx 0$ 时，关闭氮气进口阀。

炼厂瓦斯气组成是一个不稳定状态，瓦斯吹硫操作难度大，目前很多企业已改用天然气吹硫。其操作法同瓦斯吹硫。

5.3.2　尾气装置的停工

在介绍尾气装置停工处理时，以 SCOT 和 SSR 两种工艺为例来介绍。

(1) SCOT 尾气处理装置停工

SCOT 尾气处理装置的停工主要涉及两大部分。一是加氢部分降温、钝化处理，二是胺溶剂部分再生、退胺及水洗。如加氢反应器采用蒸汽加热，加氢反应器降温控制更为简单，降低蒸汽用量即可，加氢反应器钝化操作也是一致的，本部分以加氢在线炉流程进行描述。

1) 加氢反应器降温

首先将急冷塔气相与吸收塔隔断，然后启动尾气循环风机或蒸汽抽射器，建立冷回流，使氢气在线炉混合室以 20~30℃/h 降温。在加氢反应器床层温度降至 250℃之后，将尾气改出氢气炉。尾气改出后，氢气炉应保证燃料气与空气当量燃烧。此时，氢气炉混合室继续以 20~30℃/h 降温至 100℃。降温过程中应每小时分析一次氧含量、氢含量及二氧化硫含量，确保氧含量不大，避免引起系统自燃。当加氢反应器床层降至 100℃后恒温，准备进行钝化。

2) 加氢催化剂钝化

催化剂钝化处理，是将催化剂中不稳定活化态(硫化态)变为稳定的氧化态，同时防硫化亚铁自燃。对活化态(硫化态)加氢催化剂的钝化处理较难控制，在没有必要时(例如临时停工等)，不要轻易进行钝化处理。只需用氮气吹扫，封闭(正压)降温即可。如需进行钝化，钝化处理的步骤如下：当加氢反应器床层温度降至 100℃(此温度根据催化剂的不同有所差异)，可以开始加氢催化剂钝化。钝化过程中会产生大量的二氧化硫，因此必须确保急冷塔注氨系统正常。钝化时必须加强对急冷水 pH 值的监测，保证急冷水 pH≥6。氢气炉混合室出口温度控制在 100℃。尾气循环风机仍按降温方式控制。按一定的速率(如 0.5%)提高循环气中氧含量。钝化反应是放热反应，同时系统中硫、硫化亚铁与氧反应也会放热，从而造成床层有一定温升，这是正常的。提高氧含量过程中，若床层温度有急剧上升现象，说明床层有大面积的自燃，应降低氧含量，并采取措施抑制自燃后，再重新提高氧含量。当加氢反应器进、出口气体中氧含量平衡且达到 20%以上，床层无明显温升时，催化剂钝化结束。钝化完成后，在线炉、加氢反应器继续降温。

3) 在线炉降温

① 加氢反应器钝化结束后，可进行在线炉降温。

② 调整进炉氢气量及风量，按降温曲线进行降温。

③ 钝化后，循环风机流程继续运行，辅助降温。

④ 进加氢反应器烟气保持一定氧含量。

⑤ 低温条件下，循环风机无作用，可停止循环。

4) 胺液再生

加氢尾气改出吸收塔后，开始胺液再生。具体操作是：吸收塔、再生塔操作条件不变。

当再生后期再生塔顶压力低时，如需要保持液位，可稍注氮气。分析富胺液中硫化氢含量，当富胺液中硫化氢含量<1g/L 时，视为再生结束。

5）系统退胺

再生塔塔底重沸器按一定速度降低蒸汽量，也可参考再生塔塔底温度降量，最终使胺液降至常温。停贫液泵，先用富液泵将吸收塔内胺液抽空。再生塔有塔底泵时，可用泵将胺液全部收回胺液储罐。若无塔底泵，可自塔顶注氮气将塔内胺液压回储罐。吸收塔、再生塔分别给氮气，控制压力不超过设备设计值，一般≤0.2MPa。打开所有低点排污，将换热器内、管线内残液压至回收罐。

6）系统水洗及钝化

胺液回收完毕后，吸收塔、再生塔注新鲜水建立水洗流程。控制较高循环量水洗4~8h。一般水洗水不能随意排放，应回收或分析合格后排放。第一遍水洗完成后，吸收塔、再生塔分别自塔底注蒸汽进行密闭蒸塔8h左右。建立第二遍水洗时，可接临时泵或自胺液泵入口按比例向系统中注入硫化亚铁钝化剂，钝化8~12h，去除系统内硫化亚铁，防止停工后设备自燃。分析钝化水酸碱度及COD等指标，合格后可外送或外排。一般钝化完成后，应再进行一遍水洗。也可以建立两遍水洗后，最后进行胺液系统钝化。

（2）SSR尾气处理装置停工

1）加氢反应器降温

当硫黄回收装置切除酸性气，开始瓦斯吹硫后，可将吹硫烟气改放烟囱，准备进行加氢反应器降温。烟气改出后，尾气焚烧炉温度应降至450℃或以下，如反应器降温需要，还可降得更低。调整循环风机的闭路循环流程，向系统内注氮气，达到循环控制压力。启动循环风机，建立降温循环。采取间断或连续补充氮气，用循环风机出口压力控制阀控制系统压力。以20~30℃/h降低加氢反应器入口温度。最终反应器床层温度降至100℃。可以开始催化剂钝化。

2）加氢催化剂钝化

同样，在没有必要时(例如临时停工等)，不要轻易进行钝化处理。钝化步骤与SCOT加氢催化剂钝化相同。钝化完成后，循环流程不变，继续为加氢反应器降温。同时尾气焚烧炉降温。尽量使系统温度降至接近常温，可停止循环。

3）胺液系统的处理

胺液系统停工与SCOT尾气处理工艺相同，不再赘述。

5.3.3 Claus 装置停工处理

（1）液硫系统处理

当酸性气切断后，从液硫观察口监控液硫颜色，如出现液硫发灰或发黑应及时关闭各液硫线入池阀；每间隔半小时液硫线排液硫一次，直至无液硫排出。将液硫储罐内液硫全部送出装置或成型处理。

（2）余热锅炉处理

停用余热锅炉时，先把管束内液硫用酸性气和瓦斯燃烧气体吹扫干净。锅炉与炉子一起降温，降温速率不大于30℃/h。密切注意汽包水位和压力，利用压控阀逐步降低余热锅炉压力，缓慢降压，及时根据液位变化补水。炉火熄灭后4~6h，方可停用余热锅炉，关闭蒸汽出口阀和给水阀。打开锅炉顶部放空阀，泄压后壳程装满除氧水，关严进水阀，防止管束氧腐蚀，若壳程要动火，则排掉壳程存水，关严所有阀门。也可在炉温降至70~80℃时，放尽存水，蒸干锅炉，用仪表风吹扫或充入氮气保护。冬季停炉后，还应做好防冻防凝工作。

当余热锅炉停止产汽后，关严蒸汽出装置阀，打开燃烧炉和焚烧炉余热锅炉汽包蒸汽放空阀，打开硫冷凝器蒸汽放空阀，关中压蒸汽至低压蒸汽管网阀，低压蒸汽管网放空。

(3) 酸性气线处理

当系统切断酸性气进料后，酸性气系统用氮气进行吹扫。吹扫完后，酸性气线在进装置处加装盲板。盲板加装完成后，改蒸汽吹扫至分液罐放火炬，之后用氮气吹干净火炬线存水。

(4) 系统自然降温

将液硫从系统设备中吹扫干净后，当燃烧炉温度降到200℃左右时，燃烧炉熄火利用炉头氮气或压缩空气进行降温。当反应器温度降到50℃以下时，各处人孔可以打开，自然降温。

(5) 焚烧炉停炉

焚烧炉停炉操作必须在酸性气燃烧炉停炉和吸收塔蒸塔完成后才可进行。当酸性气燃烧炉温度降至500℃以下时，焚烧炉以30℃/h开始降温。降温过程中应注意瓦斯的当量燃烧或微过氧燃烧。调节时，应先降低瓦斯量，再降空气量，防止供氧不足而析炭。当温度降至100℃以下或温度难以调节时，关闭瓦斯进炉阀和空气进炉阀，停止运风机，自然通风或用氮气降温。瓦斯线加盲板。当炉膛温度降至50℃以下或常温时，关闭所有进炉阀。

在开停工过程中，瓦斯系统应进行严格彻底的吹扫，吹扫介质一般先用蒸汽，后用氮气扫净系统内水汽。吹扫气排至火炬系统。停工吹扫完毕后，应从装置界区加盲板，进设备前管线加盲板，以确保检修施工的安全。开工引瓦斯前，则应先用氮气置换系统内空气。

(6) 防止硫化亚铁自燃

硫黄回收装置长期在高温高硫环境下运行，容易腐蚀生成硫化亚铁，并在管线、设备死角和反应器内积聚。停工后易导致硫化亚铁自燃，进而引起设备和催化剂的损坏。因此，装置停运后，应加强检查，巡检操作记录应继续进行，防止硫化亚铁自燃。

5.4 临时停工

由于各种原因需要短时间切断酸性气进料，而在较短的时间内可以恢复的情况下，进行Claus部分临时停工。

5.4.1 临时停工的准备

临时停工虽然停工时间短，但存在一定风险，因此，必须做好临时停工前的准备工作。一般的临时停工是为了处理某一设备问题或解决某方面问题而进行的，因此，在停工前应准备好所需物料和人员，尽可能快速处理，缩短停工时间。停工前应充分预计停工过程中或问题处理过程中可能出现的各种情况，做好预防准备。停工前应制订详细的、切实可行的开停工方案和施工方案，并组织相关人员学习、掌握。

5.4.2 临时停工的操作

① 将两个反应器入口温度提高20~30℃对催化剂进行提温操作。

② 联系调度及上游装置，降低酸性气进入燃烧炉的流量。

③ 关闭燃烧炉燃烧器燃料气嘴的吹扫氮气。计算对应于实际燃烧空气流量的燃料气量。点燃燃料气，同时关闭酸性气入炉阀。

④ 调节火焰温度，空气/燃料气比必须按亚完全燃烧配比（亚完全燃烧是指空气量不足的情况下的燃烧），燃料气应过量约2%。

⑤ 调整燃烧空气量使温度处于限制范围内。

⑥ 提高Claus反应器的入口温度20~30℃，保持该温度24h。用氧分析仪在Claus反应器入口进行采样分析，并调整空气与燃料气比以保持亚完全燃烧。保证系统内所存在的硫吹扫干净。

⑦ 保持酸性气燃烧炉炉膛温度、反应器温度、伴热蒸汽压力、余热锅炉压力、尾气焚烧炉温度不致太低，为引酸性气再启动做准备。

⑧ 冷凝器用蒸汽保护；随时检查液硫系统温度。

⑨ 根据实际情况，如果时间较短，也可不点瓦斯。

第6章　硫黄回收装置的正常操作

6.1　影响硫黄回收操作的主要因素

影响硫黄回收操作的因素是多方面的，主要包括原料气的来量及质量、原料气中各组分的含量、各设备的运行状态、各工艺指标控制的好坏、催化剂活性、燃烧炉配风、装置伴热及保温、仪表测量及控制的好坏等。

6.1.1　原料气质量的影响及处理

原料气的质量主要看其中杂质的组成及多少，酸性气中杂质的种类及含量和酸性气的来源有很大关系，炼厂酸性气杂质组分最复杂，有二氧化碳、烃、水、氨等，其中以氨和烃对硫黄回收装置的影响最严重。

6.1.1.1　带烃的影响

一般而言，原料气中烃含量不得超过2%。原料气带烃对硫黄回收装置正常运行的危害具体表现在：

① 加剧发生副反应，增加硫氧碳和二硫化碳的生成量，降低硫转化率。

② 未完全燃烧的烃将会析炭，堵塞设备、管道，在催化剂上析炭，引起催化剂失活，并产生黑硫黄。

③ 将增加燃烧炉的燃烧负荷，提高燃烧温度，增加燃烧所需空气量及燃烧形成的过程气量，风机供风将剧增，如配风不够，产品质量降级，催化剂结焦，造成压力上升，堵塞系统设备、管线，还可能引起燃烧炉压力超高而停工。

④ 由于烃燃烧时放热比硫化氢燃烧时要高得多，因此，大量烃入炉将会大幅度提高炉膛温度，严重时炉膛超温，甚至损坏炉体。

⑤ 在带烃开始时，因配风不能及时跟上，燃烧炉温度不增反降，未燃烧的可燃组分在尾气焚烧炉中发生二次燃烧，尾气焚烧炉严重时出现飞温现象，影响尾气焚烧炉的安全运行，生产难以控制。同时，燃烧时需要大量氧气，大幅增加了风机负荷，装置能耗上升。

6.1.1.2　带烃的处理

原料气带烃，必须及时加以处理，以免危害进一步扩大，带烃的处理中，加大配风是关键，处理措施主要有：

① 联系上游装置加强操作，迅速将酸性气中烃类介质控制在最低。

② 本装置加大配风使烃类完全燃烧，同时控制各点温度，不能超温，带烃严重时，在加大配风的同时，降低酸性气量，防止影响硫黄的质量以及对催化剂造成损害。

③ 带烃时间长，影响装置正常运行时，应与相关部门联系，降低处理量，保护装置；对于已造成床层积炭的，严重时，可以考虑停工处理。

6.1.2　原料气带氨的影响及处理

6.1.2.1　氨的影响

一般原料气中氨含量不得超过3%。原料气带氨对硫黄回收装置的正常运行危害具体表现在：

① 酸性气入炉前，由于各种铵盐堵塞设备、管线，影响酸性气的正常输送。

② 进入系统后，烧氨产生的氮、水对 Claus 反应是惰性组分，降低了有效组分分压，从而降低硫收率。

③ 由于氨的存在，配风加大，增大尾气量，气速增大，硫的夹带量增加，烟囱外排硫量增多，烟气二氧化硫排放浓度上升，硫收率下降。

④ 氨燃烧不完全会和工艺气流中酸性组分反应形成硫氢化铵或多硫化铵结晶，堵塞冷换设备和管线、增加系统压降，甚至迫使装置停产。

⑤ 氨和氧化铝反应引起催化剂失活，其副产物氮氧化物会造成环境污染，且 NO 对 SO_2 转化为 SO_3 有一定催化作用，在低温部位与水结合生成硫酸，引起设备腐蚀和催化剂中毒。

⑥ 为保证高转化率，炉后工艺气流中 H_2S/SO_2 应为 2∶1，燃烧炉中供氧是不完全的，而氨的完全燃烧则需供以过量空气，因此处理含氨酸性气给配风带来了困难。

6.1.2.2 原料气带氨的处理

① 含硫污水汽提装置加强操作，确保酸性气质量。

② 加强酸性气管线伴热，防止管线堵塞。

③ 有条件的，应将含氨酸性气与清洁酸性气分开处理，在酸性气带氨时可加大配风，提高炉温。

6.1.3 原料气带液的影响及处理

6.1.3.1 带液的影响

① 如果酸性气带液进炉，将降低燃烧炉炉温，液体在高温下迅速汽化，使酸性气燃烧炉乃至整个系统压力升高，严重时还可能引起酸性气燃烧炉爆炸，影响燃烧反应的进行。原料气带液不仅影响炉子温度，而且会降低转化率。

② 酸性气大量带水，可能引起炉子熄火，来不及汽化的水直接接触保温衬里，损坏保温衬里，严重影响生产。

③ 水分多还直接影响产品质量和催化剂活性；酸性气带水将抑制反应的正向移动，不利于反应的进行。

④ 水汽的存在将增加设备和管线的腐蚀。

⑤ 酸性气中的液相组分包括：氨、胺液、水，而它们的结晶将引起管线堵塞，因此，酸性气带液还会堵塞酸性气输送管线，使酸性气输转不畅，引起酸性气流量波动。

⑥ 如果液中带油，将使炉温剧升，产生黑硫黄，严重时堵塞系统，烧坏炉体，造成停工。

6.1.3.2 带液的处理

① 酸性气带液主要是上游装置操作不稳造成的，因此，要求上游装置加强操作，防止带液。

② 硫黄回收装置要加强酸性气分液罐的操作，及时将酸性气所带液体分离，以免酸性气带液进系统。

③ 当带液严重，无法及时脱除，应联系调度切断本装置进料。

6.1.4 原料中硫化氢浓度的影响

原料中硫化氢浓度不可能恒定不变，一定的波动是允许的，原料中硫化氢浓度高有利于反应的正向移动，但浓度低时，将会带来一定的影响。

6.1.4.1 硫化氢浓度低的影响

① 由于部分燃烧法适用的酸性气浓度为 50% 以上，因此低浓度酸性气必然对装置产生

影响。系统温度主要是靠酸性气的燃烧来维持，一旦酸性气浓度过低，最直接的影响就是系统温度无法维持，系统各部温度下降，严重时，有可能造成系统堵塞。

② 由于酸性气中硫化氢浓度低，其他杂质成分必定高，从而降低了分压，不利于反应的进行，从而使转化率下降。

③ 由于硫化氢浓度低，为了维持系统温度，就需要加大配风，使过程气中硫化氢与二氧化硫的比例不能满足 Claus 反应的要求，转化率下降。

④ 硫化氢浓度低，在燃烧炉中几乎全部转化成二氧化硫，在反应器中无法转化为硫，从而使尾气中二氧化硫浓度大幅上升。

6.1.4.2 硫化氢浓度低的处理

① 当酸性气浓度不能满足生产需求时，相关人员应及时与调度、上游装置联系，查找原因，及时解决。

② 如短期内无法解决，可加大配风维持系统温度，如果仍不能达到系统保温的目的，可掺烧天然气/氢气来维持系统温度，因瓦斯组分不稳定不建议掺烧瓦斯。各冷换设备、液硫管线加强伴热，确保温度不致过低。在加大配风燃烧酸性气时，要注意系统各部温度，防止局部积硫燃烧超温而损坏设备。

6.1.5 配风的影响

（1）气风比

气风比是指进燃烧炉的空气和酸性气的体积比，也称为风气比。当酸性气中硫化氢、烃类及其他可燃组分的含量已确定时，可按化学反应的理论需氧量计算出气风比。

一般控制气风比为(1.8~2.4)：1，具体的计算公式如下：

$$\text{气风比}=\frac{Q_{风}}{Q_{酸}}=\frac{1/2\times w_{H_2S}+[(3n+1)/2]\times w_{C_nH_{2n+2}}+w_{NH_3}\times 3/2}{21\%}$$

式中 $Q_{酸}$、$Q_{风}$——进炉酸性气量和进风量；

w_{H_2S}、$w_{C_nH_{2n+2}}$、w_{NH_3}——酸性气中硫化氢、C_nH_{2n+2}、NH_3的质量分数，%；

n——烷烃的种类；

21%——空气中氧的体积含量。

（2）H_2S/SO_2的比例

H_2S/SO_2的比例在硫黄回收装置操作中有着至关重要的意义，直接影响到硫黄回收转化率的高低。H_2S/SO_2的比例指的是通过酸性气燃烧炉燃烧后进入反应器之前的过程气中硫化氢与二氧化硫的比例。从 Claus 反应的基本原理可以知道，反应器中硫化氢与二氧化硫反应的摩尔比为 2：1，当过程气中 $H_2S/SO_2=2:1$ 时，Claus 反应的平衡转化率最高，因此在生产中应尽可能满足这一条件，以获取最高转化率。通过实践，可以找出 H_2S/SO_2的比例与硫转化率之间的对应关系。H_2S/SO_2的比例与硫转化率之间的对应关系见图1-6-1。

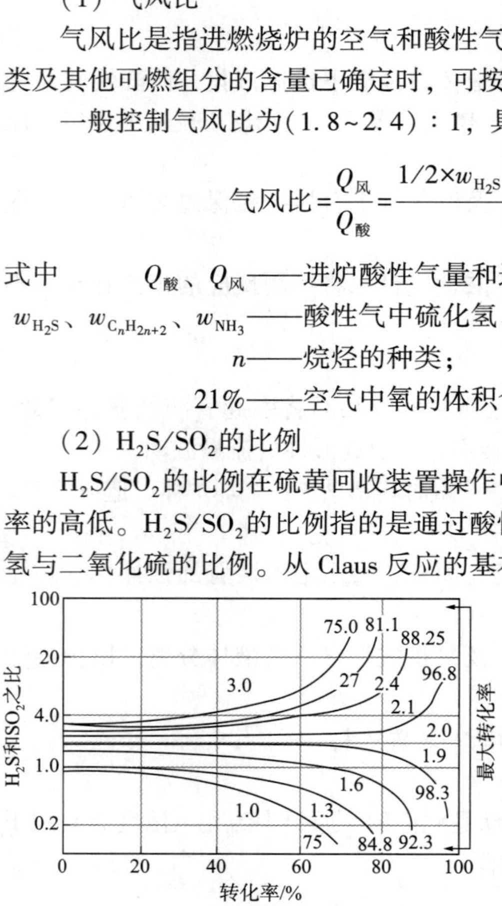

图 1-6-1 H_2S/SO_2比例和硫转化率的关系

生产中 H_2S/SO_2的比例是通过控制气风比来实现的，由于在过程气中 $H_2S/SO_2=2:1$，Claus 反应的平衡转化率最高，因此，操作中应尽量选择气风比在(1.8~2.4)∶1，确保过程气中 $H_2S/SO_2=2:1$。

适量的气风比是提高硫转化率的重要因素，在硫黄回收装置中，气风比的确定是通过酸性气量的大小和酸性气中硫化氢和烃类等浓度的高低而获得的，然后把计算得到的气风比输入 DCS，实现配风的自动控制，酸性气浓度变化时，仪表不能实现自动控制配风，必须根据最后一级反应器出口的分析数据，对气风比进行重新设定。

当酸性气组成发生重大变化或其他需要时，应选择适当的气风比来适应当时的需要。在酸性气质量变差、流量过小或开停工过程中，气风比通常选择较大，以使酸性气完全燃烧去除杂质或提高系统温度。

具体气风比的选择由当时实际情况决定。在 Claus 反应过程中，空气的不足和过剩都是没有好处的，空气量与最佳配风量在其余条件相同的情况下对转化率的关系见图 1-6-2，从图 1-6-2 可以看出：空气量不足或过剩均会降低硫转化率，但空气不足比空气过剩对硫转化率的影响更大。

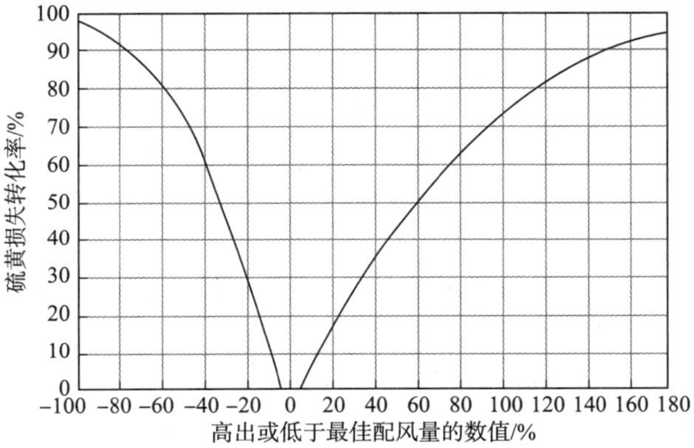

图 1-6-2　配风量与硫黄回收转化率关系对比

配风量不当的危害体现在：

① 空气不足破坏了硫化氢和二氧化硫比值 2∶1 的比例关系，使硫化氢和二氧化硫不能按最佳配比反应结果造成硫化氢气体大量过剩，而二氧化硫不足，使硫化氢的转化率降低。

② 空气不足使酸性气中的烃不能完全燃烧，形成碳黑，一方面产品硫黄呈黑、灰色，影响质量；另一方面，造成催化剂床层积炭，活性下降，硫化氢转化率降低。

③ 在原料气量小或浓度低的情况下，如果配风不足，还会使燃烧炉炉膛温度太低，其他各部温度不易控制。

④ 配风过大，硫化氢燃烧生成的二氧化硫的量变大，超过了总量的三分之一，H_2S/SO_2 的比值小于 2，在经过转化反应后，二氧化硫的浓度很大，而硫化氢的浓度很小，这样也降低了硫化氢的转化率。

⑤ 配风过大，还会使炉膛温度升高，影响炉子寿命。

⑥ 配风过大，易造成催化剂床层温度升高，且二氧化硫在过氧情况下生成三氧化硫，三氧化硫又和催化剂的有效成分氧化铝反应生成硫酸铝，使催化剂硫酸盐化失活，活性下降。

6.1.6　系统压力的调节

① 通常情况下，操作人员不太注意硫黄回收燃烧炉的炉膛压力，其实系统压力是硫黄回收装置运行中一个非常重要的控制指标，也是反映系统运行状况的一个重要参考依据。很

多不正常的工况都首先在装置的压力降上反映出来。装置压力降与处理的气体量的平方成正比，如果发现装置的压力降不符合此种关系，则意味着装置可能处于不正常状态。装置压力降异常的最明显现象是在处理量不变的情况下，鼓风机的空气流量降低。

② 造成装置压力降异常的常见原因：

A. 原料突然带烃，造成催化剂床层顶部积炭，导致压力降增加：由于每摩尔烃燃烧所需的空气量远远大于每摩尔硫化氢燃烧所需的空气量，所以判断此种原因的最有效方法是分析尾气中二氧化硫浓度，如果尾气中二氧化硫浓度很低且上游装置溶剂再生塔顶回流罐内有烃积聚，则说明原料带烃是造成压力降异常的原因。

B. 锅炉管束或冷凝器管束的泄漏：由于水汽量增加，导致冷凝器温度下降，液硫线不畅，从而造成装置压力降上升，并使硫回收率降低和带来其他危害。如果锅炉或某个冷凝器的压力降突然增加且过程气出口温度降低，可能是锅炉管束和冷凝器管束泄漏。

C. 硫封的堵塞：由于硫封的堵塞，冷凝器中的液硫在冷凝器中积聚造成压力降增加。这种现象经常在开工初期发生，开工预热过程中内衬材料的碎渣和水汽及产生的酸类物质非常容易在硫封中聚集而堵塞硫封，造成冷凝器压力降异常。

D. 催化剂的支撑网安装不当：支撑网安装不当往往会造成催化剂的泄漏而堵塞硫封从而造成装置压力降的异常。液硫产品中发现正常尺寸的催化剂是一个明显特征。

E. 设备伴热夹套特别是液硫管线夹套的泄漏，蒸汽漏入系统，引起系统压力的异常。

F. 系统温度低，由于系统温度较低，造成系统局部堵塞，从而使压力上升。

G. 焚烧炉出口烟道或烟囱堵塞也可使系统压力升高。

H. 液硫线不畅通也会引起系统压力升高。

I. 系统管线积硫或积液会引起系统压力升高。

J. 过程气线特殊阀门意外关小或关闭会引起系统压力快速升高。

③ 压力异常的处理方法：

A. 原料突然带烃，造成催化剂床层顶部积炭的，主要是联系上游装置尽快调整操作，恢复正常，如果积碳较严重，可考虑停工处理。

B. 锅炉管束或冷凝器管束或设备伴热夹套泄漏引起的，视情况停工处理。

C. 硫封堵塞时，主要是处理被堵塞的管线，确保夹套伴热温度可熔化固体硫黄，再用氮气吹扫或用钢筋疏通。

D. 催化剂的支撑网安装不当、催化剂粉化阻力大造成的压力异常，视情况，需停工处理。

E. 液硫管线夹套的泄漏，可判定部位后隔离处理，关闭相应阀门，停蒸汽，处理好后再投用。

F. 温度低引起的压力升高，如果是蒸汽压力低造成的，只需提高蒸汽压力即可；如果已造成设备的堵塞(此时，被堵塞的设备一般都伴有振动)，应在加强伴热、提高温度的同时，拆开相应三通，放出积硫；对于反应器的积硫可用热浸泡的方式赶出积硫。液硫管线堵塞是硫黄回收装置运行中经常遇到的问题，根据液硫管线堵塞部位和堵塞原因的不同采取以下方法：首先用固体硫黄检查液硫管线伴热情况，发现该管线硫黄不熔化，判断为液硫管线伴热不足，硫黄凝固引起。应采取如下对策：

a. 打开该管线蒸汽疏水器，吹扫干净夹套管线内脏物，若疏水器坏则更换疏水器；

b. 检查 0.3MPa 蒸汽的温度和带水情况，排除 0.3MPa 管网冷凝水，适当提高 0.3MPa

蒸汽温度；

c. 检查冷凝水管线是否畅通，冷凝水管网压力是否过高。如果液硫管线伴热良好，则可能是夹套内管杂物堵塞，需处理管线，直至通畅。

G. 焚烧炉出口烟道或烟囱堵塞时应及时疏通，必要时停工处理。

H. 根据设备或管线压降准确判断位置，排出积硫或积液，同时查找根本原因做进一步处理。

I. 过程气特殊阀门手动打开，同仪表工一起查找意外关闭原因并及时处理。

6.2 硫黄回收装置主要设备操作及主要工艺参数的调节

6.2.1 燃烧炉炉膛温度的调节

① 根据燃烧炉火嘴性能、燃烧炉设计、酸性气组成等因素，燃烧炉炉膛温度控制指标可能有所差异，但一般来说不会超出1000~1400℃的范围。燃烧炉内大约有60%~70%的硫化氢在高温下转变为气态硫，同时，燃烧炉燃烧的结果直接影响后续工艺过程的运行情况。

② 在控制燃烧炉炉膛温度的操作过程中经常会遇到各种异常情况，主要有：炉膛温度升高或降低及炉膛温度异常波动。引起燃烧炉炉膛温度升高或降低的原因主要有：原料气中硫化氢含量变化；原料气中烃含量或其他杂质成分的高低；配风不当；原料气来量变化。

③ 原料气中硫化氢含量变化引起的炉温异常，只要硫化氢含量不是特别异常，对装置的影响不是很大，只要适当调节气风比就可以。在这里只就原料气来量问题做一下介绍。原料气来量变化，在一定的波动范围内只需跟上配风就可以解决，在操作中尽量用仪表进行自动配风；原料来量特别少时，其处理方法与原料气中硫化氢含量特别低时的影响和处理方法基本相同；当来量特别大而超出装置处理能力时，系统各部温度可能上升甚至超温，系统压力也将上升，尾气中污染物超标。长期处于超负荷运行状态，对装置设备破坏性较大，因此，当原料气过大时，应及时将来量降低。

④ 配风大小主要根据气风比来调节，气风比的调节是硫黄回收装置生产的关键，它取决于酸性气的组成，酸性气中可燃气体(如烃类)、硫化氢含量高，则气风比就大，在酸性气量平稳，生产正常情况下是按进反应器前过程气中 $H_2S/SO_2=2:1$ 来自动调节。

⑤ 当遇到异常情况时，气风比应依据当时实际情况加以调节：当烃含量过高时，应及时查明原因加以处理，同时适当增大气风比以防析炭。当酸性气来量波动大，气风比较难控制时，应及时改手动操作，根据酸性气量和浓度变化相应地配风。

6.2.2 余热锅炉的操作

（1）余热锅炉的日常操作

① 余热锅炉在操作中温度较高，压力较高，必须遵守压力容器操作的有关规定。余热锅炉在升温前应将管程吹扫干净，并做好气密性试验，防止过程气泄漏。启用前，煮炉操作应已完成，系统阀门、管道及安全附件完好，除氧水已引至装置。锅炉内衬里应同炉子一道进行烘干处理，升温过程应符合生产厂家的要求，防止衬里起皮脱落。

② 在日常操作中，应经常检查锅炉液位，一次、二次表是否相符，严防干锅。定期对壳程排污，防止管束结垢。投用好液位、流量调节系统，确保液位稳定。调节好锅炉的压力，严防设备憋压。检查液硫出口管线是否畅通，有无积硫现象。

③ 正常操作时，余热锅炉液位过低会触发液位低低联锁，此时按联锁停车进行应急处置；当联锁故障未启动或启动后液位仍持续下降时，若发现余热锅炉 DCS 和现场液位指示为零，且余热锅炉入口除氧水和出口蒸汽流量指示为零，余热锅炉出口过程气温度超高，则可判断余热锅炉缺水。发现余热锅炉缺水后，不可盲目操作，如果立即加水，容易造成设备损坏，严重时爆炸。此时，装置作紧急停工处理，迅速汇报相关人员，打开余热锅炉壳程蒸汽放空阀泄压，并根据余热锅炉烧干程度作相应处理。若壳程蒸汽泄至常压后，打开排污阀，壳程还有大量除氧水，则可缓慢加入除氧水冷却，然后恢复生产。若打开排污阀无除氧水，则缓慢通入蒸汽冷却，然后加入除氧水。若余热锅炉出现外壁温度过高，管束发现泄漏等异常现象，则由有关部门决定处理方案。

④ 如果发现余热锅炉液面急剧下降，可能的原因主要有：管束向系统内漏水、排污阀内漏或未关死、除氧水压力低或中断、酸性气量增加或组成变化。针对不同的原因应采取相应的措施，管束泄漏时一般应紧急停工进行处理；除氧水的问题，应查明原因，如短期内不能解决则紧急停工处理；酸性气量或配风引起的热量增加，可以调整燃烧炉的操作。

⑤ 遇到以下情况时，应启动紧急停工：严重减水，用叫水法看不到液位；严重满水，外送蒸汽大量带水；余热锅炉管子爆裂；其他超过安全运行允许范围的情况。

（2）叫水法的操作

叫水法是用简单的原理和操作了解水位计可见部分以外的水位情况的方法，用于验证缺水的严重程度。在确认汽阀、水阀畅通的情况下，具体步骤如下：

① 关闭汽阀、水阀，打开放水阀，使水位计内压力和大气压力相等。

② 关闭放水阀，打开水阀，有水位上升则为轻微缺水；“叫水”后水位计看不到液位则为严重缺水。轻微缺水时，若给水自动失灵而出现水位低时，应手动开大给水阀增加给水量。如为供水系统原因，应立即联系调度提高除氧水压力、流量，向锅炉供水；如出现除氧水中断，按相关事故处理程序处理。若水位继续下降，低于汽包水位计最低可见水位(即严重缺水)时，应启动紧急停工。

③ 开汽阀、水阀，关放水阀，恢复水位计运行。汇报情况。

④ 当判断某一症状时，应重复操作一次，以确认正确。

（3）水汽品质的调节

硫黄回收余热锅炉可以发生0.3MPa蒸汽、1.0MPa蒸汽和3.5MPa蒸汽。根据蒸汽等级不同，对水汽品质的控制手段也不相同。锅炉发生的3.5MPa蒸汽，常用于透平汽轮机动力系统，所以对3.5MPa蒸汽品质的要求相当严格，总的原则是尽量减少蒸汽中的金属离子，减少盐类和其他杂质，以避免损害汽轮机及阻塞管道。常用的调节方法是往锅炉水中加入药剂如 Na_3PO_4 溶液。

为保证蒸汽品质合格，需要对锅炉给水、锅炉水及蒸汽多项指标全面控制，主要包括：锅炉给水 pH、电导率，炉水 pH、电导率、PO_4^{3-} 浓度，蒸汽 Na^+ 浓度、SiO_2 浓度等。

① 炉水的 pH 值应维持在 9~11 之间，主要是避免锅炉钢材的腐蚀，保证 PO_4^{3-} 与 Ca^+ 反应生成碱式磷酸钙水渣，抑制炉水中硅酸盐水解生成硅酸，减少硅酸在蒸汽中的溶解携带。当 pH 值为 9~11 时钢铁腐蚀速度最小，保护膜稳定性高。相反，$pH<8$ 或 $pH>13$ 时保护膜被溶解，腐蚀速度明显加快。

② 炉水电导率随含盐浓度的增大而增大，电导率反应炉水的总含盐量，在一定温度下电导率高说明炉水品质不合格，炉水含盐量大可能造成汽水共腾影响锅炉安全运行和蒸汽品

质，给水品质不合格也可造成炉管被腐蚀。

③ 锅炉水中维持一定量的磷酸根，是为了防止锅炉内产生钙垢，PO_4^{3-}浓度不能过少或过多。过多可增加排污量，过少需增加药量。PO_4^{3-}过多时，药品耗量增加，造成浪费；增加炉水含盐量、碱度等，影响蒸汽品质；有生成易黏附水渣的可能，会转化成导热性很差的松软水渣；若炉水中含铁量较大时，有生成磷酸盐铁垢的可能，容易发生“盐类暂时消失”现象。PO_4^{3-}过少，则不能防止锅炉内产生钙、镁水垢；炉水 pH 值低，蒸汽对硅酸溶解携带系数增大，易使蒸汽含硅量增大。炉水 PO_4^{3-}含量低的原因可能是给水硬度超标，锅炉排污量大，加药量不够等。

④ 钠盐主要在过热器中沉积，危害过热器运行；硅主要沉积在汽轮机中。蒸汽含 Na^+、硅量过高时可参照以下原因加以排除：

A. 炉水的含钠、硅量超过极限值。

B. 锅炉的负荷太大，水位过高，蒸汽压力变化过快。

C. 给水质量不合格。

D. 锅炉加药浓度太大或加药速度太快。

E. 汽水分离器效率低或各分离元件结合处不严密。

蒸汽 Na^+浓度可以通过锅炉连续排污来调整，试验证明，锅炉水位以下 10cm 左右是 Na^+浓度最高的区域，该区域距排污管越近，就越有利于排出 Na^+。排污应在“低负荷、高水位”下进行排污分定期排污与连续排污。定期排污的作用是排走沉淀物，改善炉水品质；连续排污的作用是连续不断地从锅水表面附近将含盐浓度最大的锅炉水排出。

综上所述，各个水汽指标是相互关联的，当出现个别指标超标，应结合锅炉加药量、锅炉液位、连续排污和定期排污量综合考虑，以保持蒸汽品质合格。

6.2.3 冷却器出口温度的调节

控制冷换设备的蒸汽压力，目的是调节换热效果，控制过程气的温度。冷却器蒸汽压力用排出蒸汽量来调节。引起冷却器出口温度异常的因素主要有：过程气量或组分变化；冷却器管束不畅通，换热面积变小；蒸汽压控阀失灵，壳程压力增高；冷却器管壁腐蚀穿孔，发生内漏；冷却器因除氧水造成的液位太低或无液位。

① 过程气量或组分变化引起的温度变化，主要由燃烧炉燃烧情况决定，由燃烧炉调整相应操作，只要燃烧炉操作稳定在正常范围，冷却器出口温度就可稳定。

② 由于硫黄堵塞管束引起的温度异常，通常伴有设备的振动，此时，应降低液位，提高蒸汽压力，使冷却器温度上升，如有必要，拆开相应盲板，放出积硫，如果处理效果不明显，可考虑停工处理。

③ 蒸汽压控阀失灵引起的温度异常，可到现场改副线控制，待压控阀修复后再改压控阀控制。

④ 冷却器管壁腐蚀穿孔，发生内漏的情况，此时拆开相应三通，由于蒸汽压力一般高于过程气压力，因此，从过程气管线中应有蒸汽漏出，出现这种情况，一般视情况停工处理。

⑤ 除氧水原因造成的液位太低或无液位，主要是查明原因后，采取相应处理措施。

6.2.4 反应器空速、反应器床层温度和压降的调节

(1) 反应器空速

反应器空速是反应器的重要参数，空速大了，过程气在床层停留的时间就短，Claus 反

应进行得不彻底，转化率下降；空速小了，过程气在催化剂上的停留时间就长，有利于Claus反应的完全，转化率提高。但空速太小，反应热无法带走引起床层温度上升，同时，处理量受影响，装置单位成本上升，不经济。因此，应选择合适的空速。

由于硫黄回收装置的主要目的是将硫化氢转化为硫黄，并加以回收，在实际操作中，对于空速的控制要求不大，因为只要不超负荷，硫化氢气体都得进炉，燃烧炉空速是装置设计时就设计好的，不能任意改变，空速的大小与反应器的直径以及床层高度，还有床层压降都有关系，在不更换设备、负荷的情况下，改变空速的唯一途径是改变催化剂的装填高度。

催化剂的装填高度增加就相应地降低了空速，延长了反应时间。在装置进行低负荷生产时，由于流量变小，气体在催化剂床层的停留时间较长，即反应时间较长，这时反应较完全，转化率较高，但低负荷生产处理量减少，产品少，这是很不经济的。同时低负荷生产也可能引发装置的一系列问题，因此，不能为降低空速而进行低负荷生产。

(2) 反应器床层温度

反应器床层温度可以反映硫黄回收装置运行状况好坏，温度适中说明装置前段运行良好，酸性气燃烧炉配风适当，原料质量较好，冷换设备运转正常，前面温度控制较好，同时也说明催化剂活性较高，如果这些因素中有一个或多个条件没有达到，催化剂床层温度都会出现异常。如果反应器床层温度异常轻则降低硫黄回收转化率，重则影响装置运行，甚至造成装置不必要的停工。

由Claus反应可知，硫化氢与二氧化硫的反应为放热反应，温度越低越有利于化学平衡向生成硫的方向移动；但对于催化剂而言，温度越高其活性越强，Claus反应速度越快。同时，若温度低于硫露点温度，将会有液硫沉积，覆盖在催化剂表面，使床层压降增大，催化剂活性下降，一般而言，反应器的低温极限就是硫的露点温度；温度低也不利于硫氧碳、二硫化碳的水解。

因此，应综合考虑反应器床层温度。对于不同的催化剂，活性最好时的温度不同，所以床层温度的控制也不一样。各厂反应器床层温度控制指标差异较大，一般来说，第一反应器床层温度维持在300℃左右；后续反应器床层温度控制在210~230℃。

引起Claus反应器床层温度波动的原因主要有：入口温度、入口硫化氢及二氧化硫浓度、催化剂活性、氧含量过高、装置处理负荷等。反应器入口温度的调节方法就是调节冷热过程气的流量；入口硫化氢及二氧化硫浓度则应视情况调节酸性气燃烧炉的气风比；催化剂的活性低时，温升变小，转化率降低，影响生产，可根据实际情况对催化剂进行再生，再生无效，停工更换；氧含量过高时应减少气风比，如有必要，用氮气或蒸汽降温；装置处理负荷只能通过有关部门调整处理负荷来改善。

(3) 反应器床层压降

造成反应器床层压降增大的主要原因有：装置处理负荷增大、酸性气中带烃使得配风加大、硫沉积、炭沉积、催化剂粉化等。前两项处理同酸性气燃烧炉的处理。

① 硫沉积导致的催化剂失活一般是可逆的，可采取对床层进行热浸泡的方法加以处理，在正常配风下，将床层温度提高20~30℃，维持24~48h，脱掉积硫，同时加强排污，把沉积的硫带出来。

② 炭沉积的处理方法是采用提高床层温度，并适当加大进燃烧炉空气量的办法进行烧炭，但这种再生方法需要的温度较高，在此过程中温度和空气量很难控制，容易造成催化剂烧结而永久性失活，现已很少采用；床层炭沉积如果比较严重，视情况停工处理。鉴此，解

决炭沉积的关键是消除起因。

③ 催化剂粉化是由于装填时催化剂受潮或受机械冲击太大，以及操作中催化剂床层超温，着火时注蒸汽不慎进水等引起的催化剂颗粒粉化。催化剂粉化后，催化剂的比表面积减少，因而活性变小，床层压降升高。催化剂粉化不太严重，可以降低酸性气处理量，将粉化催化剂由液硫携带出来；粉化严重时，催化剂过筛或更换催化剂。

6.2.5 焚烧炉温度及压力的调节

Claus 部分和尾气处理部分中产生的尾气必须加以焚烧，将其中所有的硫化物转变为二氧化硫，焚烧所产生的烟气经烟囱排入大气。由于过程尾气中的燃料组分浓度非常低，尾气的着火温度大大高于尾气的实际温度，因此，必须用瓦斯来促进尾气燃烧。

在尾气焚烧炉的操作中，主要工艺参数有：炉膛温度、炉尾温度、炉壁温度、炉体压力。焚烧炉的操作就是使这些参数保持在工艺指标范围内，并使其处于相对稳定的状态。

(1) 炉膛温度

炉膛温度是焚烧炉操作中一个重要的指标参数。炉膛温度的波动，会影响尾气在炉内的燃烧反应效果，直接影响尾气的排放质量。而绝大多数焚烧炉后部连接有余热锅炉或尾气加热器、蒸汽过热器等其他换热器，这些换热设备的温度也需要焚烧炉来保证。因此，控制好炉膛温度是焚烧炉的操作关键。试验证明，含硫物质要在焚烧炉内完全转化成为二氧化硫，至少需要 500℃以上的温度。所以，焚烧炉炉膛温度大多控制在 500~800℃。

尾气焚烧炉温度主要受瓦斯量的影响，正常条件下炉内燃烧为：火焰清晰、稳定、略呈蓝色；瓦斯量过大的现象为：火焰变红变暗；瓦斯量小的现象为：火焰发白，较为刺眼，不稳定。当瓦斯压力变化，带水、带油及组分变化等，都会对炉温造成较大影响。

对于焚烧炉炉膛温度典型的控制方案是，瓦斯量与炉膛温度构成串级调节控制回路，自动控制炉膛温度。同时，炉膛温度也受到硫黄尾气组成变化的影响，如硫化氢、氢等，这一点在硫黄回收尾气未进加氢反应器而直接排放入焚烧炉焚烧时比较明显。为了将焚烧炉控制在最佳状态，在正常操作过程中应根据炉温变化、过程气组成、瓦斯质量及时调节配风，控制好各项温度、压力。

瓦斯流量、压力是控制尾气焚烧炉温度的重要手段，操作中应确保平稳操作；焚烧炉操作正常时，炉膛明亮，操作中应加强检查，通过看火孔检查火嘴燃烧情况，及时调节；经常检查瓦斯脱液罐液位，及时脱液，防止瓦斯带液；经常检查供风风机运行情况、供风压力，发现问题，及时处理。另外，进炉尾气中硫化氢或硫含量；酸性气流量波动大；炉子熄火等因素都可造成焚烧炉炉膛温度的波动，在准确判断炉温发生异常的原因后，应采取相应措施，调整酸性气燃烧炉配风或预热器出口温度；如果发现炉子熄火，应关闭进炉燃料气，吹扫后重新点火。

(2) 炉尾温度

正常情况下，炉尾温度随炉膛温度变化而变化，因此也是炉膛温度的一个参考数据。控好炉尾温度是控制尾气排放温度的关键因素之一。炉尾温度过低，烟囱排放温度就可能偏低，烟囱就有发生露点腐蚀的危险。因此，实际操作中应利用炉后换热器及蒸汽过热器控制好炉尾温度。炉尾温度有时会比炉膛温度还高，这主要是炉前阀开度大，炉尾及烟囱阀开度小，抽力过小(对设置有烟道挡板的工艺流程)；进炉的尾气中携带液硫；原料气中严重带油、烃、酸性气燃烧炉配风改变不及时等原因造成的。针对不同的原因，采取不同的处理措施：抽力过小可关小炉前阀，同时开大炉尾或烟囱入口阀；尾气中携带液硫可适当降低末级冷凝器出口温度，检查捕集器情况，如果捕集器发生泄漏，蒸汽进入过程气中，也有可能夹带液硫进焚烧炉，此时应考虑停工处理；原料气组分变化导致配风改变不及时，应根据情况，加大燃烧炉配风或切断进料。

(3) 炉壁温度

炉壁温度即为焚烧炉炉体的外壁温度。壁温本身并不是焚烧炉工艺控制的参数，但它表明了炉内热量的分布，可以初步判断炉衬里的运行情况，还可以防止露点及高温硫化对设备的腐蚀。一般来说焚烧炉的壁温在150~300℃之间。

(4) 炉膛压力

尾气焚烧炉是在负压条件下运行操作的，主要是为了不影响硫黄回收装置系统压力，影响装置负荷。焚烧炉的负压是通过烟囱压差形成的，烟道挡板可调节炉内的负压大小。

(5) 烟道二次燃烧

烟道二次燃烧易引起设备超温而损坏，通常发生二次燃烧时，伴有烟道及烟囱温度急升、压力大幅波动、烟囱冒浓烟等现象。引起烟道二次燃烧的原因主要是瓦斯与空气配比不当；硫黄回收部分操作不当，尾气中二次燃烧物质增加；焚烧炉负压过大，将可燃物带进烟道。调节方法为：适当加大进炉瓦斯及空气量，将炉膛温度提高，使二次燃烧尽可能在炉内进行，避免物质进入烟道及烟囱内进行；调整硫黄回收部分操作，减少尾气中二次燃烧物；利用烟道挡板调节炉内的负压大小。

在尾气焚烧中烟气的氧过量是个很重要的因素，实际上，氧过量除了增加能耗和不需要的三氧化硫、氮氧化物的量外，对硫化物的氧化是有好处的。为了达到很好的综合平衡，烟气中氧含量控制约2%可满足正常操作。

6.2.6 高温掺和阀的操作及维护

硫黄回收装置高温掺和阀是一种特殊阀门，作用是将从酸性气燃烧炉引出的高温热气流与来自硫冷却器的低温过程气进行混合，使过程气温度达到反应器的入口温度要求，满足反应需要。

高温掺和阀依硫黄回收再热方式的不同分为内掺阀和外掺阀两种。内掺阀的调节是靠现场冷热掺和阀的开度来实现的，外掺阀启闭操作方法有现场手动和气动两种方式，一般手动开关选用开合螺母式手动机构；气动开关选用活塞式执行机构。

高温掺和阀的工作条件十分苛刻，阀芯处在高温及H_2S、SO_2等腐蚀介质中，能降低阀芯的使用温度是关键，采用除氧水对阀芯进行冷却，可以控制阀芯在安全温度范围内，阀芯材料为高温特种合金，能耐高温。采用双作用气动执行机构的高温掺和阀操作方便、灵活、可靠，以净化风为动力，调节用输入电信号，使活塞上下活动，以实现阀门开启关闭目的。当阀门定位器或供风系统发生故障时，不需其他辅助工具即可将转换操作手柄转为手动位置，进行手动操作，避免事故。

高温掺和阀投用前检查管线、阀门、法兰是否安装完好；各接口必须密封；打开净化水对阀芯进行冷却。先引硫冷凝器出口过程气，再引高温热流气。当阀门定位器或供气系统发生故障时，转换操作手柄转到手动位置，打开气缸上下室之间的小球阀，即可以进行手动操作，避免事故。管路停风后，阀芯保持原位。阀门使用后不再关闭水源，要换阀芯停机时关闭水源。

阀芯经常开启和关闭要注意阀杆的润滑，使用过程应经常保持清洁，传动件必须定期润滑。

6.2.7 液硫储罐与硫封罐的正常操作

液硫储罐是储存硫黄回收中生产的液硫，并在其中脱去溶解的硫化氢、二氧化硫等有害气体的设备。

液硫储罐投用前，应对所有管线、阀门试压，确保无泄漏，并将液硫储罐清理干净。液硫储罐在开工过程中，引入酸性气前，应对液硫储罐进行预热，通过向液硫储罐夹套给上0.3~0.4MPa蒸汽伴热的方法使其温度达到硫熔点以上；并向硫封池内装入固体硫黄，通过蒸汽加热夹套使其熔化，或引酸性气后由自身产生的液硫形成硫封。硫封罐被破坏硫封后，应先关硫封罐出口阀，待硫封重新建立后，再缓慢打开液硫入口阀。

从硫冷凝器排出的液硫中一般溶解有少量的硫化氢，需采取脱气工艺脱除，从而确保液硫及固硫的产品质量。国内外工业上应用比较成熟且能满足脱气效果的脱气工艺主要有7种，本部分主要以LS-DeGAS脱气工艺做简单操作讲解。

当液硫储罐液位达到50%左右时，确认液硫脱气废气流程夹套伴热温度达到120℃以上，确认液硫脱气联锁复位，改通鼓泡流程，启动净化尾气风机，控制鼓泡气流量在250Nm^3/h以上，启动蒸汽抽射器或风机，将液硫池脱气废气引入加氢反应器入口。

6.2.8 捕集器的操作

(1) 捕集器的开停工

捕集器在开停工中，需加强排污操作；在开工引入过程气前，必须将其预热到120℃以上，以确保液硫不会凝固。停工吹扫时，尽可能把捕集器内的液硫排尽。

(2) 捕集器的正常操作

正常操作中，必须确保捕集器温度不能过低，以防液硫凝固，主要措施：首先是捕集器前的冷凝器出口温度必须保证不能过低；其次是夹套内蒸汽压力须在0.3MPa以上。在正常操作中还须对捕集器定期排污，以防可能的杂质在此沉积而导致堵塞。

(3) 捕集器异常现象分析及处理

捕集器在操作中的异常现象主要是堵塞，堵塞时，系统压力升高，捕集器晃动。堵塞的主要原因是捕集器温度低；捕集器液硫线堵塞；捕集器蒸汽夹套泄漏；液硫杂质多；丝网腐蚀结焦，透气性差，液硫落不下来。

处理方法为：温度低时，应检查蒸汽是否畅通；蒸汽压力是否正常。如果是蒸汽原因，须疏通蒸汽管线或提高蒸汽压力。还有可能是前方冷凝器出口温度过低，此时应提高冷凝器出口温度。如果是液硫线堵塞，须将液硫线处理通。如果是捕集器夹套泄漏，伺机处理。在处理捕集器堵塞问题时，可从排污口将捕集器内的液硫排出。

6.2.9 离心式压缩机的使用和维护

(1) 离心式压缩机的启动

① 启动前先检查压缩机安装、油路系统、电气系统、仪表系统、冷却系统是否正常，各系统投入使用。

② 将进口阀门开度控制在20%~30%范围，打开放空阀。

③ 启动电机，压缩机启动后，开大入口阀至入口流量大于喘振流量，或工作点离开喘振区。慢慢打开出口阀，关小风机出口放空阀以提高出口压力，加大负荷，调节出口压力、流量至正常。升压时要密切注意流量及出口压力变化，避免压缩机喘振。打开出口阀门时注意观察电流表，电流表指示值应低于电机额定电流。

④ 注意观察启动后的振动、声音、润滑、温度等情况，如有异常应立即停车处理。

⑤ 压缩机运行时一般要进行如下检查：

A. 检查各部温度、内部声音、振动有无异常，检查电动机负荷状态有无异常，检查各连接处有无气体泄漏。

B. 检查电机转动是否正常、进出口管道是否堵塞、空气过滤净化装置是否正常等。

C. 检查油路系统、电气系统、仪表系统、冷却系统是否正常。检查油系统过滤器压差及油位。

D. 检查进出口气体压力、温度、流量是否正常。

（2）离心式压缩机的停机

1）正常停机

① 停机时先打开放空阀，关闭出口阀，后按电机停止按钮。

② 停机过程中，应注意机内、外有无异常。

③ 停机后应定期盘车，使转子转过 180°放置，以避免变形。

④ 长期停机时，要注意防腐、防潮(主要是电机)、防锈、防尘，特别是要把风的进口封好，以免异物进入机体内造成事故。长期停机时，要定期检查，检查不仅限于压缩机主体，也应包括其他附件及各种仪表等。

2）紧急停机

紧急停机条件：

① 机组突然发生剧烈振动，采取措施无效时。

② 轴瓦温度过高时。

③ 轴承温度急剧上升时。

④ 出现严重的泄漏无法处理时。

⑤ 装置停电、停水、着火，使机组无法维持正常工作时。

⑥ 装置紧急停工时。

紧急停机步骤：

① 紧急按下停机按钮，使机组停止运转。

② 其余按正常停机步骤处理，并做好备用机的开机准备，条件许可时开机并入系统。操作中应防止倒窜。

③ 及时向调度、车间、班长报告原因及处理经过。

（3）离心式压缩机的喘振及预防

当流量减少时，气体脱离叶片的非工作面，出现涡流区。当流量减小到某一值(对应性能曲线上的喘振点)时，涡流区扩大至整个流道，涡流区的气体不再沿径向而是沿轴向流动，对气流产生阻滞作用，压缩机出口流量和压力大幅降低，甚至仪表测量的流量值瞬时为零，出口气体倒流至压缩机内，叶轮内又充满了气体，工作暂时恢复正常，出口压力和流量上升，气体排出后流量又减小，进入下一个波动周期，同时引起机组的强烈振动，称为喘振。

压缩机严禁在喘振区运行，可采取以下方法预防喘振的发生：

① 开大入口阀，提高压缩机入口流量，让压缩机的工作点离开喘振区。

② 降低后部系统的压力。压力降低，工作点下移，喘振区范围变窄，工作范围变宽。

③ 压缩机转速可调时，降低转速，压缩机的特性曲线下移，工作范围变宽，可预防喘振。转速降低时，压缩机出口压力随着降低。

④ 后部系统压力无法降低而生产需求流量又很小的情况下，可开大压缩机防喘振阀(放空系统或将出口部分回流到入口)来提高入口流量，让压缩机的工作点离开喘振区。

(4) 压缩机的切换

首先检查备用压缩机，盘车正常，检查无误，做好启动前的准备工作，电机送上电。准备工作完成后，按启动压缩机的要求启动备用压缩机。当备用压缩机运转正常后，逐渐打开备用压缩机手动出口阀和原使用压缩机放空阀，同时逐渐关闭原使用压缩机出口阀和备用压缩机手动放空阀，切换时按就地风流量表的指示值来开关阀门，尽量保持风流量稳定。

按停电机操作步骤停原使用压缩机，加强维护保养。原备用压缩机进行操作调整。

(5) 压缩机故障处理

操作人员在巡检时应对压缩机进行重点检查，发现压缩机运行异常，操作人员应及时启动备用压缩机，按压缩机切换程序将系统供风压缩机改至备用压缩机。如果备用压缩机不能立即启动，应迅速汇报调度，视情况装置紧急停工，酸性气放火炬。压缩机运行正常后，按装置开工步骤首先启动 Claus 部分，待 Claus 工段正常后再启动尾气处理部分。

对出现故障的压缩机进行修理，并尽快使该压缩机进入备用状态。故障的原因及其排除见表 1-6-1。

表 1-6-1　压缩机故障的原因及其排除

故障现象	原因	处理方法
轴承过热	油量不足	补充
	油质劣化	换油
	润滑油脂变质	更换润滑油脂
	油脂注入过量	排出
	轴承磨损或装配不当	调整修理轴承
	机体不水平，轴向负荷大	调整水平度
	轴承间隙不合适	调整轴承间隙
	推力轴承与支承轴承不垂直	调整垂直度
机组振动	叶轮铆钉松动或叶轮变形	修理或更换叶轮
	机壳、轴承箱连接螺栓或地脚螺栓松动	紧固螺栓
	叶轮与风机摩擦	解体检查摩擦部位，并消除
	风机与电机对中不良	进行对中处理
	转子不平衡	转子进行平衡校验
	轴承严重磨损	修理或更换轴承
电机超负荷	流量超过额定值	调整风机出口流量
	风机输送介质密度增大或压力过高	调整工艺指标
	电机输入电压过低	检查送电系统
	轴承箱剧烈振动	消除振动原因

6.2.10　加氢反应器温度的调节

对于不同的尾气处理工艺，加氢反应器入口温度的调节控制方案是不同的。下面对典型的 SCOT 和 SSR 尾气处理工艺来进行介绍。

SCOT 装置有在线燃烧炉，燃烧炉分为燃烧室和混合室。在混合室中，硫黄回收尾气和在线炉燃烧生成的还原气混合，温度控制到合适温度，进入加氢反应器。

SSR 尾气处理工艺中，Claus 尾气通过尾气加热器与焚烧炉高温烟气获取热量来提高尾气温度。通过尾气旁通阀控制加氢反应器入口温度。当温度较低时，可通过提高焚烧炉温度来协助调节入口温度。反应器入口温度同样控制在250℃左右。

影响加氢反应器入口温度的因素并不多，主要是氢气燃烧炉温度和加氢量。氢气炉内燃料气与空气发生次化学当量配比燃烧，产生的氢气参与加氢反应器的还原反应(有其他产氢装置的企业一般会再设一条外补氢气线)，氢气含量的大小对加氢反应器的影响比较明显。过剩的氢气含量，也就是加氢反应器入口氢含量是不定量的，受硫黄回收装置配风的影响，一般控制在2%~7%。为保证加氢系统补氢量，必须控制反应器出口氢含量在2%以上。很多装置在加氢反应器出口或急冷塔出口尾气线上装有氢含量在线分析仪，对尾气中氢气浓度进行实时监控。并以在线分析仪所得氢气浓度为信号，直接调节进加氢反应器的氢气量。

如果硫黄回收装置处于良好的运行状态，原料气平稳，配风合适，那么硫黄回收尾气中二氧化硫含量基本上应在0.3%~0.6%之间。在这样的条件下，加氢反应器的温升一般在15~20℃。在加氢反应器内，发生的主要反应有：

$$SO_2+3H_2 \longrightarrow H_2S+2H_2O \tag{1-6-1}$$

$$S_8+8H_2 \longrightarrow 8H_2S \tag{1-6-2}$$

$$COS+H_2O \longrightarrow H_2S+CO_2 \tag{1-6-3}$$

$$CS_2+2H_2O \longrightarrow 2H_2S+CO_2 \tag{1-6-4}$$

以上反应过程中，前两式还原反应是不可逆反应，反应后残余的二氧化硫含量低于10μg/g。反应为放热反应，二氧化硫含量越高，反应器床层内温升也就越大，因此对硫黄回收尾气中二氧化硫的浓度要有所控制，一般规定不大于0.6%(体)。后两式为水解反应，是吸热反应。由于绝大部分羰基硫已被硫黄回收一级反应器水解掉，故在加氢反应器中，水解反应是微量的。

加氢反应器的温升反映出硫黄回收装置配风的好坏，以及运行是否平稳。如果硫黄回收部分配风量偏低，则硫黄回收尾气中硫化氢浓度高，而二氧化硫浓度低，加氢反应器温升将减小。反之，当硫黄回收部分配风量偏高，则尾气中硫化氢浓度低，二氧化硫浓度高，加氢反应器温升将增大。当反应器温度过高达到400℃以上，将会对催化剂活性、寿命等产生危害，还有可能烧坏反应器内支撑件、测温元件等。如果原料气波动很大，配风难以及时调节，会造成二氧化硫浓度忽高忽低，同样增大了加氢反应器内的反应，引起床层温度的升高。未反应的二氧化硫进入急冷塔内，与水接触生成酸性较强的中强酸亚硫酸。

大的温升则意味着反应器内氢气消耗的增加，此时不能及时补充配氢量，则很容易造成“硫穿透”。所谓“硫穿透”是指单质硫及二氧化硫因未得到加氢而穿过催化剂床层，带入急冷塔。如果穿过反应器的二氧化硫较多，则急冷水pH值将快速下降，对设备管线的腐蚀是相当严重的。因此，急冷水系统应有pH值在线监测仪，当pH值下降时，应及时投用注氨系统。

6.2.11 急冷塔的操作

(1) 急冷塔的正常操作

1) 急冷塔的温度控制

急冷塔的温度参数有：进塔尾气温度、出塔尾气温度(一般称为塔顶温度)、进塔急冷水温度、塔底急冷水温度。塔顶温度即胺液吸收温度，与胺液吸收水平密切相关。其他温度则为参考数值。

塔顶温度一般控制在40℃左右，当尾气过程气温度较高时，胺液对硫化氢的吸收减小，尾气吸收效果随之下降。该温度与进塔尾气温度关系并不大，主要受急冷水温度及急冷水循环量的影响，当急冷水冷却器工作正常时，进塔的急冷水温度是稳定的，所以，塔顶温度控制往往通过调节急冷水循环量来实现。想要达到理想的塔顶气相温度，急冷水进塔温度在30~35℃，该温度受季节影响会有一定变化。通过观察比较进塔的急冷水温度变化，可以判断急冷水冷却器换热效果。

在实际操作中，不仅要控制塔顶温度在指标内，还要和吸收塔顶温度保持相对平衡。这是因为塔顶温度越高，会夹带越多的液相，保持两塔顶温度的平衡，有利于维持胺液量及胺液浓度的稳定。

2）急冷塔液位控制

通过硫黄回收及加氢机理可以看出，加氢尾气中至少含有30%左右的水蒸气，这些水蒸气在急冷塔内被全部冷却，这部分冷却水需要外送以控制急冷塔液位。外送的这一部分急冷水称为酸性水或含硫污水，通常被送到含硫污水汽提装置处理。

如果尾气负荷一定，外送酸性水量是稳定的。如果外送量明显增大，则有可能是注水线内漏或者是前部流程中有冷换设备泄漏，应及时判断处理。

生产过程中，如果急冷水水质良好，pH值合格，则不需要向系统内补水。但是当急冷水中杂质较多或pH值偏低，则可采取注氨或置换急冷水等措施，以保证水洗降温效果。

3）急冷水pH值的控制

正常生产期间，急冷水pH值的变化主要来自硫黄回收部分配风与加氢反应效果，如果硫黄回收装置配风偏大，而加氢反应器未能及时配以足够的氢气，就会有二氧化硫穿透床层进入急冷塔，使急冷水pH值下降。因此，控制急冷水pH值的方法不应以注氨为主，而应按其原因做相应调整。

过量的氨注入急冷水并不稳定，容易被带入胺液系统，形成无机铵盐或造成胺的降解，且易在塔顶酸性气空冷形成硫氢化铵结晶堵塞管束。

急冷水pH值一般控制在7~9之间，最好在急冷水管线上配备pH在线分析仪做实时监控。

（2）急冷塔异常现象分析及处理

当加氢反应器加氢不完全，Claus尾气中S_x、二氧化硫未被完全加氢还原，进入急冷塔后发生的反应如式(1-6-5)所示：

$$2H_2S+SO_2 = 3/x\ S_x+2H_2O \qquad (1-6-5)$$

单质硫进入急冷塔后温度骤降，形成固体硫雾。在这一过程中，雾状硫附着在底层塔盘或填料上，不但破坏了急冷水的循环，更为严重的是阻碍甚至阻断了尾气的通道，造成了包括硫黄回收在内的整个装置系统压力的升高。这种现象称为“堵塔”。堵塔严重时，会造成硫黄回收系统降量或装置停工。因此，对加氢反应器的补氢应予以高度重视。

若急冷塔出现堵塔，可用以下几种方法来处理，这些方法在一些装置中都有过应用。

① 敲击、震动底层塔盘外壁，使附着在塔盘上的固体硫粉末脱落进入急冷水，然后通过过滤排出系统。该方法适用于堵塔初期的板式塔。

② 停止急冷水循环，使高温的加氢尾气直接进入急冷塔，使附着于塔盘上的硫溶化脱落，之后建立水循环，将固体硫过滤外排。

③ 改加氢尾气至焚烧炉，急冷塔底注蒸汽熔化固体硫。

④ 如果堵塔严重，就必须将急冷塔打开，进行设备疏通处理。

6.2.12 吸收塔的操作

(1) 吸收塔的正常操作

在吸收塔中，一定浓度的胺液选择性地吸收尾气中的硫化氢，吸收效果的好坏直接关系到装置硫收率的高低，同时对净化尾气总硫含量有重要影响。影响吸收的因素是多方面的，主要有以下几点：

1) 胺液浓度

通常胺液提供商会推荐一个浓度范围，通用的经验值是20%~40%。过低的胺液浓度不仅影响吸收效率，而且将增加装置的能耗。因此，很多装置偏向于使用较高浓度的胺液。但过高的胺液浓度增加了溶剂损耗。

生产中经常遇到的情况是胺液浓度的下降，例如，排污、采样及净化尾气夹带造成胺液的跑损。如急冷塔塔顶温度过高，塔出口气体会夹带较多的水分进入吸收塔稀释胺液，尽管这些因素导致的结果是较缓慢的，但仍不可忽视。

当胺浓度下降较为明显时，则应及时判断系统有无泄漏，如贫液冷却器、再生塔塔底重沸器是否泄漏，溶剂储罐注水线是否内漏、再生酸性气水冷器是否泄漏等，此时溶剂储罐液位往往有明显的上升。

2) 胺液循环量

胺液循环量是需要随时调节的操作条件，最低循环量可根据胺浓度和尾气组成，通过硫化氢和二氧化碳的吸收反应式计算得出。循环量过小不能满足吸收的要求，过大则增加装置能耗。

3) 吸收温度

根据吸收反应机理，胺液发生化学吸附的过程是一个放热的过程，较低的温度有利于吸收的进行，但过低的温度会影响吸收的速度，不适宜工业生产。工业上最佳的吸收温度是40℃以内，因此进塔尾气与进塔胺液的温度都不宜过高。

同样因为吸收的放热，塔底吸收了硫化氢和二氧化碳的富液温度会有一定的升高，该温升与胺液循环量、尾气量、尾气中硫化氢和二氧化碳的浓度都有关系，与吸收塔本身气、液相传质运行状况也有关系。吸收进行得越好，吸收塔进、出口贫富液温升应越大。在稳定的工况下，这个温升也是基本稳定的。贫富液的温差，可以反映出吸收塔操作状况，或者吸收溶剂性能的好坏。在良好的吸收条件下，吸收塔贫富液温差可达到5~10℃。

影响贫液温度的主要因素是贫富液换热器和贫液水冷器(空冷器)的运行状况，其中贫液冷却器的影响更大。如果贫液温度过高，则很可能是由于贫液冷却器结垢、堵塞，导致换热效果下降；如果贫液温度过低，可适当减小冷却循环水量或空冷冷却风量。

4) 贫液的质量

贫液的质量对吸收效果至关重要。提高胺液再生质量，尽可能地降低贫液中硫化氢含量，对于吸收会有很大帮助。

5) 保持胺液的活性

前文已经提到，氧的存在，会使胺液发生降解反应，而这一反应是不可逆的，有效胺浓度必然下降。因此，应尽量减少尾气中氧气的含量，并杜绝胺液与氧的接触途径。

(2) 吸收塔异常现象分析及处理

提高原料气质量，减少 Claus 尾气中的杂质，加强水洗，加强胺液过滤，最终减少胺液中的杂质，有助于提高吸收效果和稳定操作。当胺液内杂质较多或降解物质增多时，就容易导致胺液发泡，吸收效果显著降低。发泡多发生在吸收塔。

胺液一旦发泡，可参考以下措施，根据实际情况有侧重地进行处理：

① 向系统内注入适量阻泡剂，抑制发泡。

② 适当降低胺液循环量。

③ 降低吸收塔液位，防止胺液漫过气相入口形成液封导致系统压力上升。

④ 判断胺液浓度是否合适并适当调整。

⑤ 加强胺液过滤。

⑥ 尾气暂时改出吸收塔，胺液进行循环再生。

以上措施均不能解决并有恶化趋势时，则应考虑更换胺液。

6.2.13　再生塔的操作

（1）再生塔的正常操作

1）再生塔温度的调节

胺液要发生解吸，必须达到一定的温度，所需热量由再生塔塔底重沸器提供。重沸器热源通常为0.3MPa蒸汽，若使用压力更高的1.0MPa蒸汽，容易造成胺液温度过高而发生热降解。胺液循环量与蒸汽量的推荐质量比为10∶1。

通常再生塔塔顶温度为控制指标，大多控制在105~120℃之间。塔底温度为参考指标，多在120℃左右。塔顶温度控制方案有两种，一种是通过调节重沸器蒸汽流量来控制，如图1-6-3所示。另一种是通过再生酸性气抽出量调节塔顶压力来控制，如图1-6-4所示。

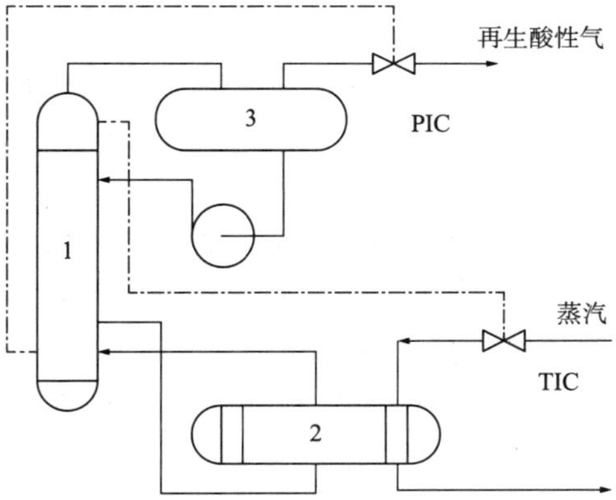

图1-6-3　蒸汽控制塔顶温度示意图

1—再生塔；2—重沸器；3—再生酸气分液罐

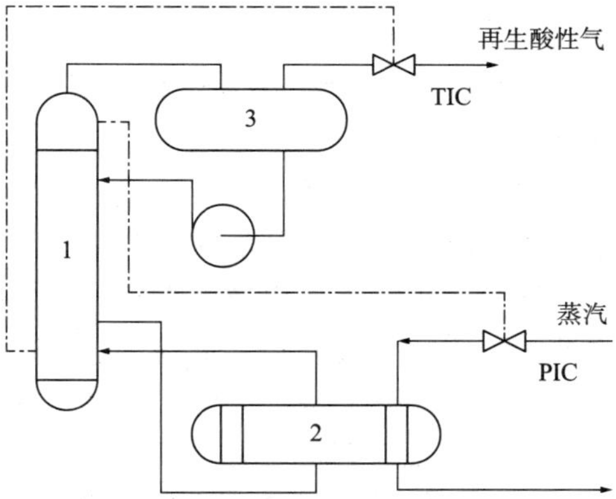

图1-6-4　酸性气抽出量温度示意图

1—再生塔；2—重沸器；3—再生酸气分液罐

2）再生塔压力的调节

参照塔顶温度的控制方案，同样地，塔顶压力也有两套控制方案，当塔底蒸汽控制温度时，用再生酸气量控制塔顶压力，反之，用蒸汽控制压力时，用再生酸性气控制温度。第一种控制方案是较直观和便于理解的，第二种方案则有必要做一些解释。例如，在一个平衡工况下，提高塔底蒸汽量，则富液中更多的气体和水蒸气被送往塔顶，塔顶温度也随之升高，此时再生酸性气调节阀自动关小，塔顶压力上升，那么塔底蒸汽量就会自动减小以降低压力，塔顶温度也随之下降，塔内达到了一个新的平衡。

解吸与吸收是互逆的化学过程。正压操作对吸收有利，而对吸收有利的因素就对解吸不利。单就解吸过程来说，再生塔压力越低越好。但在生产中，再生塔压力的控制调节，则需要综合考虑。

首先，再生塔顶再生酸性气压力必须高于接收单元即硫黄回收部分酸性气分液罐压力，才能保证再生酸性气的回收。其次，再生塔压力与温度密切相关。塔内压力越低，溶液饱和温度越低，这样塔顶气相组分中必定含有大量的水分，塔顶冷回流量加大了，因此塔顶温度就更不能保证。这是塔顶温度与压力及塔顶回流之间的关系。再者，对于没有塔底抽出泵的再生塔，贫液靠再生塔与胺液储罐压差及塔高产生的静压自流回罐。因此，塔液位需要一定的压力来控制。

影响再生塔压力的因素主要有：

① 重沸器给汽量　给汽量过低，不足以解吸富液中硫化氢和二氧化碳组分。应将蒸汽提高至合适的比例；一味提高再生塔塔底重沸器的蒸汽量不一定能提高胺液温度，假设塔内表压为零，那么塔顶温度最多只能达到该压力下溶液的饱和蒸气压温度，因此还需要适当的压力，这样塔顶、塔底温度才能同时达到工艺要求。

② 再生酸性气调节阀、安全阀状态　调节阀失灵，控制不住压力，应改副线操作，维修调节阀。再生塔塔顶都设有放空线和安全阀组，安全阀组连接至火炬线。当异常状态下压力超过安全阀定压值时，安全阀自动启跳，将塔内硫化氢等气相组分泄压至火炬线排放。如果塔顶放空阀或安全阀有内漏现象，也将影响塔顶压力的控制。正常生产时，再生塔塔顶安全阀应投用。停开工吹扫、蒸塔等情况下，则应将其关闭，打开副线放火炬。

③ 管线堵塞　再生酸性气可能因温度较低而结盐，其主要成分是有机或无机铵盐。这时需要提高再生酸性气温度，可采取停开空冷提高温度，困难时可向管线内注蒸汽溶解携带生成的盐类。

④ 液泛　液泛时，塔顶压力、塔顶与塔底压差将有明显的变化，应及时调整气、液相负荷。

3）再生塔液位的调节

再生塔液位由塔底贫液线液位调节阀来控制。如果塔底无贫液输送泵，则液位受到再生塔与溶剂储罐的压差，以及塔本身高度形成的静压的影响。例如在开工过程中，塔内无再生酸气生成，塔内压力是相当低的，这样很有可能出现塔底贫液流出量低于系统胺液循环量，再生塔液位将不断升高。为此，有必要在塔顶稍注一部分氮气来保持一定的压力，以控制再生塔正常的液位。若塔底有贫液输送泵，则不必考虑压力的影响。

（2）再生塔异常现象分析及处理

当再生塔气、液相负荷都过大时，容易出现淹塔情况。气相阻止了胺液的下行，并将胺液积累在塔内，严重时，胺液可能自塔顶反窜至再生酸性气罐内，造成跑损。此时塔内传热传质完全不能进行，富液的解吸过程被中断。淹塔时，因胺液不能落入塔底，因此液位不会有上升，而是正常或略有下降。在系统胺液循环量等条件不变的情况下，胺液储罐液位则会有明显的下降。塔顶、塔底压降显著增大。出现淹塔时，最有效的方法是降低塔内气、液两相流量，即降低胺液循环量或降低重沸器蒸汽量，改变塔内平衡状态。

当溶剂再生塔塔顶、塔底温度及压力都控制在指标之内，而贫胺液质量仍然较差时，除考虑胺液本身质量外，还应检查贫富液换热器是否内漏。通过同时取样分析贫富液换热器进、出口贫液中硫化氢即可做出判断。

贫富液换热器的泄漏互窜，造成了贫液的质量下降，但胺液量不会发生变化，因此胺液储罐液位是稳定的。如果胺液储罐液位有明显持续的上升，同时胺液浓度同步下降，则一定时有其他物质漏入胺液系统，例如再生塔塔底重沸器蒸汽、贫液冷却器循环水、胺液储罐水线等。

6.2.14 搞好防冻防凝工作

做好冬季防冻防凝工作十分重要，防冻防凝工作是一项严细的工作，不能马虎大意，如做得不好，冻坏设备，管线和阀门，影响正常生产，导致停工，处理不好还会引起中毒和火灾爆炸事故。防冻防凝工作中应注意：

① 特别注意设备管道阀门等防冻保温工作。

② 长期停用的设备及管线应在根部加盲板，切断易冻物料来源，将设备和管线低点放空打开排净。

③ 经常检查夹套和伴热线温度及排汽量。

④ 在生产和检查中，穿好工作服，戴好手套。

⑤ 冬季生产中要特别注意检查易存水部位的防冻工作，包括设备管线低洼处及不流动死角，蒸汽伴热排凝及冷却水系统，防止冻坏设备。

⑥ 冬季停蒸汽时间长，应把管线内积水吹出。

⑦ 已经被冻的管线和阀门，处理时要慢慢加热，以防管线和阀门损坏。

⑧ 设备防冻防凝的方法有除水法、流动法、给热法、保温法、降凝法等五种。在工作中，应视不同设备、不同情况采用不同方法。

第 7 章　事故分析及判断处理

事故处理原则：避免人身伤亡事故；避免重大设备事故；避免硫化氢泄漏、中毒；避免环境污染；避免火灾事故。保护催化剂，避免催化剂结焦失活；减少溶剂跑损。事故发生初期，应及早发现并正确判断事故发生原因，迅速处理，避免事故扩大，争取把一切事故消灭在萌芽状态。事故发生后，应坚守岗位，听从统一指挥。

操作人员应熟练掌握事故处理的相关知识，熟悉本装置及各种相关物料的特点；熟练掌握个人防护用品、消防器材、气防器材的使用；掌握本装置各项事故处理预案。

7.1　紧急停工

硫黄回收装置、含硫污水汽提装置、气体脱硫装置等联合装置有毒、易燃、易爆气体以及各种油类多，各种原因可能会造成预想不到的紧急事故，如不快速判断，正确处理，将会造成严重事故，危及人身安全。经过努力仍无法维持生产并有恶化趋势时，为确保装置的设备及人身安全，必须进行紧急停工处理。

7.1.1　紧急事故处理原则

在任何情况下，必须严格遵守工艺卡片、工艺纪律的规定，不可违反。当装置有事故发生时，各相关人员要保持冷静，正确判断，果断处理，绝对避免惊慌失措，听从班长指挥，全力进行处理，尽量不使事故扩大和蔓延。紧急停工时，首先应保证人身及装置安全。任何情况下，燃料气、酸性气等不准排空，以免造成污染和其他中毒、爆燃事故。

7.1.2　紧急停工的引发因素

① 酸性气中断。

② 鼓风机、锅炉水泵等重要机动设备发生故障又没有备用设备。

③ 燃烧炉内衬里损坏、防爆门破裂或泄漏、热电偶损坏、炉壁烧穿泄漏。

④ 装置突然停电。

⑤ 硫冷凝冷却器、余热锅炉、提升管、管板严重泄漏或干锅，液位无法控制。

⑥ 液硫线堵塞，压降高，不能短时间内处理，生产无法维持。

⑦ 设备、管线、阀门发生严重爆裂或泄漏毒气事故，危及安全生产、人身安全。

⑧ 酸性气严重带水或带烃严重超标危及正常生产，生产无法维持。

⑨ 长时间停仪表风，生产难以维持。

⑩ 除氧水中断，短期无法恢复。

⑪ 燃烧炉超温，失去控制。

⑫ 催化剂床层严重析炭，系统堵塞压降高，生产无法维持。

⑬ 计算机控制系统故障且短期无法恢复，生产难以维持。

⑭ 其他危及装置安全运行事故发生。

7.1.3　紧急停工步骤

① 启动酸性气燃烧炉和尾气焚烧炉自保联锁；酸性气改至其他硫黄回收装置或改火炬；

风机改放空。

②关闭硫化氢入燃烧炉的阀门。

③ 关闭空气进燃烧炉的阀门。

④ 鼓风机改放空或停机。

⑤ 现场确认 DCS 风机停机联锁各阀门开关动作正确

⑥ 控制好蒸汽伴热管网压力，加强液硫系统的伴热，确保液硫系统温度，防止系统堵塞。

⑦ 冷却器视情况给蒸汽保护，硫黄余热锅炉保持压力稳定。

⑧ 停液硫脱气系统。

⑨ 确保高温掺和阀冷却水正常供给。

⑩ 向厂调及有关部门报告事故及紧急停工情况，并查明原因。若时间短，系统温度维持，等待开工。若时间较长，则按正常停工处理。

⑪ 隔离装置，切断与其他装置联系，并立即通知上游装置。

7.1.4 紧急停工的注意事项

① 如果仪表风中断，自控阀失灵，要立即改现场手动控制生产参数。

② 紧急停工时，要求操作员不能慌张，要在班长的统一指挥下，准确判断，按章操作。

③ 必要时，手动激发联锁停车。

7.2 装置停电

7.2.1 装置晃电

7.2.1.1 现象及原因分析

① 当装置发生晃电时，部分机泵可能停运；

② 照明灯，指示灯将瞬间闪灭；

③ 情况严重时，酸性气燃烧炉、尾气焚烧炉的炉火可能熄灭而引起温度迅速下降；

④ 冷却器的液位将上升，温度将下降；

⑤ 酸性气快速切断阀也可能自动关闭，酸性气联锁放火炬。

装置发生晃电，一般是由电网波动或变电所故障引起。

7.2.1.2 处理方法

① 一旦发生装置晃电，如果风机停运，操作人员应迅速汇报相关人员，佩戴空气呼吸器迅速关闭风机的出口阀，并关闭电源开关。

② 视酸性气平衡情况将酸性气改放火炬，或者上游装置紧急限量。

③ 加强捕集器的排污操作。

④ 迅速检查装置运行情况和影响范围，能迅速恢复的要迅速恢复，及时调整至生产正常。

⑤ 若风机不能及时启运，则关闭酸性气进燃烧炉阀，改酸性气至火炬，同时关进炉风阀，压缩机出口阀；瓦斯进炉阀。停除氧水及蒸汽，维持炉温。问明停电原因，若短期能恢复供电的，应快速恢复生产，炉子再次进风必须缓慢，以防突然大风量进炉引起爆燃事故。

⑥ 在线燃烧炉压缩机如停运，应停炉处理。重新启动压缩机，最好按照正常点炉步骤点炉。安全起见，至少应在炉膛温度高于 800℃ 以上时，才可直接开燃料气点炉。

⑦ 尾气焚烧炉如停运，应停炉处理。重新启动压缩机，迅速按照正常点炉步骤点炉。与焚烧炉相连设备如蒸汽换热器、尾气换热器、余热锅炉等，应做好保护工作，避免设备出现过热。

⑧ 机泵如有停运，按步骤重新启动即可。

7.2.2 装置长时间停电

7.2.2.1 现象及原因分析

① 装置发生长时间停电时，压缩机全部停运，停车联锁动作；

② 室内照明灯，机泵指示灯将全部熄灭和大面积报警；

③ 酸性气燃烧炉、尾气焚烧炉的炉火熄灭而引起温度迅速下降；

④ 冷却器的液位将上升，温度将下降；

⑤ 酸性气快速切断阀自动关闭；

⑥ DCS 造成瞬间死机，过数秒后 DCS 会自动运行。

装置长时间停电主要是电网或变电所故障。

7.2.2.2 处理方法

如全装置停电，应按紧急停工处理。如装置内局部停电按以下程序处理：压缩机停电按紧急停工处理，联系电气、调度查明原因。关闭酸气进炉阀，酸性气改出装置，同时关进炉风阀，火嘴氮气保护。停除氧水及蒸汽进出，维持炉温。用副线控制好各工艺参数。如发现酸性气泄漏，佩戴空气呼吸器迅速关闭压缩机电源开关。加强捕集器的排污操作。冷却器的液位视情况改为蒸气保护。如 DCS 供电中断，改现场手动控制。

尾气处理装置 DCS 启动停车联锁或现场紧急停工。关闭氢气在线炉燃料气及空气阀，炉前稍注氮气保护火嘴。关闭尾气焚烧炉瓦斯阀及空气阀，炉前稍注氮气保护火嘴。进加氢反应器氢气停。余热锅炉保持液位与压力。若停电时间长，DCS 不间断电源供电不足，应用现场阀门控制。尾气各机泵出口阀关闭。

7.3 除氧水中断

7.3.1 现象及原因分析

当除氧水中断时，系统所有余热锅炉、冷却器的液位将下降，冷凝器出口温度将上升。可能的原因是除氧水上游装置故障；除氧水管线泄漏或堵塞、除氧水压力低等。

7.3.2 处理方法

除氧水中断，如不及时查明原因并加以处理，后果将会是严重的，如出现余热锅炉干锅、冷换设备损坏等。当出现除氧水中断时，应采取如下措施：

① 短时间停除氧水(不超过 10min)，根据日常掌握的汽包液位估算除氧水存水量，判断装置能够坚持的时间。

A. 减少进反应炉酸性气量和配风量，降低反应炉温度，多余酸性气平衡进其他硫黄装置或改排火炬，也可上游装置限量；

B. 尾气焚烧炉减少瓦斯量，降低炉膛温度；

C. 迅速关闭余热锅炉液控阀，防止倒窜；

D. 迅速关闭一、二、三硫冷凝器、蒸汽发生器液控阀，防止倒窜；

E. 硫冷凝器、蒸汽发生器视液位情况给蒸汽保护；

F. 加大尾气急冷塔冷却水循环量，加强尾气捕集器排污操作；

G. 待来水后按正常程序开工。

② 装置长时间停除氧水，按紧急停工处理：

A. 装置紧急停工；迅速关闭余热锅炉液控阀；迅速关闭冷却器的液控阀；视冷却器的温度情况改蒸汽保护；加强捕集器的排污操作；掺和阀提升蒸汽保护，待来水后按开工程序开工。

B. 尾气装置使用除氧水的设备一般只有加氢反应器后余热锅炉和尾气焚烧余热锅炉。尾气装置停除氧水后，应加强余热锅炉蒸汽保护，尾气焚烧炉降温操作，尾气焚烧余热锅炉视情况做停炉处理。

C. 硫黄回收装置停工后，加氢反应器氢气应立即关闭。急冷塔、吸收塔、再生塔等可正常运转，等待硫黄回收装置开工。

7.4 循环水中断

7.4.1 现象及原因分析

① 硫黄回收装置有润滑油冷却或循环水冷却系统，可能造成润滑油(风机轴承)温度高，严重时会引发联锁停机。

② 尾气循环急冷水冷却器出口温度持续升高。急冷塔顶、吸收塔、再生塔出口气体温度升高。

循环水中断主要是厂内循环水装置故障。

7.4.2 处理方法

① 硫黄回收装置能补新鲜水的使用新鲜水替代(部分机泵、风机冷却水)。

② 及时联系调度询问情况，短时间不能供水，则燃烧炉做紧急停工处理(切断进料、停燃烧炉)。

③ 燃烧炉紧急停工后，操作人员根据现场玻璃板、压力表和温度计的指示判断闷炉情况，发现问题及时处理，一旦恢复供水，按正常开工步骤启动反应炉。

④ 联系调度尽快恢复循环水供应。在循环水恢复后，重新恢复尾气处理部分正常操作。

7.5 净化风中断

7.5.1 现象及原因分析

当净化风中断时，风压快速下降；诸多工艺参数变化，DCS 大面积报警。可能造成的原因是净化风上游装置故障、净化风管线泄漏或堵塞等。

7.5.2 处理方法

净化风中断时，应优先考虑引入氮气替代，控制好压力。氮气无法替代时，控制阀不能控制，因此应到现场改手动操作。风开阀处于关闭状态，而风关阀处于开启状态，因此，风开型的控制阀由副线控制，风关型的控制阀由泵出口或控制阀上游阀控制。

如果净化风中断时间较短，内外操配合用副线阀控制好各工艺参数，维持好系统液面、温度、压力、流量等参数，以便尽快恢复生产。

如果净化风中断时间较长且氮气也无法替代时，按紧急停工处理。

7.6 燃料气中断

7.6.1 现象及原因分析

由于酸性气燃烧炉不用瓦斯，因此，停燃料气对 Claus 部分没有影响(反应器入口由在线燃烧炉升温的装置除外)，主要是对焚烧炉产生影响。燃料气中断时，燃料气流量、压力下降，焚烧炉温度急剧下降，装置联锁自保系统动作，装置进入部分停工状态。

造成燃料气中断的原因主要是调节阀故障、燃料管网出现异常、燃料气管线堵塞或大量泄漏等。

7.6.2 处理方法

当出现燃料气中断时，Claus 部分正常运转，尾气切入烟囱。反应器入口采用在线加热炉升温的装置，改用氢气作为加热炉燃料，无氢气作燃料的，火嘴给氮气保护，维持反应器床层温度不低，否则装置紧急停工处理。焚烧炉温度不能维持，过热蒸汽质量就不能保证，因此过热蒸汽改出管网，由消音器处放空。联系调度，如燃料气短期内可恢复供应，则维持 Claus 部分正常运转。尾气处理部分急冷塔维持冷水循环，吸收塔维持胺液循环，但进出塔的过程气阀门关闭。

如燃料气长期供应不上，则需要按调度要求组织生产或装置正常停工。

7.7 氢 气 中 断

7.7.1 现象及原因分析

当氢气中断时，加氢反应器出口二氧化硫浓度升高，床层温度下降。急冷循环水中杂质增加。氢气中断的主要原因是调节阀故障或厂内氢气系统故障。

7.7.2 处理方法

当氢气中断时，先适当降低 Claus 单元部分的配风比，降低加氢部分的耗氢量，当急冷塔出口的过程气中氢含量低于 0.5%时，切断尾气部分的尾气进料。用氮气吹扫尾气处理部分。

7.8 酸性气中断

7.8.1 现象及原因分析

酸性气中断时，酸性气流量(及进炉空气量)大幅下降甚至指示为零，酸性气压力(炉前风压)下降或回零。酸性气燃烧炉温度大幅下降，系统各部分温度下降，原因可能是上游装置故障或联锁动作。

7.8.2 处理方法

酸性气中断后应立即联系调度及上游装置，查明原因，迅速恢复。装置做如下操作：

① 若酸性气中断时间较短，可紧急停工，待酸性气恢复后开工，投入正常运行。

② 酸性气中断时间长，装置做紧急停工处理并做好停工后续工作。

③ 若酸性气不是完全中断，可按装置低负荷运行模式进行操作。

7.9 设备故障

7.9.1 Claus反应器入口加热器管束泄漏

7.9.1.1 现象

① Claus反应器入口温度是通过燃烧炉余热锅炉所产中压蒸汽加热至反应所需温度；一旦加热器管束泄漏，中压蒸汽会往系统过程气中泄漏，严重时导致系统压力上升；

② 液硫池压力上升；

③ 尾气处理急冷塔外甩酸性水量增加等。

7.9.1.2 处理方法

① 加热器泄漏时，根据通过加热器蒸汽流量、急冷水外排量等参数判断泄漏大小；

② 如果泄漏量小，可短时间维持运行，如果泄漏量大，影响反应器温升及液硫流通，装置紧急停工处理；

③ 处理Claus反应器入口加热器的同时，要检查反应器催化剂是否存在粉化现象，若粉化严重，则需要更换催化剂，硫黄回收单元按正常停工处理。

7.9.2 硫封破坏导致酸性气泄漏

7.9.2.1 硫封破坏的现象

① 过程气从硫封罐或储硫罐冒出，或液硫池压力升高；

② 系统压力突然下降；

③ 酸性气、燃烧空气流量突然大幅上升。

7.9.2.2 硫封破坏的原因

硫黄回收单元系统压力超过设计硫封封压(主要由原料带液、系统堵塞、设备内漏等造成)。

7.9.2.3 硫封破坏的处理

① 请示生产调度，装置做紧急停工处理；

② 酸性气平衡至其他硫黄装置或改放火炬，停止配风；

③ 装置周围设置明显的禁入标志，现场有人监护，防止不知情人员误入，造成人员伤害；

④ 待系统压力降下来后，佩戴空气呼吸器关闭硫封罐的阀门；

⑤ 用非净化风或蒸汽等吹散周围烟气，达到进入的标准；

⑥ 引合格酸性气开工，建立硫封；

⑦ 若因为设备内漏或系统堵塞造成硫封破坏，则应处理相关设备或系统。

7.9.3 硫黄回收单元风机跳闸

7.9.3.1 现象

① 燃烧炉配风突然下降；

② 风机运转声音消失；

③ 风机出口单向阀关闭不严时，炉内酸性气由风机倒窜；

④ 主风机放空阀和入口周边有硫化氢味道和报警。

7.9.3.2 原因

电气故障、风机超温、超电流停机、风机振动高、润滑油压力低等原因导致风机联锁停机；主风机出口单向阀不完好，风机跳停后出口压力下降，反应炉供风中断，燃烧停止，酸性气在炉膛压力的作用下倒窜，进入主风机出口空气管线。

7.9.3.3 处理

① 装置做紧急停工处理，内操确认进反应炉酸性气进料阀全关；
② 酸性气改放火炬，或上游装置限量；
③ 做好装置禁入、现场监护等相关工作；
④ 佩戴空气呼吸器，迅速关闭空气、酸性气入炉阀门；
⑤ 用非净化风吹散周围的酸性气，使其浓度降低至 $10mg/m^3$ 以下；
⑥ 切除跳闸风机，开启备用风机，按开工步骤恢复生产。

7.9.4 硫黄回收单元液硫线堵塞

7.9.4.1 液硫线堵塞原因

① 夹套伴热温度低；
② 盐类沉积；
③ 腐蚀物等积聚；
④ 分液罐捕集丝网脱落盖住出口，且杂物积聚堵塞。

7.9.4.2 液硫线堵塞处理

① 提高夹套温度；
② 用捅条疏通管线，必要时拆下用高压水枪疏通。

7.10 溶剂再生单元故障

7.10.1 紧急停工步骤

① 关闭再生塔塔底重沸器蒸汽；
② 停所有机泵、风机，酸性气改排火炬，关闭酸性气至硫黄回收单元控制阀；
③ 停富液进装置，关闭富液闪蒸罐、再生塔液位控制阀；
④ 富液闪蒸罐压力下降后，关闭闪蒸罐顶部烃类放火炬阀门；
⑤ 停工过程中防止超温超压、降温降量过快而损坏设备；
⑥ 若短时间内不能开工，则按正常停工处理。

7.10.2 停循环水

7.10.2.1 停循环水现象

① 回流罐液位下降、压力上升、回流液温度升高，再生塔塔顶温度上升；
② 溶剂储罐温度逐步上升；
③ 贫液温度升高，正常各脱硫塔的操作温度上升，脱硫效果差。

7.10.2.2 停循环水处理方法

① 按紧急停工处理方案进行处理；
② 控制塔底重沸器蒸汽流量，逐步降低气体脱硫剂溶剂再生塔的温度，直至关闭调节阀；
③ 适当减小回流量，直至关闭流量调节阀；
④ 通知上游脱硫单元操作人员，适当减小外送贫液量；
⑤ 通知硫黄回收岗位，加强酸性气分液罐的脱液操作；
⑥ 打开溶剂再生塔塔顶后冷器循环水排气阀，放尽蒸汽，避免来水时产生气阻；
⑦ 机泵冷却水改新鲜水；
⑧ 通知上游脱硫相关装置或单元，检查各脱硫塔的液位情况及富液是否发泡；
⑨ 保证再生塔塔顶空冷器最大冷却效果；

⑩ 维持各塔的液位，待来水后再按程序开工。

7.10.3 溶剂再生单元停电

7.10.3.1 停电现象

机泵全部停运；再生塔温度升高，压力升高；照明灯、指示灯全部熄灭；DCS 会造成瞬间停机，数秒后 DCS 会自动运行；再生塔进料不正常或中断，塔底液面下降；再生塔塔顶后冷器的管程、壳程温度升高。

7.10.3.2 短时间(瞬时)停电处理

① 关小再生塔塔底重沸器蒸汽调节阀，切忌降温过快形成负压；

② 维持各罐、塔的液位；

③ 各停运机泵正常开启后，调整进料量及各罐、塔的液位控制，直至平稳生产；

④ 加强与生产调度及上游脱硫单元的联系；

⑤ 关闭各停运机泵出口阀，重新启动停运机泵；

⑥ 检查现场仪表指示与设备是否正常；

⑦ 供电恢复后按开工程序开工。

7.10.3.3 长时间停电处理

① 按紧急停工处理方案处理；

② 关小再生塔塔底重沸器蒸汽调节阀，切忌降温过快形成负压；

③ 关闭酸性气去硫黄回收单元调节阀，同时改放火炬；

④ 加强与生产调度及上游脱硫单元的联系；

⑤ 关闭各泵出口阀门，并关闭各泵电源；

⑥ 如出现液控阀泄漏，应及时关闭下游阀，以维持各塔液面；

⑦ 检查现场仪表指示与设备是否正常；

⑧ 根据气温情况，考虑做好防冻防凝工作；

⑨ 来电后按开工程序进行开工，及时调整操作，稳定生产。

7.10.4 溶剂再生单元停蒸汽

7.10.4.1 停蒸汽现象

① 塔底重沸器流量表显示值变小；

② 再生塔塔底温度明显下降，塔整体系统温度降低；

③ 再生塔塔底液位明显上升，压力下降；

④ 贫液中硫化氢含量将增加；

⑤ 在冬季有可能造成单元仪表停运。

7.10.4.2 短时间停蒸汽处理

① 开大再生塔塔底蒸汽调节阀；

② 关小塔顶回流调节阀开度；

③ 视情况调节好再生塔塔顶回流罐压力；

④ 注意各调节仪表运行情况(冬季)，如有冻凝应立即改副线操作；

⑤ 尽量维持各塔和容器的液位；

⑥ 内外操联系，核实现场实际值与 DCS 值的对应情况；

⑦ 检查吸收塔、再生塔的压力情况(切忌形成负压)，压力低可向塔内充氮气，维持系统压力；

⑧ 检查各冷换设备运行情况，有无异常泄漏发生；

⑨ 来蒸汽后按开工程序开工，及时调整操作，稳定生产。

7.10.4.3 长时间停蒸汽处理

① 关闭再生塔塔底蒸汽流控阀，稳定吸收塔、再生塔液位；

② 关小塔顶回流阀开度，视情况调节吸收塔、再生塔回流罐压力；

③ 如调节仪表有冻凝，应立即改副线操作；

④ 尽量维持各塔和容器的液位；

⑤ 检查各冷换设备运行情况，有无异常泄漏发生；

⑥ 吸收塔、再生塔压力低时，可向塔内充氮气，维持系统压力；

⑦ 来蒸汽后按开工程序开工，及时调整操作，稳定生产。

7.11 DCS及在线分析仪故障

7.11.1 DCS故障现象及处理方法

7.11.1.1 DCS出现黑屏或数据不刷新处理

(1) 现象及原因

① 如果只是单个显示器黑屏或数据不刷新，一般来说是由显示器故障或工作站死机所造成的；

② 某一点或数点输出回路数据突变或没有响应(如：阀门不动作)，一般可能是卡件故障，输出保持不变，需要更换卡件，最有可能是安全栅(单点或地板式)故障所引起的。

(2) 处理办法

① 若故障只是单个显示器或单点，不影响生产，处理相对简单；

② 对于带控制回路的点工艺数据不刷新时，控制回路会自动切至手动进行控制，此时根据现场仪表或一次表指示进行手动控制；

③ 对于输出锁位的控制阀应联系外操将控制阀改副线操作；

④ 若操作波动无法调整正常，并可能影响到装置安全，则按紧急停工处理。

7.11.1.2 某一区域工艺参数不刷新或所有工作站全部黑屏

(1) 现象及原因

某一区域(几十点或上百点)的工艺参数不刷新(伴随有系统报警)，甚至所有工作站全部黑屏。造成这种现象可能是控制器的故障，这类故障的影响面较大。

(2) 处理方法

① 如果故障点多数为指示参数(不带控制回路)，参照其他正常参数进行操作。

② 对于带控制回路的点，依据现场仪表或一次表指示进行手动控制；

③ 对于输出锁位的控制阀应联系外操将控制阀改副线操作；

④ 如果故障区域中控制回路较多，与外操联系，依据现场仪表或一次表指示进行手动控制；

⑤ 对于输出锁位的控制阀应联系外操将控制阀改副线操作；

⑥ 可能影响到装置安全且无法调整正常的操作波动，按相关岗位操作法的紧急停工步骤处理。

7.11.1.3 UPS(不间断电源)掉电

(1) UPS(不间断电源)掉电现象

DCS屏幕因失电而发生黑屏现象，且各控制回路都自动处于“MAN”状态并锁位，即现场各控制阀开度处于掉电前状态。

（2）处理方法

① 由于无法通过 DCS 屏幕对装置现场各参数进行监控和调节，故出现该状态非常危险，如果无法在短时间内恢复，在请示车间、调度后装置需紧急停工。

② 并在停工过程中，密切注意各主要就地压力表、液位计、温度计，流量可参考就地一次表读数(量程乘百分数)。

③ 在此过程中，严禁超温超压，严禁高压窜到低压系统，同时要避免重大设备事故、火灾、环境污染及中毒事故。

④ 有多台屏幕而不是全部黑屏时，可利用正常操作站操作，联系相关人员处理故障(更换显示器或重启)。

⑤ 所有屏幕不正常时，联系相关人员进行处理，仪表恢复正常后外操及时巡检，将现场液面、压力、温度、流量与 DCS 对照，如有出入应及时联系仪表人员校验。

⑥ DCS 故障时，操作人员首先要根据控制阀开度表，将控制阀切换成手动(如 DCS 屏幕无显示，则应到现场根据一次表用副线调节)，并由外操自现场向内操报告压力、流量、液面、温度实际情况，在处理过程中要严格掌握不超温、不超压原则，确保安全生产。

⑦ 根据实际操作情况，联系调度及车间值班，可以进行降量、降压操作。

⑧ 当仪表短时间内无法修复且操作无法维持时，可以请示调度及车间按紧急停工处理。

7.11.1.4 系统死机，一次表无指示造成黑屏

（1）现象

DCS 仅有输出而无输入，控制阀会自动切换至手动，但切换过程有较大滞后，控制阀并未锁定在原来的开度。

（2）处理方法

① 各岗位应先检查各自主要参数控制阀的开度，并调至正常。

② 根据现场液面计、压力表等相关指示进行操作，同时要求对现场设备，如燃烧炉、机泵、快速切断阀等进行检查，发现异常，做紧急处理。

③ 及时汇报车间、调度；如长时间修复不好，应紧急停工。

7.11.2 在线分析仪故障及处理

（1）H_2S/SO_2在线分析仪故障处理

① H_2S/SO_2在线分析仪投用是否正常，直接影响到装置运行和硫转化率，若在线分析仪发生故障，应立即把酸性气燃烧炉微调空气流量调节器切至“手动”；

② 联系化验提高二级反应器出口尾气硫化氢和二氧化硫浓度分析频率，并根据尾气中H_2S/SO_2浓度，及时调整反应炉主空气和微空气的流量；

③ 一旦 H_2S/SO_2在线分析仪修复，操作人员应立即投入运行。

（2）H_2在线分析仪故障处理

① H_2在线分析仪投运是否正常，直接影响加氢还原单元的正常运行。若分析仪故障，立即将氢气流控制阀切换至手动操作；

② 观察加氢反应器温度、焚烧炉后部温度、焚烧炉燃料流量等参数变化及烟囱排放SO_2浓度情况，以此为依据调整操作；

③ 联系化验人员增加尾气中 H_2浓度的分析频次，根据分析数据调整氢气流量；

④ 一旦 H_2在线分析仪修复后，应立即投用。

第8章　仪表及自动控制

8.1　硫黄回收装置的自动控制

以二级 Claus 转化、还原-吸收尾气处理工艺为例，说明硫黄回收装置常用的控制方案。

8.1.1　酸性气燃烧炉配风的自动控制

在硫黄回收装置的操作中，气风比调节非常重要，根据工艺反应基本原理，为了使硫黄回收装置处于最佳工艺条件，必须使燃烧炉处理的过程气中硫化氢和二氧化硫的摩尔比为2∶1，这是过程气在反应器中进行催化转化的最佳反应条件。而要达到这个条件，就必须严格控制进入燃烧炉内的气风比，从而控制适量的空气进入炉内。很明显，合理的控制方案和仪表，搞好燃烧炉气风比的控制操作，是维持硫黄回收装置处于最佳工况的决定条件。

酸性气在燃烧炉中燃烧，一般采取比值调节的方法，凡是用来实现两个或两个以上参数按一定比例关系达到某种控制要求的调节系统，就称为比值调节系统。在燃烧炉配风调节中，用酸性气量与进炉空气量进行比例调节。以酸性气量为主物料，以空气量为从物料构成一个比值调节系统。当酸性气量发生变化时，空气量要跟上这种变化并保持一定的比值。酸性气与空气的比例参考化验分析结果，控制燃烧后硫化氢与二氧化硫比值。但这样的调节存在一定弊端，化验分析周期较长，不能及时反映生产实际；同时，酸性气来量的不稳定也使操作极不稳定；而酸性气质量的波动更使系统无法适应。

在酸性气与空气量调节中，为了解决比值调节中存在的问题，引入了反馈控制系统(调节器是按照被调参数相对于给定值的偏差的大小而进行工作的。调节作用影响被调参数，而被调参数的变化反过来又影响调节器的输入。这些调节系统叫作反馈调节)。即由进炉酸性气量与主风流量构成的比值调节为粗调，以尾气中过剩的硫化氢量与微风流量构成的串级调节(串级调节系统是利用主、副两个调节器串接在一起来稳定一个主参数的系统)为微调形成一个比值反馈系统。过剩的硫化氢量由硫化氢量减去二倍的二氧化硫量计算而得。在微调系统中，过剩的硫化氢量为主控变量，微风流量为副控变量。此系统必须配备 H_2S/SO_2在线分析仪。这样，原料波动等因素的影响就能得到克服。

目前硫黄回收装置已普遍采用 H_2S/SO_2比例控制仪。H_2S/SO_2在线比例分析仪能及时分析和控制硫化氢和二氧化硫的比例，维持进反应器的过程气中 $H_2S:SO_2=2:1$，从而获得反应器中 Claus 反应的最佳工艺条件。

目前酸性燃烧炉配风空气流量的控制多采用前馈-反馈的控制方案。所谓前馈是指通过测量酸性气和燃料气流量，计算出燃烧所需的空气量，把两物料或多物料需要的空气量相加作为主调空气的设定值；反馈是指通过测量过程气中 H_2S 及 SO_2 量，计算出 H_2S/SO_2值，作为微调空气流量的设定值。

8.1.2　酸性气燃烧炉温度控制

为了使酸性气燃烧炉温度始终控制在 NH_3的完全分解温度 1250℃以上，可通过酸性气预热、燃烧空气预热的方法实现。当酸性气燃烧炉采用双区结构时，第一区的温度应高于 NH_3的完全分解温度，此时可通过调整进入一区、二区再生酸性气的流量来控制温度，通常进入二区的流量越大，一区的燃烧温度越高。

8.1.3 反应器入口温度控制

反应器入口温度控制随过程气预热方法不同而不同。当采用掺和法时，可通过控制掺和阀开度来控制掺和量；当采用蒸汽加热时，可通过控制加热蒸汽量来控制；当采用燃料气在线加热炉时，可通过调节燃料气流量及通过燃料气/空气比值和空气流量串级控制空气量；当采用电加热时，可通过控制通电量来控制。

8.1.4 鼓风机的防喘振控制

离心式压缩机的流量低于一定值时，压缩机会发生喘振。为防止压缩机发生喘振，每台风机都需设置防喘振控制，该控制是通过保持压缩机流量高于喘振线的方法来实现的。如果风机流量减少到接近喘振线的一个值时（取决于喘振参数设定点），防喘振控制器会打开通大气的排放阀。此外，通常还采用调节风机入口导叶的开度来稳定风机出口压力。通常鼓风机防喘振控制将在风机供货包中指定。

8.1.5 余热锅炉的液位控制

传统的余热锅炉液位控制是采用单冲量（汽包液位）控制或双冲量（汽包液位和蒸汽流量）控制。

简单的单冲量（单参数）调节系统在普通的低要求场合下可以使用。但对于负荷大和要求高的场合，当负荷突然增大，出现“虚假液位”时，调节器就误以为液位升高而错误地关小给水阀门（为了安全，使用风关阀），结果使急需加水的锅炉反而减少供水，影响了生产和设备安全。为此，就采用了双冲量调节。

双冲量水位调节就是在单冲量调节的基础上，增加了一个蒸汽冲量，以克服“虚假液位”。当负荷突然变化时，蒸汽的冲量（蒸汽量信号）有超前的作用，通过加法器，使它与水位的冲量相反。“虚假液位”出现时，液位调节信号 a 要关小阀门，而蒸汽流量信号 b 要开大阀门，这就能消除“虚假液位”的影响。但是，它还不能消除给水流量的波动对水位的影响。三冲量调节系统就是在双冲量的基础上再加一个给水流量的冲量 c，其方向与液位信号的方向一致，这样，既可以克服“虚假液位”，又可以消除给水流量波动的影响。

双冲量或多冲量调节是指引入系统的测量信号之数量而言。引入辅助冲量是为了提高调节质量，辅助冲量的数量可以视客观情况及需要而定。在硫黄回收装置余热锅炉液位调节中应用的是双冲量或多冲量调节。余热锅炉液位控制阀由液位和蒸汽量两个信号进行调节。虽然三冲量控制是汽包液位理想的控制手段，但外界不可预知的因素（如变送器故障、检测元件失灵等）导致液位控制失灵，如不及时发现还会出现重大安全事故，因此，还要安装汽包液位联锁保护系统，能够在控制系统失灵的情况下保证汽包的安全，确保余热锅炉安全运行。

8.1.6 尾气焚烧炉系统的控制

尾气焚烧炉控制系统包括焚烧炉温度控制和烟气中氧含量控制。焚烧炉温度通常是通过炉温和燃料气流量串级控制燃料气量，再通过燃料气和空气的比值及空气流量串级控制空气量，也有用烟气中氧含量分析值和空气流量串级控制空气量。

8.1.7 液硫池脱气系统的控制

液硫池脱气系统的控制随采用的脱气工艺不同而不同，通常液硫池顶部的含硫气体可用蒸汽喷射器抽至加氢单元回收或尾气焚烧炉焚烧等，为确保喷射器正常操作，通常设置两个，一开一备，喷射蒸汽应有流量指示，同时含硫气体宜设置低流量报警或低低流量联锁。

8.1.8 硫冷凝器的控制

一、二、三级硫冷凝器的液位是通过给水量来调节和控制的，一般设有高、低液位报警。蒸汽压力控制采用常规单回路控制，三级硫冷凝器产生的蒸汽压力低，不便于利用，常采用蒸汽经空冷器冷凝后，凝结水返回硫冷凝器循环使用的流程。

8.1.9 加氢反应器入口温度的控制

加氢反应器入口温度的控制方法随入口过程气的加热方式不同而不同。

(1) 采用在线还原炉加热

加氢反应器入口温度是通过改变进入在线还原炉的燃料气量来控制的，即入口温度和燃料气流量串级控制燃料气量，再通过燃料气和空气的比值及空气流量串级控制空气量。燃料气和空气按一定比例发生次化学当量反应，既产生还原气又加热过程气，因此对燃料气和空气的配比要求十分严格，尤其在燃料气组分发生变化的情况下，既要防止空气不足产生炭黑，又要防止空气过量使催化剂和溶剂失活，为此采用了一个扩展双比率交叉限位控制方案，这个控制方案可以使燃料气和空气的配比高于一个设定的低配比和低于一个设定的高配比，实现理想的配比操作。

(2) 采用气-气换热方式(加氢反应器入口和出口过程气换热)

当加氢反应器入口过程气温度通过入口和出口过程气换热流程时，可调节气-气换热器热侧旁路流量来控制温度，但生产装置的实践表明，正常生产时仅通过气-气换热器不能满足过程气入口温度要求，还必须通过电加热器加热，此时加氢反应器入口温度是通过调节电加热器的加热量来控制的。

(3) 采用尾气加热炉加热方式

国内有规模较大装置采用尾气加热炉加热方式来满足加氢反应器入口温度要求。正常工况下，反应器入口温度和燃料气流量串级控制燃料气流量，为避免因燃料气压力超限而引起联锁停车，燃料气压力与流量组成选择性调节回路，即燃料气流量和燃料气压力进行高、低选，以保证燃烧火焰不会发生脱火或回火。

(4) 采用和烟气换热方式

加氢反应器入口过程气通过和焚烧炉烟气换热的方式来加热，入口温度是通过三通阀调节尾气进入尾气加热器流量和旁路流量来实现的。

(5) 采用中压蒸汽加热方式

装置节能也有采用自产中压蒸汽进行加热加氢反应器入口过程气，通过调节加热蒸汽流量控制，通常加氢反应器内装填低温加氢催化剂以满足相对较低的入口温度要求。

8.1.10 尾气处理部分旁路控制

无论哪种吸收-还原工艺，都设有尾气处理部分旁路。旁路控制的目的是实现尾气处理操作和旁路操作间安全、平稳切换。

(1) SOCT 工艺(包括串级 SOCT 工艺)

旁路阀是由尾气管道上的压力或联锁控制。旁路阀的开启由压力控制器控制，这个控制器带有设定值高限控制以避免硫黄回收部分超压。当由尾气处理操作状态切换至旁路状态时，为防止气流从尾气处理部分倒窜至焚烧炉，要求旁路阀慢慢打开(约 3min)，旁路阀全开后，迅速关闭至尾气处理部分的主阀(约 30s)。当由旁路状态切换至尾气处理操作状态时，可打开至尾气处理部分的主阀(手动控制)，并逐渐关闭旁路阀。

(2) RAR 工艺

旁路阀和尾气处理部分的主阀可在现场或通过尾气处理部分自保联锁系统进行控制，并要求阀的开启或关闭在1min内完成。尾气处理部分自保联锁系统中，当硫黄回收尾气压力高高时，会自动打开旁路阀、关闭至尾气处理部分主阀及进行其他相关联锁动作。

8.1.11　加氢反应器出口气流中 H_2 含量控制

加氢反应器出口气流中 H_2 含量控制有以下两种方式。

（1）采用在线还原炉发生 H_2

加氢过程所需的 H_2 是通过燃料气在线还原炉中发生次化学当量燃烧而产生的，加氢反应器出口气流中 H_2 含量可通过设在急冷塔出口管道上的氢在线分析仪来测量和报警，但各公司报警值不同，有的公司报警值是1%(体)，也有公司报警值是1.5%(体)，然后通过手动调节空气/燃料气比值实现调节 H_2 含量。国外90%的SCOT装置都是这样操作的，不推荐在线分析仪参与控制或联锁，希望操作员及时了解装置操作状态。国内设计装置的氢在线分析仪往往参与控制，根据测量值可自动调节空气/燃料气比值，当同时设有外供 H_2 时，也可和 H_2 流量串级控制 H_2 供给量。

（2）采用外供 H_2

当采用外供 H_2 时，氢在线分析仪有仅作为测量和报警的，也有和 H_2 流量串级控制 H_2 供给量的。

8.1.12　重沸器蒸汽流量控制

重沸器蒸汽流量通常有以下3种控制方案。

① 蒸汽流量单回路流量控制。

② 采用进再生塔富液流量和蒸汽流量串级控制蒸汽量。

③ 采用进吸收塔的贫液流量和蒸汽流量串级控制蒸汽量。

上述后两种控制方案实质是一样的，采用富液流量比采用贫液流量更直观些。

8.1.13　回流罐液位控制

通常有两种控制方案，一种是单回路控制，回流罐液位控制回流量，回流量设显示和低流量报警；另一种是串级控制，回流罐液位和回流流量串级控制回流量。

8.1.14　吸收塔液位控制

通常有两种控制方案，一种是单回路控制，吸收塔液位控制富液量；另一种是串级控制，吸收塔液位和富液流量串级控制富液量。

8.1.15　急冷塔液位控制

急冷塔液位是通过调节排放至酸性水汽提装置的酸性水量来控制的，酸性水从急冷水后冷器排放，温度40℃。

8.1.16　酸性气压力控制

酸性气压力采用分程控制酸性气返回原料酸性气总管调节阀和放火炬调节阀，根据目前管理要求，严禁酸性气放火炬，正常工况下仅投用原料酸性气总管调节阀。

8.1.17　溶剂罐压力控制

为防止溶剂和氧气接触生成有机酸及稳定性盐，溶剂储罐顶部需设置氮气密封措施，溶剂罐的压力控制和密封氮气加入量的控制方式通常有以下两种：

① 用溶剂罐压力控制 N_2 加入线调节阀开度。

② 溶剂罐压力分别由 N_2 加入线调节阀和罐内气体排放调节阀控制，即通常说的分程控制。

8.1.18 过热蒸汽的控制

分程调节系统就是一台调节器的输出信号可以同时控制两台或两台以上的调节阀。在这里，调节器的输出信号被分割成若干个信号范围段，而由每一段信号去控制一台调节阀。

硫黄回收装置余热锅炉产生的3.5MPa蒸汽进尾气焚烧炉再热时采用的就是分程调节。当蒸汽温度较高时，控制阀A开，蒸汽直接通过而不取热，当蒸汽温度较低时，控制阀B开，蒸汽取热。

8.2 联锁

通常的自动调节系统只能在正常情况下工作。而在某些生产过程中，除了要求在正常情况下平稳操作外，为了保证生产安全，防止事故发生，还规定了当生产操作达到安全极限时所应采取的措施，比如联锁。这些措施对某些参数或与之有关联的参数实施一定的限制，促使生产操作不超越安全极限，回到正常情况或使生产暂停，以防止事故发生。

硫黄回收装置的联锁是为了在非正常状态下保护装置或设备免受重大损害和确保人员安全而设计的。在正常状态下必须保持联锁系统工作正常，不应未达到联锁条件而启动联锁；也不能在达到联锁条件时联锁不能启动，造成不应有的损失。在正常状态下，不允许随意切除联锁系统。

硫黄回收装置有两个重要的联锁，一是酸性气燃烧炉的自保系统，二是尾气焚烧炉的自保系统。

在操作站，自保系统在正常状态为绿色显示，报警/不正常为红色。复位和旁路开关均用黄色显示，用鼠标双击可操作量，可弹出开关量的操作面板进行操作。

8.2.1 酸性气燃烧炉的联锁自保系统

当酸性气燃烧炉的联锁自保系统启动时，将自动切断进燃烧炉的酸性气、空气进料。酸性气改出装置放火炬，火嘴熄火。尾气处理进料切断。安全仪表系统上“硫黄回收单元运行”指示灯灭。安全仪表系统上“硫黄回收单元停车”指示灯亮。

引发酸性气燃烧炉的联锁自保系统启动的因素有：

① 酸性气燃烧炉的炉膛压力高高报。

② 酸性气燃烧炉的炉膛温度高高报。

③ 酸性气燃烧炉的空气流量低低报和鼓风机断电。

④ 余热锅炉液位低低报。

⑤ 酸性气分液罐液位高高报。

⑥ 来自尾气焚烧炉的联锁信号。

⑦ 燃烧炉检测不到火焰。

⑧ 手动激发。

当产生上述一个或一个以上条件时，联锁将会启动。联锁启动时，进炉风阀、酸性气阀自动关闭，酸性气改出装置放火炬，酸性气燃烧炉熄火。在联锁切除的情况下，将不会有联锁信号输出，当然也就不会发生联锁。而当联锁条件未消除时，进行联锁复位，联锁将会立即发生。在联锁发生过程中，有报警值的，首先是报警，操作站红灯亮，报警器响，如不能及时控制，情况进一步恶化而达到联锁条件，联锁就会启动。

8.2.2 尾气焚烧炉的联锁自保系统启动

尾气焚烧炉的联锁自保系统启动时，焚烧炉燃烧器熄火；硫黄回收单元在焚烧炉熄火超过延时设定时间后仍未能点着时将启动自保；焚烧炉鼓风机停运；就地仪表盘上、控制室仪表盘上和安全仪表系统上的“焚烧炉停工”指示灯亮和报警；就地仪表盘上的“使用燃料气”指示灯灭。

引发尾气焚烧炉的联锁自保系统启动的因素有：

① 尾气焚烧炉的蒸汽发生器液位低低报。

② 尾气焚烧炉空气流量低低报和鼓风机断电。

③ 尾气焚烧炉的燃料气压力低低报。

④ 尾气焚烧炉炉膛温度高高报。

⑤ 焚烧炉检测不到火焰。

⑥ 中压蒸汽温度高高报。

⑦ 手动激发。

当产生上述一个及以上的条件时，将会启动联锁。联锁启动时，进炉风阀、燃料气阀自动关闭，尾气焚烧炉停炉，同时激发酸性气燃烧炉的自保联锁系统。但，在联锁切除的情况下，将不会有联锁信号输出，当然也就不会发生联锁，而当联锁条件未消除时，进行联锁复位，联锁将会立即发生。在联锁发生过程中，首先是报警，操作站红灯亮，报警器响，如不能及时控制，情况进一步恶化而达到联锁条件，就会发生联锁。

8.2.3 尾气处理单元联锁系统自保启动

尾气处理单元联锁系统自保启动时，Claus 尾气被自动改入焚烧炉；电加热器停车；进反应器的氢气被切断；仪表盘上“尾气处理单元停车”指示灯亮。

引发尾气处理单元联锁系统自保启动的因素有：

① 硫黄回收单元停车。

② 手动激发。

8.2.4 联锁的操作

(1) 硫黄回收自保联锁系统的启用

硫黄回收装置开工之前，酸性气燃烧炉自保联锁系统，尾气焚烧炉自保联锁系统应处于输出切除状态。待燃烧炉或焚烧炉操作正常，以及联锁自保的各项输入达到正常后，再将各输入信号复位，联锁输出信号复位，投用自保。

(2) 硫黄回收自保联锁系统启用后的处理

当硫黄回收自保联锁系统启用，导致酸性气燃烧炉或尾气焚烧炉停炉后，应立即查看报警面板，确认自保原因并查看各自保阀门回讯是否正常，具体动作见表 1-8-1。外操人员立即进行现场检查，检查各阀门动作是否到位，将瓦斯或酸性气进炉阀、风机出口阀关闭，并立即向相关人员汇报。

表 1-8-1 自保阀门开关状态

项目	自保阀	正常状态	自保状态
酸性气燃烧炉	空气联锁阀	开	关闭
	酸性气联锁阀	全开	关闭
	酸性气放火炬联锁阀	关闭	全开
尾气焚烧炉	瓦斯联锁阀	全开	关闭
	空气联锁阀	开	关闭

（3）硫黄回收自保联锁系统的手动激发条件

① 装置发生严重火灾。

② 长时间停水、电、汽、风。

③ 主要设备故障，无法维持正常生产。

④ 邻近装置发生重大事故，严重威胁本装置操作。

⑤ 硫化氢大量逸出。

⑥ 联锁报警有输入信号，而自保系统由于故障无法输出停炉信号时。

（4）自保联锁系统发生自保后的再次投用

当酸性气燃烧炉或尾气焚烧炉发生自保而停炉后，在事故处理结束，再次点炉投用自保过程中，需注意以下几点：

① 当燃烧炉或焚烧炉发生自保停炉后，须先将所停炉子的联锁报警信号全部切除，对停炉输出信号进行复位后，才能重新开鼓风机点炉。

② 当燃烧炉发生自保停炉后，须先将燃烧炉酸性气入口阀关闭，酸性气放火炬自保阀改为手动打开后，才能将联锁报警信号切除，对燃烧炉停炉信号进行复位。

③ 当焚烧炉发生自保停炉后，须先将焚烧炉瓦斯入口阀关闭后，才能将联锁报警信号切除，对焚烧炉停炉信号进行复位。

④ 停炉后的燃烧炉或焚烧炉重新点炉，并操作正常后，才能将各切除的报警联锁信号进行复位。对于燃烧炉则应将酸性气放火炬自保阀改为自动关闭，将酸性气改入燃烧炉燃烧。

⑤ 尾气处理装置在尾气改入前用氮气进行循环，循环稳定后改尾气进来。

⑥ 若硫黄单元按停工处理，则尾气处理部分同样按停工进行处理。

第9章 安全、环保与节能

硫黄回收装置的安全隐患主要可分为物质危险性、反应失控、气相燃烧等几类，其中存在于硫黄回收装置各个部位的硫化氢、氨等有毒气体是硫黄回收装置的主要物质危险性隐患，在酸性气带烃及其他杂质情况下导致硫黄回收反应炉失控超温，而燃烧炉、酸性水罐及管道等设备均存在气相燃烧风险。

9.1 硫化氢的物理化学性质及对人体的危害

9.1.1 硫化氢性质

硫化氢是无色有臭鸡蛋气味的毒性气体，相对分子质量34.08，相对密度为1.189，一般来说酸性气中硫化氢浓度越高，酸性气的密度越小。爆炸极限为4.3%~46%(体)。硫化氢可溶于水及油类中，有时可随水或油类流至远离发生源处，而引起意外中毒。硫化氢溶于水生成氢硫酸，0℃时100mL水中可溶解437mL硫化氢，40℃可溶解186mL硫化氢，也溶于乙醇，汽油，煤油，原油等有机溶剂。它能使银、铜及金属制品表面发黑，与许多金属离子作用，生成不溶于水或酸的硫化物沉淀。在地表面或低凹处积聚，不易飘散。

硫化氢的化学性质不稳定，在空气中易氧化，纯硫化氢在空气中达到260℃时发生自燃。

硫化氢对人体健康十分有害，人吸入含硫化氢大于$500\times10^{-6}mg/m^3$的空气就会中毒，低浓度中毒要经过一些时间后，才感到头痛，流泪，心气喘等症状，当吸入大量硫化氢时，会使人立即昏迷，在硫化氢浓度高达$1000mg/m^3$时会使人失去知觉，很快会中毒死亡。

9.1.2 硫化氢的毒性及对人的危害

硫化氢属毒性很大的气体，按GBZ 230—2010职业性接触毒物分级属于Ⅱ级，是强烈的神经毒物，对黏膜有明显的刺激作用。低浓度时，对呼吸道及眼的局部刺激作用明显；浓度越高，全身性作用越明显，表现为中枢神经系统症状和窒息症状。人的嗅觉阈为$0.012\sim0.03mg/m^3$，起初臭味的增强与浓度的升高成正比，但当浓度超过$10mg/m^3$之后，浓度继续升高臭味反而减弱。空气最高允许浓度为$10mg/m^3$。在高浓度时，很快引起嗅觉疲劳而不能察觉硫化氢的存在，故不能依靠其臭味强弱来判断硫化氢浓度的大小。可根据硫化氢报警仪指示灯来判别。硫化氢的局部刺激作用，是由于接触湿润黏膜与钠离子形成的硫化钠引起的。当游离的硫化氢在血液中来不及氧化时，则引起全身中毒反应。目前认为，硫化氢在全身作用是通过与细胞色素氧化酶中三价铁及这一类酶中的二硫键起作用，使酶失去活性，影响细胞氧化过程，造成细胞组织缺氧。由于中枢神经系统对缺氧最为敏感，因此首先受害。高浓度时则引起颈动脉窦的反射作用使呼吸停止；更高浓度也可直接麻痹呼吸中枢而立即引起窒息，造成“电击样”中毒。硫化氢对人体的危害见表1-9-1。

表 1-9-1　硫化氢对人体的危害

浓度/(mg/m^3)	接触时间	毒性反应	危害等级
1400	顷刻	嗅觉立即疲劳，昏迷并呼吸麻痹而死亡，毒性与氢氰酸相近	重度
1000	数秒钟	很快引起急性中毒，出现明显的全身症状，呼吸加快，很快因呼吸麻痹而死亡	
760	15~60min	可引起生命危险，发生肺水肿、支气管炎及肺炎、头痛、头晕、激动、呕吐、咳嗽、步态不稳、喉痛、鼻咽喉发干及疼痛、排尿困难等症状	
300	1h	出现眼和呼吸道强烈刺激症状，能引起神经抑制，短时间即出现急性眼刺激症状，长时间接触，可引起肺水肿	中度
70~150	1~2h	眼及呼吸出现刺激症状，吸入 2~15min，即发生嗅觉疲劳，嗅不到气味，浓度越高，嗅觉疲劳发生越快，长期接触可引起亚急性和慢性结膜炎	轻度
30~40	—	虽臭味强烈，仍能忍耐，这是引起局部刺激和全身性症状的阈浓度	
4~7	—	中等强度的臭味	无危害
0.4	—	明显嗅出	
0.035	—	嗅觉阈	

人体硫化氢中毒表现可以分为以下几种：

(1) 急性中毒

轻度中毒：接触较低浓度的硫化氢时引起眼结膜及上呼吸道刺激症状。患者首先出现头晕、心悸、呼吸困难、行动迟钝症状，如继续接触则出现有畏光流泪、眼刺痛、流涕、鼻及咽喉灼热感，数小时或数天后自愈。

中度中毒：在接触浓度在 200~300mg/m^3时出现中枢神经系统症状，有头痛、头晕、乏力、呕吐、运动失调，同时出现喉痒、咳嗽、视觉模糊、角膜水肿等刺激症状。经治疗很快痊愈。

重度中毒：表现为骚动、抽搐、意识模糊、腹泻、腹痛，迅速陷入昏迷状态，可因呼吸麻痹而死亡，即在数秒钟突然倒下，瞬间停止呼吸，立即进行人工呼吸尚可望获救。

(2) 亚急性中毒

一般将经常接触而发生的局部刺激表现列为亚急性中毒，常眼刺激症状为发痒、异物感、流泪、畏光，甚至视力模糊。检查有结膜充血和角膜混浊等变化。长时间暴露在较高浓度(约 100mg/m^3以上)，可能引起肺水肿或支气管肺炎。

(3) 慢性中毒

慢性接触低浓度硫化氢可致嗅觉减退，出现神经衰弱症状及植物神经功能障碍，如反射增强，多汗、手掌潮湿、持久的红色皮肤划痕等，偶尔可引起多发性神经炎。

9.1.3　硫化氢中毒的急救措施

如泄漏现场有中毒受伤者，应首先组织抢救中毒者。抢救中毒者关键在及时，要重在现场。操作员戴上空气呼吸器进入现场将受伤人员抬到上风口空气新鲜处，严密观察呼吸功能。松解衣扣和腰带，摘下假牙和清除口腔异物。维持呼吸道通畅，注意保暖。在搬运过程中要沉着、冷静，不要强拖硬拉，防止造成骨折。如已有骨折或外伤要注意包扎和固定。

把中毒者从现场中抢救出来后，应立即有重点地进行一次检查，检查的顺序是：神智是否清晰，瞳孔反应如何，脉搏、心跳是否存在，呼吸是否停止，有无出血或骨折。如心跳、呼吸停止，则要就地抢救，进行心脏胸外按压和人工呼吸(可施行仰卧引臂压胸法，禁止口对口人工呼吸)，在病情未改善前，人工呼吸不可轻易放弃，或边抢救，边转运至医院。呼吸困难或面色青紫者，要立即给予氧气吸入。如患者呼吸、心跳正常，但有昏迷，在转运途中要注意观察心跳、呼吸变化。发现心跳和呼吸停止，则要立即进行现场抢救。除使用强心剂和呼吸兴奋剂外，有抽搐时可注射安定等。昏迷患者可注射高渗葡萄糖及半胱氨酸、谷胱甘肽、细胞色素 C 和维生素 B，对严重病例要积极防治肺炎、肺水肿和脑水肿。

对受伤者进行心跳和呼吸两方面的施救，直到交给气防站人员或医疗专业人员。

眼睛损害者立即用清水或 2%碳酸氢钠冲洗，再用 4%硼酸水洗眼并滴入无菌橄榄油。醋酸可的松滴眼可防止角膜炎。

9.1.4 急救相关知识

(1) 胸外心脏按压法

病人仰卧在地板上，急救者用双手交叉重叠压迫，将手掌根部放在胸骨下端，避开剑突，双手指离开胸壁，肘关节保持垂直不弯，用身体的力量冲击下压胸骨下陷 2~3cm，迅速抬手，但不要离开胸壁。以 60~80 次/min 为宜。挤压时不要用力过猛，防止肋骨骨折。

胸外心脏按压要做较长时间，不要轻易放弃。注意不要按错位置(不是胸骨的中上部，也不是剑突处)。在进行胸外心脏按压时，必须密切配合进行口对口的人工呼吸(对于有毒介质可施行仰卧引臂压胸法，禁止口对口人工呼吸)。如一人急救，每挤压心脏 30 次，人工呼吸 2 次；若两人急救，每挤压心脏 15 次，人工呼吸 2 次，操作者要密切配合，操作正规，压力均匀。

(2) 仰卧引臂压胸法

病人仰卧，背部稍垫高，急救者骑跨在病人髋部两侧，双手五指伸开，拇指向内放在胸廓下部，其余四指向外放在胸廓肋骨上，前臂伸直向下，稍向前推压，形成呼气，然后放开双手，利用胸廓弹性恢复原状形成吸气，如此反复进行。以 16~20 次/min 为宜。

此法须将病人舌头拉出，避免舌体后坠阻塞呼吸。病人有胸外伤不宜用此法。

9.1.5 预防硫化氢泄漏中毒措施

① 生产、操作、化验、维修及有关作业人员上岗前要接受安全教育，经考试合格后，方准上岗。任何硫黄回收装置上岗人员均应掌握以下知识：

A. 预防硫化氢中毒及救护的工业卫生知识，掌握中毒自救及互救基本技能。

B. 熟练掌握安全操作规程及有关管理规定。

C. 熟练掌握有关特殊防护用品使用、维护及保管知识。

D. 掌握本装置，本岗位硫化氢的分布情况。

② 岗位上应根据生产岗位和工作环境的不同特点，配备完好适用的硫化氢防护用品。在硫化氢污染区作业须佩戴特殊防护用品，在未脱离危险区域前，严禁脱下防护用品。

③ 尽量实现密闭生产，使装置区域或生产作业环境硫化氢浓度达到国家卫生标准。可能泄漏硫化氢造成中毒危险的装置或区域要安装自动检测报警器。

④ 现场巡回检查要携带硫化氢报警仪，现场硫化氢浓度报警仪要定期检验、保证好用。

⑤ 装置改造或操作条件发生变化致使硫化氢浓度超过常规含量时，主管部门要采取有效的防护措施，并及时通知有关班组或岗位，防止发生中毒事故。

⑥ 凡酸性气、酸性水采样，分液罐脱水及含有酸性气、瓦斯、硫黄过程气的管线、容器、机泵等堵漏及检修作业或在含油、含酸、含碱污水井、工业废水井等含硫化氢危险区作业时应选用适用的防毒面具，两人同行，一人监护，一人作业，并参照室外风向指示站在上

风方向。

⑦ 凡进入可能含有硫化氢的设备容器内作业，必须按照有关安全规定切断一切进出物料管线并加装盲板，彻底冲洗，吹扫置换，经采样分析合格、落实安全措施、办理安全作业票后、有人监护的情况下方准进入作业。

⑧ 一般情况下禁止进入水道(井)、密闭密器等危险场所作业；必须进入时，生产单位和施工单位要制定切实可行的安全措施，对设备内气体进行可燃气、有毒气体、氧含量的分析，合格后持有效的进容器作业票并在监护人监护下方可入内。

⑨ 杜绝装置内有毒气体的泄漏，对易泄漏部位要经常检查，发现漏点马上处理。

⑩ 落实涉硫化氢作业安全措施。装置区内严禁就地排放硫化氢，涉硫化氢作业必须办理作业许可证、制定安全作业方案、搭设安全作业平台和应急救援通道、全程佩戴空气呼吸器，监护人员现场配备备用空呼器，携带便携式硫化氢报警仪，达到临战救援状态，严禁盲目施救、无防护救援。

9.1.6 硫化氢泄漏的判断与处理

9.1.6.1 硫化氢泄漏的判断

由于硫化氢毒性大，因此本装置操作工及相关人员应加强装置的巡回检查，特别是对易泄漏的阀门、法兰、采样点、管线等更应多加检查。巡检时，操作人员应随身携带便携式硫化氢报警仪，发现硫化氢有泄漏，应戴好空气呼吸器，查出泄漏点，采取切实可行的措施加以处理。在装置首次开工过程中，应对酸性气线上所有的阀门、法兰、焊缝用浸醋酸铅的滤纸进行测试，如滤纸变黑，则说明有硫化氢泄漏，必须立即排除掉。

严禁用嗅觉感官去判断硫化氢的泄漏点，如发现某一区域硫化氢浓度较高，可用硫化氢报警仪或醋酸铅试纸检测，试纸变黑，则说明泄漏。醋酸铅与硫化氢的反应式为：

$$H_2S+Pb(CH_3COO)_2(\text{白})=\!=\!=PbS(\text{黑})+2CH_3COOH \qquad (1-9-1)$$

9.1.6.2 硫化氢泄漏的处理

(1) 报警、疏散与警戒

发现硫化氢泄漏后，发现者第一时间沿上风向或者侧风向撤离现场，并向班长汇报、启动相关事故预案。班长了解情况后立即向车间值班报告。情况严重时应通知车间领导、技术人员并向调度报告。如果有人员中毒、受伤则应向消防队、气防站和医院报警。报警要说明以下内容：事故装置、事故设备位号、泄漏介质、泄漏量的大小、有无人员受伤等。迅速检查现场并通知在硫化氢泄漏点附近及下风向人员撤离。现场作业人员感觉到硫化氢气味或被告知有硫化氢泄漏，应立即撤离硫化氢污染区。在装置出入口进行警戒，防止无关人员或车辆进入。

(2) 漏点处置

发现硫化氢报警器报警或人为通知发生硫化氢泄漏时，戴上气防器具到现场查看泄漏部位、泄漏介质，并告知班长。进行警戒与现场人员疏散。在组织救护伤员的同时组织进行泄漏处理，如岗位人员较少则在将受伤人员救护至安全地带后再组织进行泄漏处理。戴上空气呼吸器寻找泄漏源，根据泄漏情况决定是否紧急停工(两人同时外出)。如需停工，迅速关闭阀门，隔离泄漏源。具体隔离范围(关闭的阀门)可根据具体泄漏点位置决定，尽量减小隔离范围，如泄漏量大，无法接近时，可适当扩大隔离范围。值班或设备人员根据泄漏点状况联系相关单位进行堵漏处理。泄漏处理时注意防火防爆。进入现场必须二人以上同时进出，并佩戴好空气呼吸器等防护器具。

(3) 着火处置

灭火人员必须戴好空气呼吸器。迅速切断泄漏源。若不能立即切断气源，不允许熄灭正在燃烧的气体。喷水冷却附近容器。灭火剂选用雾状水、抗溶性泡沫、干粉等。

(4) 生产恢复

重新进入污染区进行恢复作业的条件：泄漏点已经被处理好并试压完好。整个警戒区任何地点经便携式硫化氢报警仪检测硫化氢浓度均小于10mg/m³。达到以上条件后，可解除警戒，恢复正常生产操作。

9.2 氨中毒与防治

9.2.1 氨的理化性质及危害

9.2.1.1 理化性质

氨为无色、强碱性，极易挥发的气体，具有刺激性气味，相对密度为0.82(-79℃，液体)、0.6(气体)；爆炸范围：15%~28%(体)；自燃点：651℃；最高允许浓度：30mg/m³。氨易溶于水，其水溶液称为氨水，呈碱性。还可溶于乙醇、乙醚等有机溶剂。有还原作用，在催化剂作用下氧化为一氧化氮。高温分解成氮和氢。

9.2.1.2 氨的毒性及对人的危害

氨属Ⅳ级毒物，主要是对呼吸道有刺激和腐蚀作用。氨与人体潮湿部位的水分作用生成高浓度氨水，可导致皮肤碱性灼伤，如溅到眼睛可致失明。氨进入人体后会阻碍三羧酸循环，降低细胞色素氧化酶的作用。致使脑内氨增加，可产生神经毒作用。浓度过高时可使中枢神经系统兴奋性增强，引起痉挛，通过三叉神经末梢反射作用引起心脏停搏和呼吸停止。高浓度氨可引起组织溶解性坏死。

人对氨的嗅觉阈为0.5~1mg/m³。大于350mg/m³的场所无法工作。空气最高允许浓度为30mg/m³。氨对人体的危害见表1-9-2。

表1-9-2 氨对人体的危害

浓度/(mg/m³)	接触时间/min	人体反应	危害程度
3500~7000 1750~3500 700 553	30	即刻死亡 危及生命 立即咳嗽 强烈刺激，可耐受1.25min	重度
175~350 140~210	20	鼻眼刺激，呼吸和脉搏加速 有明显不适，但尚可工作	中等
140 70 67.2	30 30 45	鼻和上呼吸道不适，恶心、头痛 呼吸变慢 鼻、咽有刺激感，眼有灼痛感	轻微
9.8 0.7	— —	无刺激作用 感觉到气味	无

急性氨中毒发生于意外事故。接触氨后，患者眼和鼻有辛辣和刺激感、流泪、咳嗽、喉痛、出现头痛、头晕、无力等全身症状。重度中毒时会引起中毒性肺水肿和脑水肿，可引起喉头水肿、喉痉，发生窒息如抢救不及时，会有生命危险。氨中毒严重损害呼吸道和肺组

织，抢救时严禁使用压迫式人工呼吸法。液氨溅入眼内，应立即拉开眼睑，使氨水流出，并立即用水清洁。

9.2.1.3 氨中毒的急救措施

急性中毒应立即脱离现场，吸氧，控制肺水肿发生，保持呼吸道畅通。治疗过程要防止喉头水肿或痉挛，防止溃烂的气管内脱落而造成窒息，这种情况容易在中毒后24~48h内发生。皮肤污染和灼伤，可用大量水及时冲洗，再用硼酸溶液洗涤，此后按一般灼伤处理。眼灼伤应及早用水冲洗，然后滴入无菌橄榄油，注意改善局部循环和应用激素。

9.2.1.4 预防氨泄漏中毒措施

预防氨泄漏中毒措施可参照9.1.5预防硫化氢泄漏中毒措施。

9.2.1.5 氨中毒救治

发现有氨中毒者应首先抢救受伤者。

(1) 病人复苏

应立即将患者转移出污染区，对病人进行复苏三步法(气道、呼吸、循环)：

① 气道：保证气道不被舌头或异物阻塞。

② 呼吸：检查病人是否呼吸，如无呼吸可用袖珍面罩等提供通气。

③ 循环：检查脉博，如没有脉博应施行心肺复苏。

(2) 清除污染

① 如果患者只是单纯接触氨气，并且没有皮肤和眼的刺激症状，则不需要清除污染。假如接触的是液氨，并且衣服已被污染，应将衣服脱下并放入双层塑料袋内。

② 如果眼睛接触或眼睛有刺激感，应用大量清水或生理盐水冲洗20min以上。如在冲洗时发生眼睑痉挛，应慢慢滴入1~2滴0.4%奥布卡因，继续充分冲洗。如患者戴有隐形眼镜，又容易取下并且不会损伤眼睛的话，应取下隐形眼镜。

③ 应对接触的皮肤和头发用大量清水冲洗15min以上。冲洗皮肤和头发时要注意保护眼睛。

9.2.1.6 氨泄漏的处理

① 发现氨泄漏报警或人为通知发生氨泄漏时，戴上气防器具到现场查看泄漏部位、泄漏介质、人员受伤情况，并报告班长。班长了解情况后立即向车间值班报告。

② 情况严重时应通知车间领导、技术人员并向调度报告。

③ 如果有人员受伤则应向消防队、气防站和医院报警。报警要说明以下内容：事故装置、事故设备位号、泄漏介质、泄漏量的大小、有无人员受伤等。

④ 迅速检查现场并通知附近及下风向人员撤离。

⑤ 现场作业人员感觉到氨味或被告知有氨泄漏，应立即撤离氨泄漏污染区。

⑥ 在装置进出口进行警戒，防止无关人员或车辆进入。

⑦ 打开消防水炮，用雾状水喷洒污染区，以降低污染区氨浓度。

⑧ 在组织救护伤员的同时组织进行泄漏处理，如岗位人员较少则在将受伤人员救护至安全地带后再组织进行泄漏处理。

⑨ 戴上空气呼吸器寻找泄漏源，迅速关闭阀门，隔离泄漏源。根据泄漏情况决定是否紧急停工(须两人同行)。

⑩ 对液氨罐泄漏，如果没有阀门紧急控制，则要用大量水进行稀释，尽量避免扩散，同时紧急倒罐，排水池稀释。

9.2.1.7 燃烧爆炸处置

① 消防人员进入火场前，应穿着防化服，佩戴正压式呼吸器。氨气易穿透衣服，且易溶入水，消防人员要注意对人体排汗量大的部位，如生殖器官、腋下、肛门等部位的防护。

② 小火灾时用干粉或二氧化碳灭火器，大火灾时用水幕、雾状水或泡沫。储罐火灾时，尽可能远距离灭火或使用遥控水枪或水炮扑救。

③ 切勿直接对泄漏口或安全阀门喷水，防止产生冻结。

④ 安全阀发出声响或变色时应尽快撤离，切勿在储罐两端停留。

9.3 二氧化硫的物理化学性质及对人体的危害

9.3.1 二氧化硫的物理化学性质

二氧化硫在常态下为无色气体，有刺激性气味。二氧化硫相对分子质量为 64.06；液态下在 0℃时的相对密度为 1.4337，气态的相对密度为 2.927；熔点为 -76.1℃；沸点为 -10℃；20℃时蒸气压 324.18kPa；液态下，24℃时折射率为 1.410；在常温加压至 405.2kPa 即可液化。溶于水部分生成亚硫酸。溶于乙醇、乙醚、氯仿、甲醇、硫酸和醋酸。不燃，也不助燃。与水生成的亚硫酸缓慢氧化成硫酸。空气最高容许浓度为 $15mg/m^3$。

9.3.2 二氧化硫的毒性及救治

9.3.2.1 二氧化硫对人体的危害

二氧化硫属中等毒类。中毒症状主要由其在黏膜上生成亚硫酸和硫酸的强烈刺激作用所致。既可引起支气管和肺血管的反射性收缩，也可引起分泌增加及局部炎症反应，甚至腐蚀组织引起坏死。大量吸入二氧化硫可引起肺水肿、喉水肿、声带痉挛而窒息。

二氧化硫作用的靶细胞主要是上呼吸道，因为它易溶于水形成亚硫酸刺激眼和鼻黏膜，具有腐蚀性；二氧化硫在组织液中的溶解度很高，所以吸入空气中的二氧化硫很快会溶解消失在上呼吸道，很少进入深部气道，因此只有深度呼吸或二氧化硫吸附在尘粒表面上时才有可能进入肺部。

长期接触二氧化硫的人一方面刺激上呼吸道引起支气管平滑肌反射性收缩，呼吸阻力增加，呼吸功能衰落；另一方面刺激和损失黏膜，使黏膜分泌物增多变稠，纤毛运动受阻，免疫功能减弱，导致呼吸道抵抗力下降，诱发不同程度的炎症，如慢性鼻咽炎、慢性支气管炎，支气管哮喘和肺气肿等。此外长期接触二氧化硫对大脑皮质机能产生不良影响，使大脑劳动能力下降，不利于儿童智力发育。

空气中二氧化硫对人的影响见表 1-9-3。

表 1-9-3 空气中二氧化硫对人体的影响

浓度/(mg/m^3)	毒性影响	浓度/(mg/m^3)	毒性影响
5240	立即产生喉头痉挛、喉水肿而致窒息	20~30	立即引起喉部刺激的阈浓度
1050~1310	即使短时间接触也有危险	8	约有 10% 的人可发生暂时性支气管收缩
400	吸入 5min 一次接触限值(试验数值)		
200	吸入 15min 一次接触限值(试验数值)	3~8	连续吸入 120h 无症状，肺功能绝大多数指标无变化
125	吸入 30min 一次接触限值(试验数值)		
50	开始引起眼刺激症状和窒息感	1.5	绝大多数人的嗅觉阈

人体二氧化硫的中毒表现可以分为以下几种：

(1) 急性中毒

主要引起呼吸道和眼的刺激症状，如流泪、畏光、鼻、咽、喉部烧灼样痛，咳嗽、声音嘶哑，甚至有呼吸急促、胸痛、胸闷。有时还出现头痛、头昏、全身无力及恶心、呕吐、上腹痛等。检查可见结膜和鼻咽黏膜明显充血，鼻中隔软骨部黏膜可有小块发白的灼伤，肺部可有弥漫性干湿啰音。严重时可于数小时内发生肺水肿而出现呼吸困难和紫绀，甚至可因合并细支气管痉挛而引起急性肺气肿。吸入极高浓度时可立即引起反射性声门痉挛而窒息。

(2) 灼伤

液体二氧化硫可引起皮肤及眼灼伤，溅入眼内可立即引起角膜混浊，浅层细胞坏死。严重者角膜形成瘢痕。

(3) 慢性影响

可有头痛、头昏、乏力、嗅觉和味觉减退。常发生鼻炎、咽喉炎、支气管炎。个别诱发支气管哮喘。较常见的消化道症状有牙齿蚀症、恶心、胃部不适、食欲不振等。长期接触可产生肺气肿。

9.3.2.2 急救措施

① 急性中毒 可给 2%~5%碳酸氢钠溶液喷雾吸入，每日 2~3 次，每次 10 分钟。防治肺水肿和继发感染。

② 眼损伤 滴入无菌液体石蜡或蓖麻油以减轻刺激症状，如液体二氧化硫溅入眼内，必须用大量生理盐水或温水冲洗，滴入醋酸可的松眼药水和抗生素。角膜损伤时及早去眼科处理。

③ 长期接触出现症状时可对症治疗。

9.3.2.3 防护措施

① 生产及使用二氧化硫过程设备要密闭并加强通风。加强设备检修和安全操作。

② 注意个人防护。纱布口罩中可夹饱和碳酸氢钠溶液及 1%甘油湿润纱布层以吸收二氧化硫。工作前后可用 2%碳酸氢钠漱口。

③ 有明显眼、鼻、喉及呼吸道疾病，手、面部湿疹，支气管哮喘和肺气肿等病者不宜接触二氧化硫。

9.3.3 二氧化硫泄漏的判断与处理

硫黄回收装置中二氧化硫主要存在于酸性气燃烧炉以后的流程介质中，由于二氧化硫具有刺激性气味，操作中易于发现二氧化硫的泄漏。当发现二氧化硫大量泄漏时，应迅速撤离泄漏污染区人员至上风处，并立即进行隔离。操作员应戴上防毒面具或空气呼吸器从上风方向进入现场，尽可能查找泄漏原因，切断泄漏源，用工业覆盖层或吸收剂盖住泄漏点附近的下水道等地方，防止气体进入，并合理通风，加速扩散。喷洒雾状水加以稀释、溶解。具体视情况加以处理。

9.4 硫黄回收装置的环保采样及分析

9.4.1 酸性气采样

① 用密闭式采样器采样，严禁直接排入大气。

② 佩戴好空气呼吸器，由两人同时进入现场，一人站在上风方向协助并监护，一人采

样，采样阀开度不宜过大。

③ 采样时操作人员应带好便携式硫化氢报警仪，若采样过程中出现报警仪报警，操作人员应立即停止采样，并排查泄漏点。

④ 采样时若发现采样阀门泄漏，须及时更换阀门，更换时须戴好空气呼吸器，并有专人监护，采样结束必须关严阀门。

⑤ 为了防止采样过程中硫化氢气体泄漏，须对采样器阀门、接口等部位定期进行气密性检查。定期维护或更换采样垫。

9.4.2 硫黄回收过程气、尾气采样

① 为了监测硫黄回收装置运行情况及尾气排放是否达标，需对硫黄回收过程气及尾气加以采样分析。

② 采样操作可参照 9.4.1 酸性气采样，做好个体防护进行密闭采样。

9.5 装置的节能与减排

9.5.1 装置用能

硫黄回收装置中，绝大部分反应为放热反应，而水、瓦斯、汽、风等用量较小，从能量平衡的角度讲，硫黄回收装置应该产能大于耗能。硫黄回收装置用能主要包括水、电、汽、风、瓦斯等。硫黄回收装置用水包括新鲜水、除氧水、循环水。

① 新鲜水主要用于液硫的冷却成型；除氧水用于余热锅炉、硫冷凝器等；循环水用于机泵冷却和尾气处理装置。

② 电主要用于风机及机泵驱动、装置照明、DCS 等。

③ 装置用汽基本为自产蒸汽，主要用于管线、设备的伴热、开停工吹扫、液硫脱气、溶剂再生等。硫黄回收装置内涉及的蒸汽等级有三种：0.35MPa 蒸汽、1.00MPa 蒸汽、3.50MPa 蒸汽。

A. 0.35MPa 蒸汽主要用于硫黄回收装置的伴热及尾气加氢溶剂再生塔的重沸器加热，是尾气加氢部分消耗能量最多的用户，占尾气系统能耗的 50%~70%；

B. 1.00MPa 蒸汽主要用于硫黄回收装置的伴热及酸性气预热器、空气预热器、减温减压至 0.35MPa 蒸汽系统、设备及管线吹扫、余热锅炉煮炉等。硫黄装置 1.00MPa 蒸汽消耗占装置总能耗的 10%~15%；

C. 目前大型硫黄装置反应炉、部分装置焚烧炉的余热锅炉都是按产 3.50MPa 饱和蒸汽设计的，经尾炉蒸汽过热器过热后，送入工厂 3.50MPa 过热蒸汽管网，供下游装置使用。

④ 净化风用于仪表调节阀。

⑤ 瓦斯主要用于开停工过程中的系统升温及焚烧炉的正常生产。

9.5.2 装置节能与减排措施

① 硫黄回收装置排放的蒸汽主要是生产过程中产生的蒸汽和各设备、管线伴热后的蒸汽和凝结水，生产过程中产生的蒸汽主要是余热锅炉产生，为了充分利用，一般将其压力等级升高后送至尾气焚烧炉过热并入蒸汽管网。硫冷凝器产生的低压蒸汽一般用于装置的伴热等，对于它们的回用，是将其送至低压蒸汽凝结水系统，由动力锅炉用来重新产汽，或直接把凝结水送入余热锅炉给水罐。硫黄回收装置蒸汽节能要做好以下几个方面工作。

为减少 0.35MPa 蒸汽用量，可从以下方面入手：

A. 醇胺溶剂的选择；

B. 采用两级吸收两段再生工艺；

C. 优化工艺参数；

D. 强化装置疏水器管理。

硫黄装置降低至 1.00MPa 蒸汽，可采取以下措施：

A. 适当提高装置运行负荷，增加 0.35MPa 蒸汽发汽量，降低减温减压流量；

B. 酸性气预热器、空气预热器控制合适温度，选用高效疏水器；

C. 强化 1.00MPa 蒸汽疏水器管理；

D. 提高原料酸性气浓度及运行负荷，从而提高反应炉温度，实现多发低压蒸汽的目的。

提高至 3.50MPa 蒸汽单位产量的主要措施如下：

A. 提高装置酸性气浓度，可提高反应炉温度，减少惰性组分带走的热量，单位硫黄产量工况下可增加 3.50MPa 饱和蒸汽发汽量；

B. 控制好预热锅炉水质，提升换热效率，增加发汽量；

C. 合理控制压力酸性气质量，避免管束积炭，降低换热效率；

D. 合理控制 3.50MPa 蒸汽消耗；

E. 加强 3.50MPa 饱和蒸汽疏水器管理。

② 硫黄回收装置外排水主要有用于硫黄成型冷却后排污的水、余热锅炉的排污水、酸性气分液罐排放的污水、机泵冷却水等。机泵冷却水如果用循环水，可以消除这个排放点。硫黄成型冷却水的排污应加强控制，硫黄成型用水循环使用，由于硫黄成型过程中水与硫黄并不直接接触，一般来讲，冷却后的水还可再次利用，只需补充少量水就可满足包装要求；在保证硫黄质量的前提下，减少排污。余热锅炉的排污水，在锅炉用水过程中加入了磷酸钠及其他化学药剂，在产汽过程中蒸发凝缩，水质碱度增大，为了保证锅炉水水质和所产生的蒸汽品质，必须进行连续和定期排污。这部分污水除 pH 值相对较高外，污染物浓度较低，通过检测锅炉水水质，如果水质在允许范围内，就应减小排污量，避免过多的水资源浪费。酸性气分液罐排放的污水控制，最有效的手段就是搞好上游脱硫装置的生产，减少酸性气带液现象。

③ 硫黄回收装置排放的废气主要有从烟囱排放的尾气；鼓风机供风过程中，可利用变频电机控制供风量，避免过多的浪费。

④ 尾气处理装置的功能主要为蒸汽消耗，而蒸汽消耗主要在溶剂再生。由于溶剂不同，富液解析硫化氢、二氧化碳所需热量也不相同，蒸汽消耗量差别也很大。因此实际操作中，要降低尾气处理装置蒸汽消耗，从以下方面着手。首先要选择合适的脱硫剂，在确保再生效果的前提下，选择合适的脱硫剂以降低蒸汽消耗。低温进料加热到解析温度所需蒸汽与溶剂循环量的大小关系密切，因此，在确保尾气处理效果的前提下，及时调整溶剂循环量，使贫液充分吸收硫化氢，降低溶剂循环量，减少蒸汽耗量。再生塔的蒸汽消耗与塔顶压力也关系较大，压力越高，所需蒸汽量越大。而塔顶压力主要受原料性质及酸性气外送压力影响。原料性质由硫黄回收装置控制，硫黄回收装置应尽量降低尾气中硫化物的含量，从而改善尾气质量。外送酸性气直接进入硫黄回收装置，操作中应确保外送管线畅通，降低溶剂再生塔顶压力。同时，由于尾气处理装置伴热、机泵冷却、机泵驱动等也需消耗蒸汽及水、电，因此，还要加强管理，降低能耗。

9.6 硫黄回收装置“三废”排放及处理

① 装置正常生产时，硫化氢气体排出量为 0，有少量 SO_2经烟囱高空排出，执行 GB 31570—2015《石油炼制工业污染物排放标准》相关规定。事故状态下 SO_2排量略多，采用对现有装置提标改造增设前、后碱洗脱硫工艺后，尾气排放均能达到以上标准。为了尽可能地降低尾气中硫化物的含量，在装置运行中可从以下几个方面着手：

A. 提高酸性气质量，降低酸性气中烃含量、氨含量及其他杂质成分。由于杂质的存在，使得酸性气燃烧炉配风困难，炉内副反应增多，要使氨分解，燃烧温度就得提高，这些都使转化率大幅下降，尾气中污染物增多。因此，必须尽量降低酸性气中杂质含量。提高酸性气质量主要从上游装置着手。

B. 选用高效催化剂，提高反应深度。选用的催化剂应能长期保持高活性，能有效促进硫氧碳、二硫化碳的水解；同时能防漏氧及抗硫酸盐化。

C. 搞好硫黄回收操作，使 Claus 反应在最佳条件下进行，获得最高转化率。强化液硫脱气操作，减少大气污染。

D. 开好尾气处理装置，有效降低尾气中污染物含量。

② 装置正常生产时产生固体废物主要为各级反应器和加氢反应器排放的废催化剂及废瓷球。废催化剂等采用无害化填埋方式处理或由生产厂家回收处理。

③ 废水污染源包括含硫污水及含盐污水。含硫污水来自急冷塔排水和酸性气冷凝液，送含硫污水处理装置；含盐污水来自余热锅炉排水等，送污水处理场处理。

④ 向火炬排放酸性气时的环保：

A. 在非生产异常情况下，严禁向火炬排放酸性气。

B. 在紧急情况下酸性气需放火炬，应事先与环保和厂调度取得联系，并征得同意。紧急情况可先排放，后汇报。

C. 酸性气放火炬之前，调度应安排火炬用大火燃烧，确认火炬点大火后，酸性气才能放火炬，以确保硫化氢燃烧完全，避免恶臭和中毒事故的发生。

硫化氢放火炬结束后，须用氮气吹扫置换火炬线，确保火炬管线的畅通。

9.7 二氧化硫和硫化氢排放标准及排放影响因素

9.7.1 石油炼制工业污染物排放标准(GB 31570—2015)

(1) 定义

最高允许排放浓度：指处理设施后排气筒中污染物任何 1 小时浓度平均值不得超过的限值；或指无处理设施排气筒中污染物任何 1 小时浓度平均值不得超过的限值。

最高允许排放速率：指一定高度的排气筒任何 1 小时排放污染物的质量不得超过的限值。

无组织排放：指大气污染物不经过排气筒的无规则排放。低矮排气筒的排放属有组织排放，但在一定条件下也可造成与无组织排放相同的后果。因此，在执行“无组织排放监控浓度限值”指标时，由低矮排气筒造成的监控点污染物浓度增加不予扣除。

（2）排放标准

《石油炼制工业污染物排放标准》限定石油炼制工业（以原油、重油等为原料，生产汽油馏分、柴油馏分、燃料油、润滑油、石油蜡、石油沥青和石油化工原料等的工业）酸性气回收装置（石油炼制工业产生的酸性气中硫化氢转化为单质硫或硫酸的装置），烟气 SO_2 排放浓度限值为一般地区 400mg/m³，特别排放限值 100mg/m³，新建企业自 2015 年 7 月 1 日起，现有企业自 2017 年 7 月 1 日起，其大气污染物排放按此标准的规定执行。

一般地区大气污染物排放限值见表 1-9-4。

表 1-9-4 大气污染物排放限值 mg/m³

序号	污染物项目	工艺加热炉	催化裂化催化剂再生烟气[(1)]	重整催化剂再生烟气	酸性气回收装置	氧化沥青装置	废水处理有机废气收集处理装置	有机废气排放口[(2)]	污染物排放监控位置
1	颗粒物	20	50	—	—	—	—	—	车间或生产设施排气筒
2	镍及其化合物	—	0.5	—	—	—	—	—	
3	二氧化硫	100	100	—	400	—	—	—	
4	氮氧化物	150 180[(3)]	200	—	—	—	—	—	
5	硫酸雾	—	—	—	30[(4)]	—	—	—	
6	氯化氢	—	—	30	—	—	—	—	
7	沥青烟	—	—	—	—	20	—	—	
8	苯并[a]芘	—	—	—	—	0.0003	—	—	
9	苯	—	—	—	—	—	4	—	
10	甲苯	—	—	—	—	—	15	—	
11	二甲苯	—	—	—	—	—	20	—	
12	非甲烷总烃	—	—	60	—	—	120	去除效率≥95%	

注：（1）催化裂化余热锅炉吹灰时再生烟气污染物浓度最大值不应超过表中限值的 2 倍，且每次持续时间不应大于 1 小时。

（2）有机废气中若含有颗粒物、二氧化硫或氮氧化物，执行工艺加热炉相应污染物控制要求。

（3）炉膛温度≥850℃的工艺加热炉执行该限值。

（4）酸性气体回收装置生产硫酸时执行该限值。

根据环境保护工作的要求，在容易发生严重环境污染问题的地区，应严格控制企业污染排放行为，在上述地区企业执行表 1-9-5 规定的大气污染物特别排放限值。

表 1-9-5 大气污染物特别排放限值 mg/m³

序号	污染物项目	工艺加热炉	催化裂化催化剂再生烟气[(1)]	重整催化剂再生烟气	酸性气回收装置	氧化沥青装置	废水处理有机废气收集处理装置	有机废气排放口[(2)]	污染物排放监控位置
1	颗粒物	20	30	—	—	—	—	—	车间或生产设施排气筒
2	镍及其化合物	—	0.3	—	—	—	—	—	
3	二氧化硫	50	50	—	100	—	—	—	

续表

序号	污染物项目	工艺加热炉	催化裂化催化剂再生烟气[1]	重整催化剂再生烟气	酸性气回收装置	氧化沥青装置	废水处理有机废气收集处理装置	有机废气排放口[2]	污染物排放监控位置
4	氮氧化物	100	100	—	—	—	—	—	车间或生产设施排气筒
5	硫酸雾	—	—	—	5[3]	—	—	—	
6	氯化氢	—	—	10	—	—	—	—	
7	沥青烟	—	—	—	—	10	—	—	
8	苯并[a]芘	—	—	—	—	0.0003	—	—	
9	苯	—	—	—	—	—	4	—	
10	甲苯	—	—	—	—	—	15	—	
11	二甲苯	—	—	—	—	—	20	—	
12	非甲烷总烃	—	—	30	—	—	120	去除效率≥97%	

注：(1) 催化裂化余热锅炉吹灰时再生烟气污染物浓度最大值不应超过表中限值的 2 倍，且每次持续时间不应大于 1 小时。

(2) 有机废气中若含有颗粒物、二氧化硫或氮氧化物，执行工艺加热炉相应污染物控制要求。

(3) 酸性气体回收装置生产硫酸时执行该限值。

执行大气污染物特别排放限值的地域范围、时间，由国务院环境保护主管部门或省级人民政府规定。

非焚烧类有机废气排放口以实测浓度判定排放是否达标。焚烧类有机废气排放口、工艺加热炉、催化剂再生烟气和酸性气回收装置的实测大气污染物排放浓度，须换算成基准含氧量为 3%的大气污染物基准排放浓度，并与排放限值比较判定排放是否达标。大气污染物基准排放浓度按下列公式进行计算。

$$\rho_{基}=\frac{21-O_{基}}{21-O_{实}}\times\rho_{实}$$

式中 $\rho_{基}$——大气污染物基准排放浓度，mg/m^3；

$O_{基}$——干烟气基准含氧量，%；

$O_{实}$——实测的干烟气含氧量，%；

$\rho_{实}$——实测大气污染物排放浓度，mg/m^3。

第 10 章　硫黄回收装置的工艺计算

10.1　硫的潜含量、转化率、收率的计算公式推导

对于硫黄回收装置，特有的计算为硫的潜含量、转化率、收率的计算，本节仅对它们进行推导，其余计算用例题讲述计算方法。

10.1.1　燃烧炉配风量的计算推导

配性气进入燃烧炉配风按 1/3 的硫化氢完全燃烧生成 SO_2，酸气中烃类完全燃烧生成 CO_2来配风。

设酸气流量为 V，浓度为 $a\%$，烃类含量为 $b\%$，所需空气量为 $V_{空}$

根据反应：$2H_2S+3O_2 \rightarrow 2SO_2+2H_2O$ 可知：

1mol 硫化氢完全燃烧生成 SO_2需 3/2 体积的 O_2，

则 1/3 的硫化氢完全燃烧生成 SO_2所需 O_2量为 $1/3V\times a\%\times 3/2=V/2a\%$。

根据反应：$C_nH_{2n+2}+(3n+1)/2O_2 \rightarrow nCO_2+(n+1)H_2O$ 可知：

1mol 烃类燃烧生成 SO_2所需氧气量为$(3n+1)/2$mol，则烃类完全燃烧生成 CO_2所需 O_2量为 $V\times b\%\times(3n+1)/2$。

所以：酸气进炉后 1/3 的硫化氢完全燃烧生成 SO_2和酸气中烃类完全燃烧生成 CO_2所需 O_2量的和为：

$$(V\times a\%)/2+V\times b\%\times(3n+1)/2=(V/2)\%[a+b(3n+1)]$$

空气中氧含量占 21%(体)。

所以所需空气量为

$$\begin{aligned} V_{空} &= V\%/2\times(100/21)\times[a+b(3n+1)] \\ &=(V/42)\times[a+b(3n+1)](m^3/h) \end{aligned}$$

10.1.2　燃烧炉中转化率的计算推导

在计算硫化氢转化率时，假设：

① 整个过程中气体体积不变；

② 采样中除去的 H_2O 和 S 蒸气量忽略不计。

在推导转化率的公式时，可以认为硫黄尾气量 $V_{尾}$是酸性气量 $V_{酸}$和进炉空气量 $V_{空}$的总和：

即 $V_{尾}\approx V_{酸}+V_{空}$

而 $V_{尾}$中含有仍未转化成单质 S 的 SO_2、COS、CS_2，从进炉硫化氢的总量减去尾气中含硫化合物后剩余的就全转化为 S。

$$\begin{aligned} 则转化率 &= \frac{[V_{酸}\times a\%-V_{尾}\times(SO_2+H_2S+COS)\%]\times 100\%}{V_{酸}\times a\%} \\ &= \frac{[1-V_{尾}(SO_2+H_2S+COS)\%]\times 100\%}{V_{酸}\times a\%} \end{aligned}$$

又因：$V_{尾}=V_{酸}+V_{空}$

而
$$\frac{V_{空}}{V_{酸}}=M(\text{气风比})$$

所以
$$V_{尾}=V_{酸}+V_{酸}M=V_{酸}(1+M)$$

即

$$转化率=\frac{[1-(1+M)(H_2S+SO_2+COS)\%]\times100\%}{a\%}$$

分析：由于 $V_{尾}<V_{酸}+V_{空}$，所以转化率是个近似值，计算的转化率应稍小于理想转化率。

10.1.3 反应器中转化率的计算推导

计算反应器中转化率时，由于反应器入口气流为过程气，设入口体积为 $V_{入}$，出口为 $V_{出}$，其组成均为 H_2S+SO_2+COS，转化率的推导过程与燃烧炉中转化率的推导相似。

则

$$对应于入口的转化率=\frac{[(H_2S+SO_2+COS)_{入}\%-(H_2S+SO_2+COS)_{出}\%]\times100\%}{(H_2S+SO_2+COS)_{入}\%}$$

$$对应进料的转化率=\frac{[(H_2S+SO_2+COS)_{入}\%-(H_2S+SO_2+COS)_{出}\%]}{a\%}\times(1+M)\times100\%$$

10.1.4 总转化率的计算推导

在推导总转化率的公式时，可以认为硫黄尾气 $V_{尾}$是酸性气 $V_{酸}$和进炉空气量 $V_{空}$的总和。即 $V_{尾}\approx V_{酸}+V_{空}$。

从进炉硫化氢的总量减去尾气中含硫化合物后剩余的就全转化为 S。

设酸性气流量为 $V_{酸}$，浓度为 $a\%$

$$则转化率=\frac{[V_{酸}\times a\%-V_{尾}(SO_2+H_2S+COS)\%]}{V_{酸}\times a\%}\times100\%$$

$$=\left[1-\frac{V_{尾}(SO_2+H_2S+COS)\%}{V_{酸}\times a\%}\right]\times100\%$$

又因　$V_{尾}\approx V_{酸}+V_{空}$

而　$\frac{V_{空}}{V_{酸}}=M(\text{气风比})$，

所以　$V_{尾}=V_{酸}+V_{酸}M=V_{酸}(1+M)$。

$$即转化率=\left[1-\frac{(1+M)(H_2S+SO_2+H_2S)\%}{a\%}\right]\times100\%$$

分析：由于 $V_{尾}<V_{酸}+V_{空}$，所以转化率是个近似值，计算的转化率应稍小于实际转化率。

10.1.5 硫的潜含量的计算推导

硫的潜含量就是酸性气中的硫含量：

设酸性气流量为 $V_{酸}$，浓度为 $a\%$

则硫化氢的摩尔数为$\frac{V_{酸}\times a\%}{22.4}$mol

因为 1mol 含有 32g 硫

所以每小时酸性气量中含硫量为：

$$\frac{V_{酸}\times a\%}{22.4}\times 32$$

即　硫的潜含量 $=V_{酸}\times a\%\times\frac{32}{22.4}$(kg/h)

10.1.6　收率的计算推导

10.1.6.1　按硫潜含量计硫黄收率

按硫潜含量计硫黄收率是指实际产硫量与硫的潜含量之比：

即
$$硫黄收率=\frac{硫的实际产量}{硫的潜含量}$$
$$=\frac{硫的实际产量\times 22.4}{32\times(a\%)\times V_{酸}}$$

10.1.6.2　按酸性气量计硫黄收率

按硫潜含量计硫黄收率是指实际产硫量与酸性气总质量之比：

即
$$硫黄收率=\frac{硫的实际产量}{酸性气总质量}$$

而
$$酸性气总质量=V_{酸}\times(H_2S\%\times H_2S 摩尔质量+CO_2\%\times CO_2摩尔质量+C_3H_8\%\times C_3H_8摩尔质量)/气体摩尔体积$$
$$=V_{酸}\times(H_2S\%\times 34+CO_2\%\times 44+C_3H_8\%\times 44)/22.4$$

因此
$$硫黄收率=\frac{硫的实际产量\times 22.4}{V_{酸}\times(H_2S\%\times 34+CO_2\%\times 44+C_3H_8\%\times 44)}$$

10.2　例　　题

10.2.1　硫的潜含量、转化率、收率的计算

1. 反应炉酸性气中 H_2S 浓度为 70%(体)，反应炉空气酸性气体积比为 1.9，Claus 出口尾气中 H_2S 含量 0.5%(体)，SO_2 含量 0.2%(体)，COS 含量 0.1%(体)，CS_2 含量 0.1%(体)，求 Claus 部分的硫转化率？

解：

$$硫转化率=[1-(1+M)\times C_1/C_0]\times 100\%$$

M——空气/酸性气体积比；

C_0——酸性气中 H_2S 的体积浓度,%；

C_1——尾气中 $H_2S+SO_2+COS+CS_2$ 的体积含量,%；

$C_1=0.5+0.2+0.1+2\times 0.1=1.0\%$。

转化率 $=[1-(1+1.9)\times 1.0/70]\times 100\%=95.9\%$。

答：Claus 部分转化率为 95.9%。

2. 酸性气来量共 20474m³，其中 H_2S 占 89.7%，CO_2 占 7.3%，烃类 C_nH_{2n+2}(按 C_3H_8 算)占 1.5%，实收硫黄 23612kg，求按酸气量计的硫黄收率是多少？

解：硫化氢的摩尔质量为 34g，二氧化碳的摩尔质量为 44g，丙烷的摩尔质量为 44g，气体摩尔体积为 22.4L。

$$硫黄收率=\frac{硫的实际产量}{酸性气总质量}$$

$$=\frac{硫的实际产量\times 22.4}{V_{酸}\times(H_2S\%\times 34+CO_2\%\times 44+C_3H_8\%\times 44)}$$

$$=\frac{23612\times 22.4}{20474\times(89.7\%\times 34+7.3\%\times 44+1.5\%\times 44)}$$

$$=75.16\%$$

答：按酸气量计的硫黄收率是75.16%。

3. 若硫黄回收装置酸性气来量共19875m^3，浓度为91%，实收硫黄23268.4kg，求按硫潜含量计的硫黄收率。

解：收率=(实收硫黄量÷硫潜含量)×100%

硫潜含量=$V_{酸}\times a\%\times 32\div 22.4=19875\times 0.91\times 32\div 22.4=25837.5$(kg)

收率=(23268.4÷25837.5)×100%=90.06%

答：按硫潜含量计的硫黄收率为90.06%。

4. 某硫黄回收装置反应炉酸性气流量为830m^3/h，酸性气中H_2S含量为91%(体)，酸性气中烃含量为1.2%(体)，其中甲烷0.8%，乙烷0.4%。求：反应炉的理论配风量？[空气中氧含量为21%(体)]

解：理论配风量=100/21×酸性气流量×[0.5×酸性气中H_2S含量%+(1.5n+0.5)×酸性气中烃浓度%]

酸性气中H_2S耗氧量=830×0.5×91%=377.65(m^3/h)

酸性气中烃耗氧量=830×(2×0.8%+3.5×0.4%)=24.9(m^3/h)

理论配风量=100/21×(377.65+24.9)=1916.90(m^3/h)

答：反应炉的理论配风量为1916.90m^3/h。

5. 某硫黄回收装置反应炉一天共处理酸性气50000m^3，酸性气中H_2S含量为88%(体)，CO_2占10.5%(体)，烃含量为1.5%(体)，其中甲烷1.0%，乙烷0.5%。求：酸性气总质量为多少吨？

解：酸性气总质量=酸性气流量×(单位体积H_2S质量+单位体积烃质量+单位体积CO_2质量)

单位体积H_2S质量=0.88×34/22.4=1.34

单位体积烃质量=(0.01×16+0.005×30)/22.4=0.01

单位体积CO_2质量=0.105×44/22.4=0.21

酸性气总质量=50000×(1.34+0.01+0.21)/1000=78t

答：酸性气总质量为78t。

6. 某硫黄回收装置反应炉酸性气流量为9000Nm^3/h，酸性气中H_2S含量为70%(体)，酸性气中烃含量为3%(体)，氨含量为5%(体)。求：反应炉的理论配风量和空气/酸性气体积比？[烃类按全部为CH_4计算，空气中氧含量为21%(体)]

解：$2H_2S+3O_2=2H_2O+2SO_2$

1/3 H_2S燃烧所需空气量=(9000×70%×1/3×3)/21%×2=15000(Nm^3/h)

$CH_4+2O_2=CO_2+2H_2O$

烃类完全燃烧所需空气量=(9000×3%×2)/21%=2571(Nm^3/h)

$4NH_3+3O_2=2N_2+6H_2O$

氨完全燃烧所需空气量=(9000×5%×3/4)/21%=1607(Nm^3/h)

反应炉理论配风量=15000+2571+1607=19178(Nm^3/h)

理论空气/酸性气体积比=19178/9000=2.13

答：反应炉的理论配风量为19178Nm^3/h，理论空气/酸性气体积比为2.13。

7. 某硫黄回收装置Claus部分处理酸性气量为5000m^3/h，硫转化率为95%，酸性气浓度为80%，尾气浓度：H_2S为0.5%，SO_2为0.3%，COS为0.2%，求风机供风量是多少m^3/h？

解：

$$硫转化率\ Z=[1-(1+R)\times C_1/C_0]\times 100\%$$

R——空气/酸性气体积比；

C_0——酸性气中H_2S的体积浓度%；

C_1——尾气中H_2S+SO_2+COS的体积含量%；

$$R=(1-Z)\times C_0/C_1-1$$

$$C_1=0.5+0.3+0.2=1.0\%$$

$$R=(1-0.95)\times 0.8/0.01-1=3$$

风机供风量=3×5000=15000(m^3/h)

答：风机供风量是15000m^3/h。

10.2.2 其他计算

10.2.2.1 换热器计算

1. 已知某冷却器介质流量为16t/h，进口焓为480.7kJ/kg，出口焓为92kJ/kg，试计算该冷却器的热负荷是多少？

解：已知流量为16t/h=16×1000/3600kg/s

热负荷公式 $Q=G_{热}(\alpha_{进}-\alpha_{出})$

数据代入 $Q=16\times 1000/3600\times(480.7-92)=1727.56kW$

答：该冷却器的热负荷是1727.56kW。

2. 已知某换热器热流入口温度158℃，出口温度90℃，冷流入口温度50℃，出口温度123℃，换热器热负荷为100kW，传热系数70W/(m^2·℃)，求：换热器换热面积。

解：

$$平均温差=\Delta t=(\Delta t_2-\Delta t_1)/\ln(\Delta t_2/\Delta t_1)=(40-35)/\ln(40/35)=37.4℃$$

$$Q=KA\Delta t$$

$$A=Q/K\Delta t=100000/(70\times 37.4)=38.2m^2$$

答：换热器换热面积为38.2m^2。

3. 某列管式换热器由ϕ25mm×2.5mm，长度为3m的管子组成，管子数为60根，若在管内流动流量为1.25kg/s，由80℃冷却到30℃，冷却水在管外与苯作逆流流动，由20℃加热到50℃，已知苯的比热为1.9kJ/kg，以管外为基准的总传热系数为472J/(m^2·℃)，试问该换热器是否合用？

解：设备可提供的传热面积为 $S=N\pi dL=60\times 3.14\times 0.025\times 3=14.13m^2$

$$Q=\omega C_p(T_1-T_2)=1.25\times 1.9\times(80-30)=118.75kW$$

$$K=0.472kJ/(m^2\cdot ℃)$$

逆流平均温差 $\Delta t_m=(\Delta t_1-\Delta t_2)/\ln(\Delta t_1/\Delta t_2)=18.2$

$$Q=KS'\Delta t_m,\quad S'=13.82\text{m}^2$$

$$S>S'$$

答：该换热器合用。

4. 一换热器尺寸如下：管子 ϕ25mm×2.5mm，管长 6m，管程数为 4，公称面积为 95m^2，管数为 192 根。求此换热器实际传热面积。

解：$S=N\pi dL$

已知 $N=192$，$d=0.025$m，$L=6$m

$$S=192\times3.14\times0.025\times6=90.4\text{m}^2$$

答：此换热器实际传热面积为 90.4m^2。

10.2.2.2 炉类计算

1. 若硫黄回收装置烟囱烟气排放量为 4500m^3/h，硫经过焚烧后以 SO_2形式排放，其浓度为 0.65%(体)，排烟温度为 350℃，压力为常压，试计算每小时 SO_2排放量。

解：$PV=nRT=mRT/M$，$m=MPV/(RT)$

$$T=273+350=623(\text{K})$$

$$m=MPV/(RT)=0.064\times1.013\times10^5\times4500\times0.0065/(8.31\times623)$$

$$=36.63(\text{kg})$$

答：每小时 SO_2排放量为 36.63kg。

2. 若硫黄回收装置处理酸性气量为 1269m^3/h，用风量为 3234m^3/h，每小时产硫黄 1200kg/h，二级反应器出口分析 H_2S(体)1.3%，SO_2(体)为 0.75%，COS(体)为 1.0%，其 Claus 尾气排放量为 4653m^3/h，排烟温度为 350℃。求 Claus 尾气直排尾气焚烧炉后，以 SO_2形式排放的量。

解：

$$PV=nRT,\quad n=PV/(RT)$$

$$T=273+350=623(\text{K})$$

$$n=PV/(RT)=1.013\times10^5\times4653/(8.31\times623)$$

$$=91.04(\text{kmol/h})$$

尾气排放硫原子百分数为 $=(H_2S+SO_2+COS)\%=(1.3+0.75+1.0)\%=3.05\%$

$$SO_2\text{排放量}=91.04\times0.0305\times64=177.71(\text{kg/h})$$

答：SO_2排放量为 177.71kg/h。

3. 已知：燃料气组成为 H_2：20%(体)；CH_4：15%(体)；C_2H_4：12%(体)；C_3H_8：13%(体)；C_4H_{10}：34%(体)。求：该燃料完全燃烧时空气/瓦斯的体积比？[空气中氧含量按 21%(体)计算]

解：计算 1 体积燃料气完全燃烧所需的氧气体积

$$2H_2+O_2=\!=\!=2H_2O$$

氢气完全燃烧所需氧气量 = 20%×1/2 = 0.1 体积

$$CH_4+2O_2=\!=\!=CO_2+2H_2O$$

甲烷完全燃烧所需氧气量 = 15%×2 = 0.3 体积

$$C_2H_4+3O_2=\!=\!=2CO_2+2H_2O$$

乙烯完全燃烧所需氧气量 = 12%×3 = 0.36 体积

$$C_3H_8+5O_2 = 3CO_2+4H_2O$$

丙烷完全燃烧所需氧气量 = 13%×5 = 0.65 体积

$$C_4H_{10}+13/2\ O_2 = 4CO_2+5H_2O$$

丁烷完全燃烧所需氧气量 = 34%×13/2 = 2.21 体积

1 体积燃料气完全燃烧所需氧气量 = 0.1+0.3+0.36+0.65+2.21

= 3.62 体积

燃料气完全燃烧时的空气/瓦斯的体积比 = 3.62/21% = 17.2

答：该燃料气完全燃烧时空气/瓦斯的体积比为 17.2。

10.2.2.3 机泵计算

1. 一台水泵，泵的有效压头 He 为 10m，泵的实际流量 V 为 $2m^3/s$，泵的轴功率 Na 为 200000W，求这台泵的效率 η。

解：泵的有效功率 $Ne = He\rho Vg = 10\times1000\times2\times9.8 = 196000W$

泵的效率 $\eta = Ne/Na\times100\% = 196000/200000\times100\% = 98\%$。

答：泵的效率为 98%。

2. 某台离心泵，其吸入口径为 0.1m，排出管口径为 0.75m，流量为 $0.025m^3/s$，出口压力表读数为 0.33MPa(表压)进口真空表读数为 0.04MPa，两表位差为 $0.8mH_2O$，输送介质为水。电机出力功率为 12.5kW，电机效率为 0.95，大气压力为 0.1MPa，泵与电机直联，问此泵的扬程是多少？

解：已知 $D = 0.1m$，$\rho = 1000kg/m^3$，$\eta' = 0.95$，$N' = 12.5kW$

$P_s = 0.1-0.04 = 0.06MPa$，$P_d = 0.33+0.1 = 0.43MPa$

$Z = 0.8mH_2O$，$d = 0.075m$，$Q = 0.025m^3/s$

根据离心泵液体能量平衡式得：

$$H = \Delta Z+(Pd-Ps)\rho g+(C_d^2-C_s^2)/2g$$
$$= 0.8+[(4.3-0.6)\times105]/(1000\times9.81)+$$
$$[(0.025\times4/3.14\times0.075^2)^2-(0.025\times4/3.14\times0.1^2)^2]/(2\times9.81)$$
$$= 40.163mH_2O$$

答：该台离心泵的扬程是 $40.163mH_2O$。

3. 已知某台泵叶轮外径为 230mm 时，$Q = 30m^3/h$，$H = 53m$，$N = 8.5kW$，$\eta = 51\%$，$n = 2950r/min$，求叶轮外径改为 208mm 后 Q'、H'、N'各是多少？

解：根据泵的切割定律，

$Q'/Q = D'/D$，$H'/H = (D'/D)^2$，$N'/N = (D'/D)^3$

D、D'为叶轮切割前后直径

$Q' = (D'/D)\times Q = (208/230)\times30 \approx 27.13(m^3/h)$

$H' = (D'/D)^2\times H = (208/230)^2\times53 \approx 43.35(m)$

$N' = (D'/D)^3\times N = (208/230)^3\times8.5 \approx 6.286(kW)$

答：叶轮外径改为 208mm 后 Q'、H'、N'分别是 $27.13m^3/h$、43.35m(液柱)、6.286kW。

10.2.2.4 班组经济核算

1. 某班组因为 QC 质量管理对生产进行了优化操作，共生产硫黄 3000t，比计划多产 500t，且产蒸汽量比计划 2500t 多产出 300t，并且节约用软化水 500t，(蒸汽以 40 元/吨，软化水以 2.5 元/吨，硫黄以 1000 元/吨计)，问该班组节约产值为多少？

解：硫黄产品节约产值＝500×1000＝500000（元）

蒸汽节约产值＝300×40＝12000（元）

软化水节约产值＝500×2.5＝1250（元）

总节约产值＝500000+12000+1250＝513250（元）

答：该班组节约产值为513250元。

2. 某硫黄回收装置某月结报如下：

	酸性气原料/t	硫黄/t	电/kWh	循环水/t	0.3MPa蒸汽外输/t	瓦斯/kg
累积量	1411	1101	196072	39369	2050	69000
能耗系数			0.26	0.1	66	0.95

试求此装置当月能耗。（计算时保留两位小数）

解：循环水单耗＝39369/1101＝35.78；

能耗贡献 35.78×0.1＝3.58×10^4（kcal/t 硫黄）；

电单耗＝196072/1101＝178.09；

能耗贡献 178.09×0.26＝46.30×10^4（kcal/t 硫黄）；

0.3MPa 蒸汽单耗＝−2050/1101＝−1.86；

能耗贡献−1.86×66＝−122.76×10^4（kcal/t 硫黄）；

瓦斯单耗＝69000/1101＝62.67；

能耗贡献 62.67×0.95＝59.54×10^4（kcal 硫黄）；

装置能耗＝3.58+46.30+（−122.76）+59.54＝−13.34×10^4（kcal 硫黄）。

答：此装置当月能耗为−13.34×10^4kcal 原料。

3. 已知硫黄回收装置4月份循环水日用量为1200t，装置月处理量为1400t，硫黄月产量1200t，求装置当月循环水单耗。

解：4月份循环水日用量为1200t，则月用量为1200×30＝36000t。

当月循环水单耗为36000/1200＝30（t/t 硫黄）。

答：当月循环水单耗30t/t 硫黄。

4. 某班组因为QC质量管理对生产进行了优化操作，共生产硫黄3000t，比计划多产500t，且产蒸汽量比计划2500t多产出300t，并且节约用软化水500t，（蒸汽以40元/吨，软化水以2.5元/吨，硫黄以1000元/吨计），问该班组节约产值为多少？

解：硫黄产品节约产值＝500×1000＝500000（元）

蒸汽节约产值＝300×40＝12000（元）

软化水节约产值＝500×2.5＝1250（元）

总节约产值＝500000+12000+1250＝513250（元）

答：该班组节约产值为513250元。

10.2.2.5 装置开停工相关计算

1. 加氢催化剂装量为20t，其中MoO_3含量为13%，CoO 含量为3.5%，用硫化氢含量为80%（体）的酸性气进行预硫化，每小时硫化进气量为100Nm^3，问最少硫化时间是多少？

解：MoO_3的相对分子质量为144；

CoO 的相对分子质量为75；

加氢催化剂中 MoO_3 的质量为 20×13%＝2.60(t)；

加氢催化剂中 CoO 的质量为 20×3.5%＝0.70(t)；

MoO_3 的摩尔数为 2.60×1000/144＝18.06(kmol)

CoO 的摩尔数为 0.70×1000/75＝9.33(kmol)

根据加氢催化剂预硫化反应方程式：

$$MoO_3+H_2+2H_2S = MoS_2+3H_2O$$

$$9CoO+H_2+8H_2S = Co_9S_8+9H_2O$$

MoO_3 全部硫化所需要的 H_2S 的摩尔数为 18.06×2＝36.12(kmol)

CoO 全部硫化所需要的 H_2S 的摩尔数为 9.33×8/9＝8.29(kmol)

预硫化每小时的硫化氢摩尔流量为 100×80%/22.4＝3.57(kmol/h)

则最少的预硫化时间为(36.12+8.29)/3.57＝12.44(h)

答：最少硫化时间为 12.44(h)。

2. 加氢催化剂装量为 20t，其中 MoO_3 含量为 13%，CoO 含量为 3.5%，对使用 3 年后的催化剂进行彻底钝化，问 SO_2 的最低生成量是多少？

解：根据加氢催化剂钝化反应方程式：

$$MoS_2+7/2O_2 = MoO_3+2SO_2+Q$$

$$Co_9S_8+25/2O_2 = 9CoO+8SO_2+Q$$

MoO_3 的摩尔数为 2.60×1000/144＝18.06(kmol)

CoO 的摩尔数为 0.70×1000/75＝9.33(kmol)

由 Mo、Co 原子守恒定律可得：

3 年后硫化态的加氢催化剂中的 MoS_2 的摩尔数为 18.06(kmol)

Co_9S_8 的摩尔数为 9.33/9＝1.04(kmol)

则由 MoS_2 生成的 SO_2 的摩尔数为 18.06×2＝36.12(kmol)

由 Co_9S_8 生成的 SO_2 的摩尔数为 1.04×8＝8.32(kmol)

SO_2 的最低生成摩尔数为 36.12+8.32＝44.44(kmol)

即 SO_2 的最低生成量为 44.44×64＝2.84(t)

答：SO_2 的最低生成量为 2.84(t)。

第2篇 含硫污水汽提装置部分

第11章 概 述

11.1 含硫污水汽提基本知识

炼油厂在加工原油时，特别是加工含硫原油或高硫原油过程中，常减压蒸馏、催化裂化、焦化、重整和加氢等装置会产生大量含硫污水(含硫含氨污水)。由于含硫污水不仅含有较多硫化物和氨，同时含有酚、氰化物和油等污染物，不能直接排至污水处理场，一般污水处理场对进水中硫化氢和氨的浓度要求分别是小于20mg/L和60mg/L，因此含硫污水必须进行预处理后才能排入污水处理场，以保证污水处理场的正常运转和最终排出厂外的污水符合标准，不污染环境。

石油化工产业作为国家的支柱产业，近些年来发展非常迅速，但国家和社会对石油化工企业的环境保护提出了更高的要求。而含硫污水汽提装置作为炼油化工企业的必备装置，对整个企业的环境保护目标的实现起着越来越重要的作用。

处理含硫污水方法主要有氧化法和蒸汽汽提法。氧化法主要是将污水中硫化氢氧化成硫代硫酸盐、硫酸盐、亚硫酸盐等。如果使用空气，则为空气氧化，它是利用空气中的氧在一定条件下使含硫污水中硫化物氧化，通常约90%的硫化物被氧化为硫代硫酸盐，10%被进一步氧化为硫酸盐。使用醌类化合物以及Mn、Cu、Pe、Co等金属盐类做催化剂则为催化氧化。利用H_2O_2、Cl_2、$KMnO_4$等氧化剂，则为化合氧化。氧化法不能起到脱氨及脱氰作用，同时含硫污水中的硫化物被氧化为硫代硫酸盐排至污水处理场，会影响污水处理场生产操作，所以氧化法只在早期适用于低浓度含硫污水，现在已基本被蒸汽汽提工艺所取代。

蒸汽汽提法是采用汽提蒸馏来净化炼厂含硫污水并从中回收硫化氢、氨是一种简单可行的办法，自1966年美国里奇蒙厂第一套汽提装置投产后，目前已被普遍采用。我国炼油行业的第一套含硫污水汽提装置于1979年在齐鲁石化公司炼油厂投产。40多年来，国内设计、科研单位、高等院校及炼油厂对改进和提高含硫污水汽提工艺做了大量工作，使其在汽提理论、计算程序、工程设计及生产操作等方面都取得了可喜成果，并且开发了适合于不同工况的多种蒸汽汽提工艺。

国外含硫污水汽提以采用单塔低压汽提工艺和双塔加压汽提工艺为主，我国除采用上述两种工艺外，还根据国情，因地制宜开发了单塔加压侧线抽出汽提工艺，该工艺和单塔低压汽提工艺相比，虽然投资稍高，流程也较复杂，但能分别回收硫化氢和氨；和双塔加压汽提工艺相比，虽然两种工艺都能分别回收硫化氢和氨，但投资和蒸汽单耗都较双塔加压汽提工艺低。

11.2 含硫污水的来源

含硫污水主要来源于常减压蒸馏装置、催化裂化装置、加氢精制装置、加氢裂化装置和延迟焦化装置等。

（1）常减压蒸馏装置

常减压蒸馏装置含硫污水有三个来源，即初馏塔塔顶回流罐、常压塔塔顶回流罐和减压塔塔顶水封罐。常减压蒸馏装置，若初馏塔塔顶不出产品，则常压塔塔顶回流罐排放含硫污水量比较多，减压塔塔顶水封罐排放的含硫污水量润滑油型炼油厂比燃料型炼油厂多。

（2）催化裂化装置

催化裂化装置含硫污水来源于分馏塔塔顶回流罐、富气水洗分离罐和稳定塔塔顶回流罐。分馏塔塔顶回流罐的含硫污水量与催化裂化原料性质、催化剂性质和汽提蒸汽量密切相关，可调性不大。稳定塔塔顶回流罐的含硫污水量很少，并且都是间歇排放的，对装置的含硫污水量影响很小。

富气水洗分离罐的含硫污水量取决于富气水洗水的来源和注水量，它是影响装置含硫污水量的主要因素。相同规模的重油或渣油催化裂化比蜡油催化裂化含硫污水量多。

（3）加氢装置

加氢装置包括加氢精制装置、加氢裂化装置和渣油加氢装置，上述装置的含硫污水主要来自高压分离器、低压分离器和分馏塔顶回流罐。含硫污水量取决于反应生成水量和过程气注水量，反应生成水量和原料油性质有关，通常是不能任意改变的。过程气注水的目的是防止设备、管线腐蚀和铵盐堵塞，这部分水的用量将直接影响装置排放的含硫污水量。

（4）延迟焦化装置

延迟焦化装置的含硫污水主要来自分馏塔塔顶油水分液罐和焦化富气分液罐。延迟焦化工艺在焦化过程中生成含硫、含氮、含氧低分子化合物，它们主要集中在气态产品中，主要的生成物是硫化氢和氨。为防止气体产品在分离、冷却过程中硫化氢和氨生成硫化铵结晶管道，在进入空冷器前注水，使它们溶于水生成含硫、含氨污水送污水汽提装置处理。焦化装置产生的含硫污水水质与原料油性质有关，原料油中杂质含量越高，含硫污水中污染物的浓度就越高。主要的污染物有石油类、COD、硫化氢、氨氮和酚等，如原料油中含氧化物含量较高，则含硫污水中还可能有酚类污染物。同时由于焦化原料杂质较多，降解产物常含有表面活性物质，可使水质发生乳化。又受空间的限制，通常油水分离器设计的油水分离时间不够长，致使含硫污水中油含量偏高。焦化污水乳化严重直接影响污水汽提装置稳定运行。

典型的含硫污水中含有硫化物、氨、二氧化碳、硫醇、酚类、氰化物、氰酸盐及其他有机酸、无机盐、游离的和溶解的油。含硫污水中硫化氢和氨的含量随加工原油的硫、氮含量增加而增加，并且与加工过程和工艺装置的类型有很大关系。一般情况下，加工同一种原油时，不同工艺装置产生含硫污水的硫化氢和氨含量按如下顺序递减：

渣油加氢>加氢裂化>加氢精制>延迟焦化>催化裂化>常减压

当然，该浓度和各装置的洗涤水用量也密切相关。

此外，含硫污水除含硫化物和氮化物外，还含有对生物有严重污染的油、酚和氰化物等物质。焦化分馏塔塔顶回流罐和减压塔塔顶水封罐产生的含硫污水中含油量最高，而且容易乳化。催化裂化和焦化分馏塔塔顶回流罐产生的含硫污水中酚含量最高。催化裂化和延迟焦化装置的含硫污水还含有氰化物。

各装置排出的含硫污水可单独进行汽提，也可混合后进行集中汽提，它取决于含硫污水水量、组成及炼油厂的总流程。目前国内大部分炼厂都采用集中汽提，汽提装置套数可因地制宜设置。

11.3　工艺原理及流程

11.3.1　汽提原理

炼油厂含硫污水所含有害物质以氨、硫化氢、二氧化碳为主。汽提法以脱除并回收氨和硫化氢为主要目的；是化学平衡、电离平衡和相平衡共存的复杂体系。控制化学、电离和相平衡的适宜条件是处理含硫污水和选择适宜操作条件的关键。了解 $NH_3-H_2S-H_2O$ 三元体系的热力学性质，可以更好地理解汽提法的原理和操作。

氨、硫化氢和水都是挥发性弱电解质，能互相起化学反应，并能电离成离子：氨和硫化氢能不同程度地溶解于水。因此“$NH_3-H_2S-H_2O$”三元体系是一个化学、电离和相平衡共存的复杂体系。

氨溶于水后一部分以游离氨存在，一部分被电离成 NH_4^+和 OH^-，如下式：

$$NH_3+H_2O \rightleftharpoons NH_4^++OH^- \qquad (2-11-1)$$

氨溶解于水是放热的，温度升高，电离平衡常数 K_A 随温度升高而降低，温度越高，K_A 降低越明显，氨的电离平衡常数很小($K_A=2.01\times10^{-5}$mol/kg)，因此，氨在水中主要是以游离的氨分子存在，仅有极少量的铵离子。

硫化氢在水中也有少许电离：

$$H_2S \rightleftharpoons H^++HS^- \qquad (2-11-2)$$

硫化氢在水中的电离常数 K_s 也受温度影响，与 K_A 不同，温度对 K_s 的影响可分为两种情况：当温度低于 125℃时，K_s 随温度升高而升高。当温度高于 125℃时，K_s 随温度升高而降低，因为硫化氢的电离平衡常数 K_s 值比 K_A 还小，所以硫化氢在水中几乎全部以游离的硫化氢分子存在。

氨和硫化氢同时存在于水中时，生成硫氢化铵，在水中被大量水解又重新生成游离的氨和硫化氢分子，即

$$NH_4^++HS^- \longrightarrow (NH_3+H_2S)_l \qquad (2-11-3)$$

在液相的游离氨和硫化氢分子又与气相中的氨和硫化氢呈相平衡：

$$(NH_3+H_2S)_l \longrightarrow (NH_3+H_2S)_g \qquad (2-11-4)$$

结合式(2-11-3)和式(2-11-4)可写为：

$$NH_4^++HS^-(\text{即 } NH_4HS) \longrightarrow (NH_3+H_2S)_l \longrightarrow (NH_3+H_2S)_g \qquad (2-11-5)$$

也可以用图 2-11-1 表示：

在图 2-11-1 中的气相条件下，氨和硫化氢是分子态，液相条件下，氨和硫化氢有离子和分子两种形式，离子不能挥发可称为固定态，分子可以挥发可称为游离态或自由态。氨和硫化氢在水中主要是以离子态还是以分子态存在，与温度、压力及其在水中的浓度有关。

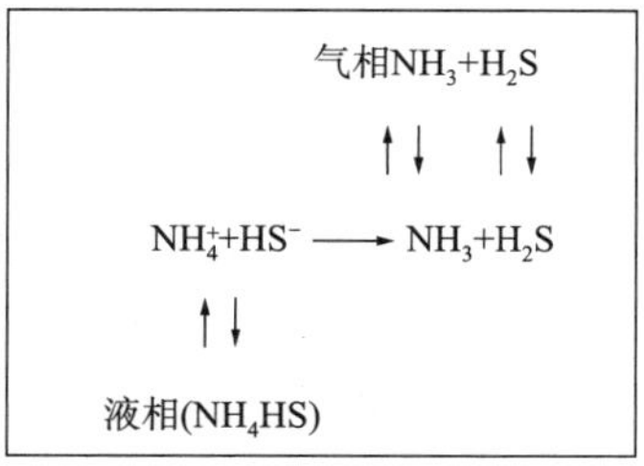

图 2-11-1　$NH_3-H_2S-H_2O$ 三元体系示意图

硫氢化铵在水中进行如式(2-11-3)的水解反应，其水解常数 K_H 同样受温度影响，温度升高，K_H 增加，温度降低，K_H 减少。当温度降低时，K_H 减小反应式(2-11-3)的反应向左移动。故溶液中 NH_4^+和 HS^-离子浓度逐渐增加，因此，在低温段，是以离解反应为主。

当温度升高时，K_H 增加，此时硫氢化铵不断水解，溶液中游离的氨和硫化氢分子逐渐

增加，相应汽相中氨和硫化氢的分压也随之升高，因此在高温段的界限约为110℃，低于110℃，温度对K_H的影响不大，K_H值较低，高于110℃，K_H随温度升高迅速增加，由此可见，要将污水中的氨和硫化氢脱除，温度应该大于110℃。低压污水汽提开工时规定塔底温度大于120℃后开始排放净化水，以及正常生产时塔底温度控制为125℃左右的道理也就在此。

氨和硫化氢在水中的溶解度与气体在溶液中的一般规律相同，随温度升高而降低，随压力增加而增高。氨在水中的溶解度远大于硫化氢在水中的溶解度，但是若在硫化氢水溶液中通入氨，则硫化氢的溶解度就大大提高。在约38℃和0.45MPa时，由于氨的存在，硫化氢在水中溶解度可增加17倍以上。

如前所述，氨在水中或硫化氢在水中，两者都以游离的分子态存在，但若有一定量的氨和硫化氢同时在水中，则由于酸的反应，NH_4^+和HS^-浓度迅速增加。有人曾指出：当温度等于32.2℃，氨和硫化氢分子比为1时，有98.44%的氨或硫化氢以离子形式存在。

然而，氨和硫化氢的离解度不仅与温度压力有关，且还与液相中氨和硫化氢的浓度有关。例如在138.22℃和0.446MPa时，当液相中氨的浓度(W_A)和硫化氢的浓度(W_S)分别为$W_A=51.5\%$和$W_S=17.08\%$时，相应的游离氨和硫化氢的摩尔浓度，氨占其总量的83.45%，而硫化氢只占其总量的0.17%，也就是说138℃，0.446MPa的条件下，当氨和硫化氢的摩尔比大于5时，溶解于水的氨只有16.54%，被电离成NH_4^+，而硫化氢却有99.8%被电离成HS^-，游离的硫化氢分子极少，溶液中几乎都是以HS^-离子的形式被“固定”在液相，单塔侧线流程汽提塔的侧线抽出口塔盘温度要控制大于138℃，目的就是要控制侧线抽出的富氨气体中氨和硫化氢的摩尔比大于5从而保证通过三级分凝流程可以取得高纯度的氨气。

虽然硫化氢的溶解度远小于氨，但其饱和蒸气压比同温度下的氨大得多，故其相对挥发度也就比氨大，因此，只要溶液中有一定数量的游离硫化氢分子存在，则与其平衡的气相中的硫化氢浓度就很可观。正是由于氨的溶解度比硫化氢大得多，而硫化氢的相对挥发度比氨大得多，所以，单塔侧线流程的汽提塔在低温的顶部可以获得含氨很少的酸性气体。

来自催化裂化和焦化的含硫污水中有一定量的二氧化碳，它也能溶解于水，但溶解度比硫化氢更小，在同样温度下，它的蒸气压也比硫化氢大，因而相比挥发度也比硫化氢大，所以它比氨和硫化氢更容易汽提出来。因此，一般情况下，对含硫污水净化而言，二氧化碳的存在并无影响，但是，值得指出的是：二氧化碳的存在，特别是在低温条件下，会与氨作用生成氨基甲酸铵。

$$2NH_3(g)+CO_2(g)=\!=\!=NH_2CO_2NH_4(s) \quad (2-11-6)$$

它是一种白色固体，难溶的盐，会造成管道和阀门堵塞。单塔侧线流程汽提塔侧线抽出口塔盘温度要控制大于138℃，保证侧线抽出气体氨比硫化氢大于5，除了保证氨气纯度，还有一个重要目的就是要避免生成氨基甲酸铵、硫氢化氨等结晶堵塞，保证安全生产。

由于水解是吸热反应，因而加热可促进水解作用，使游离的硫化氢、氨和二氧化碳分子增加，但这些游离分子是否都能从液相转入气相，这与它们在液相中的浓度、溶解度、挥发度以及与溶液中其他分子或离子能否发生反应有关，如二氧化碳在水中的溶解度很小，相对挥发度很大，与其他分子或离子的反应平衡常数很小，因而最容易从液相转入气相，而氨却不同，它不仅在水中的溶解度很大，而且与硫化氢和二氧化碳的反应平衡常数也大，只有当它在一定条件下达到饱和时，才能使游离的氨分子从液相转入气相。

显然，通入水蒸气起到了加热和降低气相中硫化氢、氨和二氧化碳分压的双重作用，促进它们从液相转入气相，从而达到净化含硫污水的目的。

11.3.2 结晶原理

石油炼厂中的含硫污水经过汽提之后，可以得到纯度为99%以上的氨气。一般含有百分之一左右的硫化氢和其他杂质(如酚、氰、二氧化碳、水等)，如要将它制成液氨，以提供化工原料或在炼厂内部供制备催化剂及作冷冻剂等使用。就需要把所得的氨气进行压缩。由于氨气中含有硫化氢和其他杂质，一方面会造成设备腐蚀，致使设备、机械难以连续运转；另一方面，在液氨中残存一部分硫化氢，直接影响到液氨的质量和它的再利用。为了保护环境，更有效地利用资源，我国自行开发了这套新工艺。并已应用到工业上取得成功。实践证明，本工艺在技术上是可行的，流程也简单，操作上方便、经济，所得产品纯度也符合要求。

根据一般的化学知识，氨和硫化氢可以结合生成硫氢化铵、硫化铵两种产物，这两种产物的比例因侧线来的氨气组成而异，当氨气大量过剩时，其生成物主要以硫氢化铵形式出现，硫氢化铵和硫化铵在一定的条件下，在氨和硫化氢共存时，即可得到它生成的结晶物。随着温度的降低，这种结晶析出物就越来越多。而且当冷却结晶温度小于7℃时，去除硫化氢的效果在80%以上。根据有关资料提供结果和热力学公式计算结果表明，温度从0℃变化到40℃，氨和硫化氢生成硫化铵这个反应的平衡常数，随温度的变化不大。因此，该过程的主要控制因素是气固两相共存的物理过程，从实验中可知，一旦温度降低，结晶物的形成是很迅速的。这就说明结晶速度是很快的。另外根据从结晶物的外观可以推断，大部分白色结晶物是硫氢化铵，还有一些黄色油状物质主要是$(NH_4)_2S$、$(NH_4)_2S \cdot nNH_4HS$、$(NH_4)_2S \cdot 2NH_3$、$H_2S(NH_3)_4$、$(NH_4)_2S \cdot 4NH_3$，还需指出的是因气体从40℃左右降至7℃以下，尚有一部分水蒸气也同时被冷凝下来，同结晶物共生在一起，因此，该过程对结晶温度的控制是极为关键的。经过多年的生产实践和不断摸索，总结出无论哪一种氨精制工艺，操作温度对H_2S脱除率的影响最大，温度越低，脱除率越高，因而各厂的操作温度都从国外专利中的7℃降至目前采用的-10~0℃，为此各厂还开发了不同的降温措施。

11.3.3 吸附过程基本原理

从化学平衡和相平衡的角度来看，冷却结晶过程不可能把氨气中的硫化氢全部去掉，根据资料介绍，硫氢化铵的蒸气压是随温度的升高而迅速增加的，为了进一步除去氨中残有的硫化氢，我们采用吸附剂对冷却结晶后的氨气进行处理，使氨气中残存的硫化氢得到进一步去除。吸附原理是将混合物经过多孔性固体物质时，其中所含的一种或数种组分的分子、原子或离子能自动地附着在固体表面上，以达到分离的目的。多孔性固体物质能将介质的分子或原子或离子吸附到自己的表面上。这是因为处在固体表面的质点受到相内质点的拉力，所处的力场是不平衡的，具有过剩的能量，这些不平衡的力场由于吸附作用可得到某种程度的补偿，从而使固体的表面自由焓降低。

在生产上，由于吸附操作具有选择性高的特点，它能分离其他过程难以分离的混合物，同时由于吸附速度一般较快，吸附作用可以进行得相对完全，故在氨精制系统选择适当的吸附剂，用以清除浓度很低的无用组分H_2S，而得到纯度高的气氨。而吸附剂的吸附量与冷却结晶后的氨气浓度、吸附速度、气体流速、吸附剂含水量、再生的程度等因素有关。吸附剂对硫化氢的吸附量随温度的升高而明显下降，实验证明：温度控制在40℃以下为宜。吸附剂含水量影响硫化氢的吸附，实验证明，吸附剂含水量大于2%时，则它对硫化氢的吸附量明显下降。再生程度影响吸附量。再生程度的好坏说明再生后吸附剂的含水含硫化氢量多少，从而知道它对硫化氢吸附的影响。

11.3.4 工艺流程

水蒸气汽提法在国内炼油厂占主导地位。水蒸气汽提工艺适合于硫化氢和氨浓度很宽的范围。用蒸汽汽提时，蒸汽起到了加热和降低气相中硫化氢、氨和二氧化碳分压的双重作用，促使它们从液相进入气相，从而达到净化水质的目的。人们针对气相中硫化氢和氨的出路，开发了以下几种工艺。其中带侧线的单塔加压汽提、双塔汽提和单塔低压汽提这三种工艺在炼油厂应用广泛。各种汽提工艺的比较见表2-11-1。

表2-11-1 各种汽提工艺的比较

	回收硫化氢而不回收氨		分别回收硫化氢和氨	
	单塔低压汽提	双塔加压汽提	双塔加压汽提	单塔加压侧线抽出汽提
操作压力/MPa(表)	0.05~0.07	0.7~1.0(硫化氢汽提塔) 0.05~0.07(总汽提塔)	0.5~0.7(硫化氢汽提塔) 0.1~0.3(氨汽提塔)	0.5~0.6
净化水质	好	好	较好	满足要求
蒸汽单耗/(kg/t原料水)	200~350	430	230~280	130~180
投资	最少	较多	最多	多
工艺流程特点	工艺流程简单，操作方便、投资和占地面积少，净化水质好，国外广泛采用该流程	工艺流程复杂，蒸汽单耗高，净化水质好，国内在20世纪80年代末引进两套	工艺流程复杂，投资也最高，适用于H_2S和NH_3浓度较高的含硫污水。(国内已处理硫化氢和氨总浓度最高达120000mg/L的含硫污水	工艺流程和设备较简单，操作平稳，投资和操作费用较低
硫黄回收火嘴	需烧氨火嘴		不需烧氨火嘴	
工艺流程图	见相关流程图			

11.3.4.1 回收硫化氢和氨的汽提工艺

1. 单塔加压侧线抽出汽提工艺

该流程利用二氧化碳和硫化氢的相对挥发度比氨高的特性，首先将二氧化碳和硫化氢从汽提塔的上部汽提出去，塔顶酸性气送至硫黄回收装置回收硫黄，液相中的氨及剩余的二氧化碳和硫化氢在汽提蒸汽作用下，在汽提塔下部被驱除到气相，使净化水质满足要求，并在塔中部形成A/(S+C)(即氨摩尔数/硫化氢与二氧化碳摩尔数之和)较高的富氨气体，抽出富氨气体，采用三级降温降压，进行分凝，获得高纯度气氨，并经精制、压缩制成液氨。

与常压汽提比较，采用加压汽提，相应提高了塔底温度，有利于铵盐水解，提高了净化水质量。当然，压力升高，增加了硫化氢、二氧化碳和氨的溶解度，但在塔底150~165℃的温度下，温度已是起主要作用了，塔顶压力较高对吸收氨有利，显然提高了酸性气纯度。

由于采取原料污水和侧线抽出汽换热等措施，原料污水进塔温度达到150℃左右，同时，进塔原料水A与(S+C)比较低(比双塔流程硫化氢汽提塔较高)有利于提高硫化氢、二氧化碳一次脱除率，保证了侧线抽出汽A与(S+C)比远大于5的要求，从而为侧线提纯氨产品创造了条件。

由于采取变温、变压三级分凝技术，逐级冷凝甩掉大量水而把氨提浓，因而，侧线抽出气氨浓度可以较低，在处理低中浓度含硫污水时，无须增加侧线抽出比，即不依靠提高氨循环量来提高侧线抽出氨浓度，因而汽提蒸汽单耗可以较低。

侧线抽出气氨浓度随原料污水浓度增加而增加，因而在处理高浓度原料污水时，侧线抽出比可以基本不变，氨循环量也可以基本不变，侧线抽出比是影响蒸汽单耗最主要的因素，因此，在处理高浓度原料污水时，蒸汽单耗只略有增加。

侧线三段分凝液可以全部或大部分混合到热进料中，与净化水换热后返回塔内，因而较双塔流程节省蒸汽单耗，这是双塔流程氨塔顶回流液难以做到的。

汽提塔汽提蒸汽的热量大部分从侧线抽出，对汽提塔上部吸收氨，精制提纯酸性气是有利的，这样，既能满足蒸汽强度要求，又不致造成塔顶冷却吸收水量太大和蒸汽单耗增加。

由于塔顶处于低温氨和硫化氢电离化学反应占主要趋势，过量硫氢根离子和氨形成可溶性铵盐，而将氨固定在液相中，因此塔顶即使用冷进料污水加含氨浓度较高的侧线抽出循环液，对塔顶酸性气产品质量影响不大，完全能满足硫回收酸性气质量要求，而带来好处是相对提高了原料污水处理量，降低了蒸汽单耗，省掉了侧线抽出循环液返塔提升泵。单塔加压侧线抽出汽提示意流程见图 2-11-2。

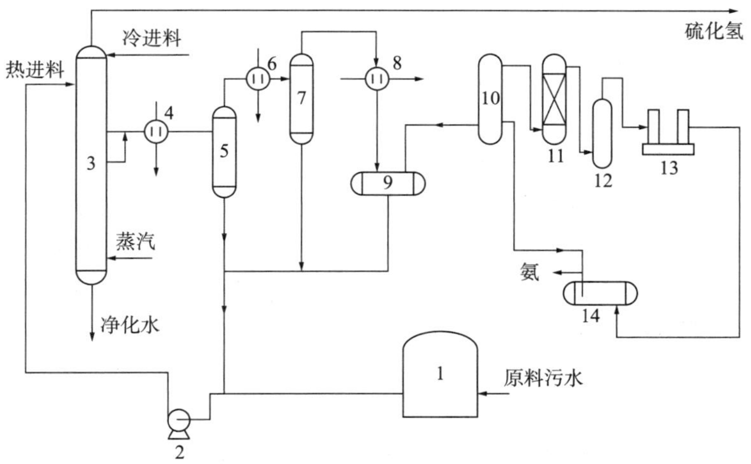

图 2-11-2　单塔加压侧线抽出汽提示意流程

1—原料水罐；2—原料水泵；3—汽提塔；4、6、8—换热器；5—一级分凝罐；7—二级分凝罐；9—三级分凝罐；10—结晶罐；11—吸附塔；12—沉降罐；13—氨压缩机；14—液氨储罐

2. 双塔加压汽提

它有硫化氢汽提塔和氨汽提塔两个塔。含硫污水可先进硫化氢汽提塔，后进氨汽提塔，也可先进氨汽提塔，后进硫化氢汽提塔。为减少蒸汽耗量，以采用先进硫化氢汽提塔，后进氨汽提塔居多。硫化氢汽提塔塔顶的酸性气可送至硫黄回收装置回收硫黄，氨汽提塔塔顶的气氨经精制、压缩制成液氨，可回用于炼油装置或作为化工原料。双塔加压汽提示意流程见图 2-11-3。

11.3.4.2　回收硫化氢而不回收氨的汽提工艺

① 双塔高低压汽提工艺设有硫化氢汽提塔和总汽提塔两个塔。硫化氢汽提塔塔顶酸性

气送至硫黄回收装置；总汽提塔汽提出氨及剩余硫化氢，塔顶富氨酸性气送至硫黄回收装置的烧氨喷嘴，将氨焚烧为氮气，并回收硫黄。双塔高低压汽提示意流程见图 2-11-4。

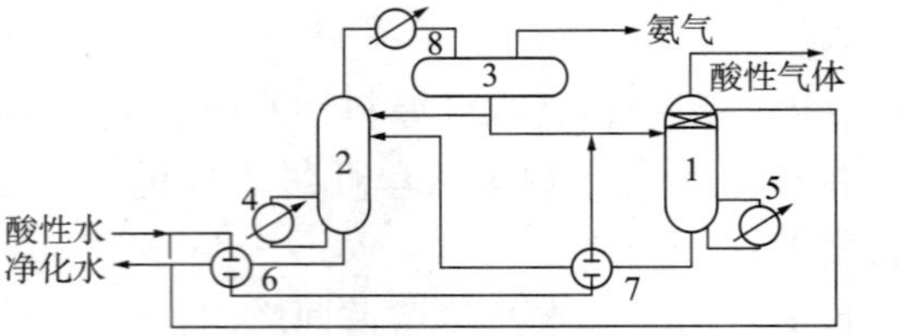

图 2-11-3　双塔加压汽提示意流程

1—硫化氢汽提塔；2—氨汽提塔；3—回流罐；4、5—重沸器；6、7—换热器；8—冷凝冷却器

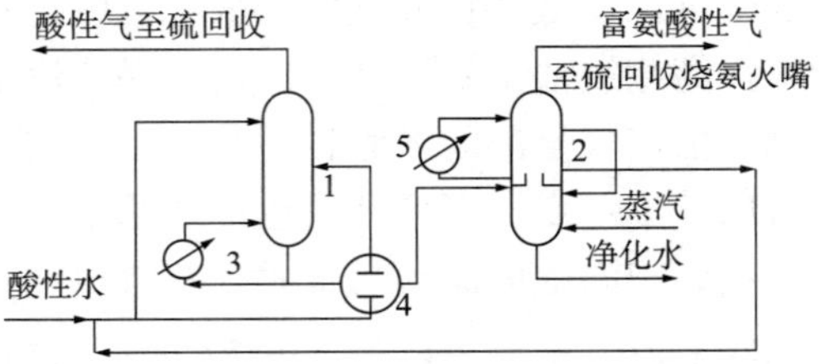

图 2-11-4　双塔高低压汽提示意流程

1—硫化氢汽提塔；2—总汽提塔；3—重沸器；4—换热器；5—冷却器

② 单塔低压汽提工艺是在尽可能低的汽提塔操作压力下，将含硫污水中的硫化氢和氨全部汽提出去，配套的硫黄回收装置采用特殊的烧氨喷嘴直接处理该含氨酸性气并回收硫。该工艺有操作可靠、流程和设备简单以及投资少等优点且净化水的质量能满足质量要求。蒸汽单耗为 110~150kg/t(根据净化水质量要求，可用低压蒸汽)，引进烧氨喷嘴也越来越方便，该流程也越来越被看好。

11.3.4.3　硫化氢和氨都不回收的汽提工艺

单塔低压汽提工艺是在尽可能低的汽提塔操作压力下，将含硫污水中的硫化氢和氨全部汽提出去，塔顶含氨酸性气经高温焚烧后由高烟囱排入大气。单塔低压汽提示意流程见图 2-11-5。此工艺只能用于处理硫化氢和氨含量低的含硫污水，并且环境保护允许热焚烧尾气排入大气的场合。

11.3.5　氨的精制工艺

含硫污水经汽提所得到的副产品氨气中杂质含量为 1000~10000μg/g，其成分也较复杂，除硫化氢外，还含有二氧化碳、硫醇、酚、烃及水分等，因此必须经过精制才能得到可回用于炼油装置或作为化工原料的气氨或液氨产品。目前国内主要有三种氨精制工艺。

11.3.5.1　浓氨水洗涤工艺

气氨在精制塔内自下而上与浓氨水逆流接触，精制塔通过液氨蒸发控制操作温度为 -10~0℃。气氨中的水蒸气因低温而冷凝，部分氨溶解于冷凝液中，同时吸收了硫化氢。浓氨水用泵进行循环，为控制浓氨水中硫化氢和氨的分子比，吸收了硫化氢的浓氨水连续或间断排至原料水罐再处理，并根据液面补充软化水。该工艺的操作关键是温度和硫化氢对氨的分子比，温度越低、氨与硫化氢的分子比越大、精制效果越好。结晶过程是一种气固化学平衡，而浓氨水洗涤过程是一种气液化学平衡。由于浓氨水洗涤过程是一种气液化学平衡，精制后的氨气中水蒸气含量及硫化氢含量都明显地高于结晶过程。

浓氨水洗涤工艺流程简单，操作方便，精制后的气氨中硫化氢含量小于 10mg/m^3，能满足回用要求。示意流程见图 2-11-6。

(1) 结晶-吸附工艺和吸收-吸附工艺

结晶-吸附工艺是利用 H_2S 和 NH_3 在低温下形成 NH_4HS 结晶的原理脱除气氨中的 H_2S，结晶器内设有结晶板，运转一段时间后，板上的结晶需定期用水冲洗，经结晶处理后的气氨再用吸附剂进一步吸附，脱除残留的微量硫。由于该工艺设备结构和操作较简单，目前工业上广泛采用。

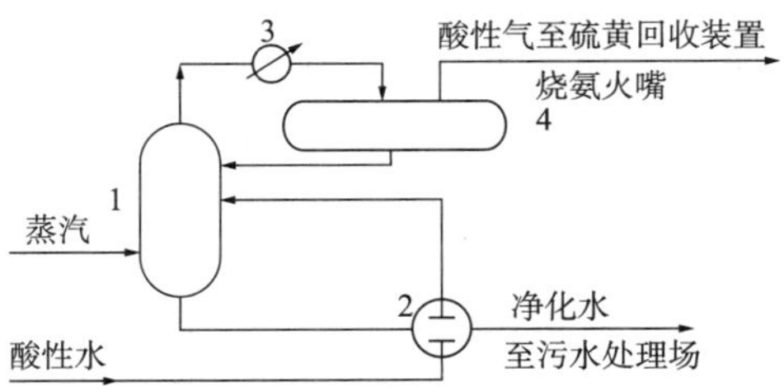

图 2-11-5 单塔低压汽提示意流程

1—总汽提塔；2—换热器；3—冷凝器；4—回流罐

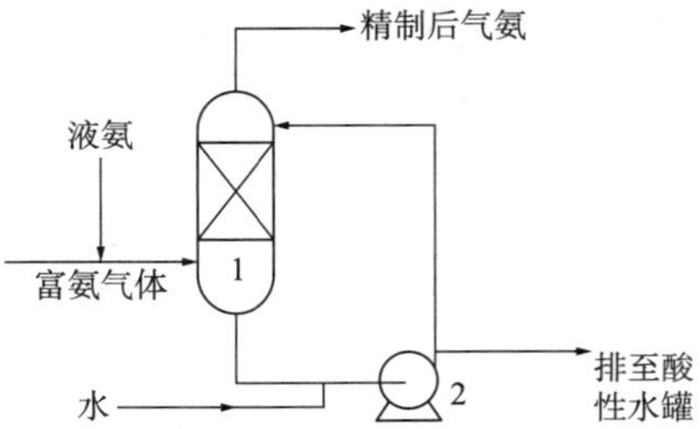

图 2-11-6 浓氨水洗涤示意流程

1—氨精制塔；2—氨水泵

吸收-吸附工艺是利用气氨鼓泡通过吸收器内的高浓度氨水，使气氨中 H_2S 与液相中 NH_3发生反应，生成溶于水的 NH_4HS，以脱除气氨中的 H_2S，显然氨精制器就不需设置结晶板，也不需定期用水冲洗，但需定期排放浓氨水，同时补充软化水。

无论是结晶-吸附工艺还是吸收-吸附工艺，都需要两台吸收器(或结晶器)和两台吸附器，根据出口气氨的硫化氢含量切换操作，吸附器可用蒸汽再生，冷凝液返回原料水罐再处理。和浓氨水洗涤工艺一样，操作关键是温度和氨与硫化氢的分子比。示意流程见图 2-11-7。

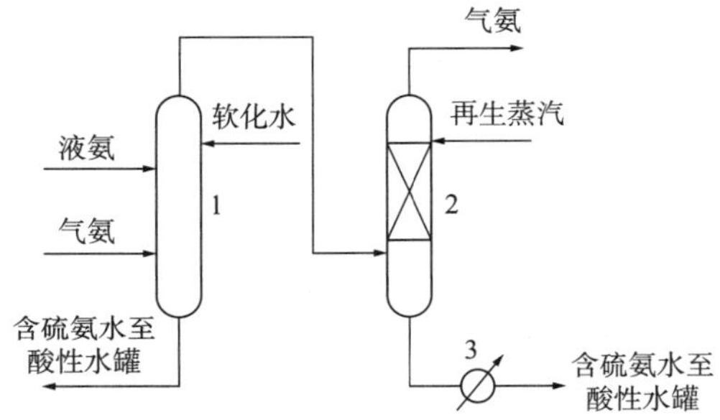

图 2-11-7 吸收-吸附工艺示意流程

1—氨精制塔；2—吸附塔；3—冷却器

上述两种工艺流程虽较复杂，但不需机泵，排放浓氨水或补充软化水都是间断操作，不需自动控制，操作简单、可靠。精制后气氨中硫化氢含量小于 10mg/m^3，能满足回用要求。

(2) 气氨精脱硫工艺

由于上述两种氨精制工艺脱硫平衡级数少，都只有一个平衡级，不能满足脱硫精度的要求，为此开发了精脱硫工艺。它是在上述两种氨精制基础上，再在氨压缩机前后经过两级精脱硫，氨压缩机前的吸附器内装有特殊活性炭，当采用结晶-吸附或吸收-吸附氨精制工艺时，二者的吸附器合并；氨压缩机后的脱硫反应器装有固体脱硫剂，脱硫剂不进行再生。若有脱氯要求，则可在脱硫反应器后再设脱氯反应器。气氨经精脱硫后，硫化氢含量小于 2mg/m^3。

11.3.5.2 含硫污水汽提工艺

选择何种含硫污水汽提工艺与含硫污水中的氨是否值得回收及氨的出路、综合利用、经济效益密切相关。目前国内炼油厂从含硫污水中回收的氨，经精脱硫、脱油后，其产品质量能达到国家标准。此产品硫化氢的质量分数小于 2μg/g，但有机硫的质量分数为 100～280μg/g。这种液氨已用于生产一般复合化肥、造纸用的漂白剂以及作为炼油工艺注氨。如果用于生产硝酸和尿素，则因液氨需与催化剂接触，这样就不合适了。有些炼油厂因氨无销路，将含硫污水汽提的氨就直接送往火炬焚烧放空，这样不但造成系统管道堵塞，操作不稳，威胁安全生产，而且污染大气。因此，在选择含硫污水汽提工艺时应考虑氨的出路和综合利用问题，做好技术经济比较。若氨无出路或回收氨在经济上不合理，则可采用不回收氨的汽提工艺，但最好将含硫污水汽提装置设置在硫黄回收装置附近(因含氨的酸性气压力小)，并且在硫黄回收装置采用烧氨火嘴，使氨在高温下分解成氮气，减少对环境的污染。

11.3.6 原料污水罐罐顶尾气治理工艺

原料污水罐罐顶尾气主要有氮气、硫化氢、氨、有机硫化物、非甲烷总烃、苯系物等。罐顶尾气污染物组成复杂，相关资料表明，原料污水罐的罐顶气中可检出的恶臭物质包括硫化氢、氨、甲硫醇、乙硫醇、丁硫醇、甲硫醚、乙硫醚、二甲二硫、羰基硫等。同时污染物浓度受进料温度、进料浓度及外界温度影响波动很大。当罐内压力高于呼吸阀操作压力时，恶臭气体从呼吸阀逸出并飘浮于大气中，刺激人的感官神经系统，破坏人体新陈代谢，造成神经和心理伤害。同时，罐顶尾气严重污染周围环境，成为亟待解决的环保问题。

目前，原料污水罐罐顶尾气治理方法有水洗法、化学吸收法、氧化法、燃烧法、生物法、油气回收等。燃烧法适合于处理低浓度有机废气；对于烃含量高、硫化物浓度大并且处于易燃易爆区域的罐顶恶臭气体，应考虑防爆措施及经济性。吸附法是一种传统的，仍处于发展阶段的除臭技术，由于吸附容量较低，饱和的吸附剂无论是填埋还是再生均产生二次污染，吸附剂的更换也较为麻烦。化学吸收法可分为碱吸收法、酸吸收法、化学氧化法、空气催化氧化法、金属离子催化氧化法等，应用广泛，但有机硫化物及非甲烷总烃去除效果不佳，部分工厂将化学吸收后尾气送至硫黄焚烧炉处理，造成能源浪费，同时易导致硫黄烟气SO_2排放超标。

（1）化学吸收法

采用化学吸收法脱除罐顶气中恶臭组分，达到消除污染的目的。污水汽提罐罐顶尾气采用含硫尾气吸收剂进行两级吸收。尾气通过喷射泵进入吸收剂罐，然后进入吸收塔底部，与碱液循环泵打上来的含硫尾气处理剂进行充分接触、吸收，除去大部分的恶臭气体，完成第一级吸收；未吸收完的恶臭气体进入吸收塔底部，与碱液循环泵打上来的含硫尾气处理剂再次进行充分接触并反应，完成第二级吸收。经两级吸收后的尾气进入吸收剂罐进一步混合吸收后通过小烟囱高处放空。

污水汽提所用的含硫尾气处理剂的主要成分是氢氧化钠（NaOH）及次氯酸钠（NaClO）。氢氧化钠和硫化氢及硫醇反应，次氯酸钠将甲硫醚和二甲二硫醚氧化生成无臭的砜类，同时次氯酸钠能对还原性离子氧化，具体反应式如式(2-11-7)~式(2-11-13)所示。

$$H_2S+NaOH \longrightarrow Na_2S+H_2O \tag{2-11-7}$$

$$R-SH+NaOH \longrightarrow R-SNa+H_2O \tag{2-11-8}$$

$$S^{2-}+[O]+H_2O \longrightarrow NaCl+NaOH+S \tag{2-11-9}$$

$$S+[O] \longrightarrow SO_3{}^{2-} \longrightarrow SO_4{}^{2-} \tag{2-11-10}$$

$$CH_3SCH_3+[O] \longrightarrow CH_3SOCH_3 \tag{2-11-11}$$

$$CH_3SH+[O] \longrightarrow CH_3SSCH_3+H_2O \tag{2-11-12}$$

$$CH_3SSCH_3+[O] \longrightarrow CH_3SSOCH_3 \tag{2-11-13}$$

恶臭组分被氧化生成的硫酸盐及砜溶解在吸收剂内。定期化验吸收剂浓度，根据浓度大小更换吸收剂，保证吸收效果。

该方法受限于含硫尾气处理剂不能充分与硫醚、烃类物质反应，导致排放气中恶臭物质不能完全脱除。对烟囱排放气进行采样分析，原料水罐罐顶尾气中硫化氢、甲硫醇脱除率接近100%，硫醚类及非甲烷总烃脱除效果不理想。

（2）降膜吸收工艺技术

降膜吸收工艺分三级处理，第一级通过液膜吸收、溶解以及化学反应，除去大部分恶臭气体；第二级通过与吸收剂旋流、逆流接触，进行化学吸收反应；第三级与氧化剂、催化剂、活化剂发生氧化反应，从而彻底除去恶臭气体。

该工艺应用后污水罐顶尾气中硫化氢、氨去除率在 99%以上，其他有机硫去除率在 96%以上。

（3）低温柴油吸收技术

低温柴油吸收技术利用液环压缩机使尾气提压，在柴油吸收塔内与 0～15℃的低温柴油充分接触吸收，脱除大部分烃类和有机硫化物；尾气自塔顶排出后，进入有机胺吸收塔，脱除尾气中的硫化氢组分，再经过吸收液吸收脱除少量硫化氢或有机硫，最后净化气高点排放至大气。

该工艺应用后污水罐罐顶尾气中硫化氢、氨及有机硫去除率在 99%以上，非甲烷总烃去除率在 90%以上。

（4）油气回收技术

原料污水罐罐顶尾气经脱硫脱臭设施后直接高点排放，同时罐顶呼吸阀存在超压无组织排放的情况，恶臭气体对厂区及周边环境影响较大。为此，在原有污水罐罐顶尾气治理的基础上进行改造，增加增压设施、过程自动控制集成技术，实现罐顶尾气密闭回收，彻底解决现场臭气污染问题。

污水汽提装置原料污水罐罐顶尾气治理新技术在原有脱臭设施上进行优化改造。保留脱臭设施，将脱臭后尾气由现场排放改送至低压瓦斯系统；优化原料污水罐罐顶压力控制，罐顶设有氮气调节阀，增压机选变频控制；取消罐顶呼吸阀，新增正、负压水封罐；增压机进出口管线上设置氧含量分析仪，当氧分仪检测到尾气中氧含量低于设定值 2%（体）时，尾气排放至低压瓦斯系统；当氧含量高于设定值 2%（体）时，尾气改为高处直接放空。

油气回收新技术解决了现有技术存在的原料污水罐顶部尾气 VOCs 无组织排放污染环境、原料污水罐顶部压力不稳定、在轻烃回收过程中氧含量过高引起的安全隐患等问题。

罐顶尾气现场零排放，罐顶尾气经密闭脱臭后由增压机压送至低压瓦斯系统管网；取消罐顶呼吸阀，消除因呼吸阀密封面铵盐结晶导致的泄漏，从根本上消除尾气 VOCs 含量在 150000mg/m^{3}左右，该组分为高价值轻烃。经计算，罐顶尾气全部压送至低压瓦斯系统回用，回收燃料气量约 50kg/h。

原料污水罐压力平稳控制，罐顶尾气治理流程上每个污水罐均设有氮封系统，通过压控阀调节酸性水罐压力，避免在雷暴天气下污水罐出现负压情况。尾气增压机采用变频控制，当气温变化或进料量波动造成酸性水罐压力升高时，氮气压控阀缓慢关小，直至全关，若罐顶压力依旧高于设定值，尾气增压机频率升高，将尾气抽至低瓦系统；当气温变化或进料量波动造成酸性水罐压力降低时，尾气增压机频率降低至最小频率的 20%，若罐顶压力依旧低于设定值，氮气压控阀缓慢打开补充氮气，实现罐顶压力的平稳。

第12章　含硫污水汽提的主要设备

12.1　塔类设备

12.1.1　含硫污水汽提塔

含硫污水汽提塔通常采用浮阀塔盘，因为浮阀塔操作弹性比较大。单塔加压侧线抽出汽提流程的汽提塔和双塔加压汽提中的硫化氢汽提塔热进料以下塔盘数分别为45块和30块，热进料以上均有4~6m填料，双塔汽提中的氨汽提塔约30~40块塔盘。近年来，尤其是装置为扩大处理量进行改造时，也广泛采用填料。汽提蒸汽量取决于工艺要求的净化水质量、塔高。蒸汽大致为0.15~0.25t/t(含硫污水)。为保证下游Claus装置的正常操作，汽提塔塔顶排出的再生酸气中烃类含量应不超过2%。从单塔加压侧线抽出汽提塔板气液负荷分配来看，侧线抽出以下气液负荷大，以上负荷小，抽出口以下塔径大于上部塔径；原料污水进料口以上负荷小，以下气液负荷大，原料污水进料口以下塔径大于上部塔径，上部一般是规整或散堆填料，所以单塔加压侧线汽提塔是三段变径。

含硫污水汽提装置内产生堵塞主要是在低温下，由高浓度的NH_3、H_2S、CO_2产生铵盐结晶引起。处理堵塞的方法是采用热水冲洗、蒸汽吹扫等。在温度和组成波动可能较大的汽提塔塔顶容易产生结晶堵塞。设计时采取在酸性气控制阀芯附近加吹扫头、对酸性气管道伴热保温等措施，以减少堵塞的发生。在汽提塔塔底设置安全阀，以防塔顶安全阀堵塞，塔超压时能保护设备。

12.1.2　氨洗涤塔

氨洗涤塔的工作原理是在-5~7℃的较低温度下，利用浓氨水循环洗涤氨气，使氨气中的硫化氢含量小于100mg/L，达到精制氨气的目的，当浓氨水中氨硫分子比小于20时，切换精制塔中的浓氨水，补充液氨，再进行循环。氨液循环过程中，氨液循环泵是关键，以往设计精制塔的氨液循环泵采用的是齿轮泵，由于该泵密封性差，易腐蚀，经常出现滴漏抽空现象，检修不断，影响精制塔脱硫效果，目前大多采用了为氨精制系统专门设计的高速泵，泵叶轮增加了导向诱导轮，排出口采用了喉径形式的锥形扩压管，其转速高、流量小、扬程高。其主要部件(泵体、叶轮、诱导轮)耐磨损、耐腐蚀、无泄漏、振动小、噪声低、运转平稳。氨洗涤塔一般为填料塔，里面的填料乱堆或整砌在靠近塔底部的支承板上，气氨从底部被送入，氨水从塔顶经分布器被淋洒到填料表面。由于流体在填料层中有倾向塔壁流动的趋势，故当填料层较高时，常将其分成数段，两段间设液体再分布器。液体在填料表面分散成薄膜，经填料间的缝隙下流，也可能成液滴下流。填料层的湿润表面便成为气液层的传质表面。填料塔内气液两相呈逆流式接触。两相的组成是沿塔高连续变化的，这一点与板式塔内组成作阶跃式变化完全不同。填料塔的作用是为气液两相提供充分的接触表面，并为强化其喘动程度创造条件，以利于传质。它们应能使气液接触面大，传质系数高，同时通量大而阻力小。所以要求填料层的空隙率高，比表面积大，表面的湿润性好，并且在结构上还要利于两相密切接触，促进喘动。另外，制造的材料又要对所处理的工艺介质有耐腐蚀性，并具有一定的机械强度，使填料层底部不致因受压而变形。常用的填料有两大类，乱堆填料和规整填料。乱堆填料有实心和固体块、中空的环形填料和表面开口的鞍形填料等。其常用的构造材料包括陶瓷、金属、塑料、玻璃和石墨等。规整填料是用薄板条或波纹板按一定间距有规则地排列而成，称为栅板填料或波纹板填料。

12.1.3 吸附塔

吸附是一种物质原子或分子依附于另一种物质的表面上或者说在界面上凝聚的现象。在吸附过程中，一种物质能将另一种物质吸附于其表面上，具有这种吸附能力的物质称为吸附剂。被吸附的物质称为吸附质。吸附质呈气体状态被吸附的称为气相吸附，若以液相状态被吸附的则称为液相吸附。吸附过程可分为两类即物理吸附和化学吸附。吸附剂的表面吸附了吸附质分子以后，当它的吸附量不再增加时，通常认为达到了吸附平衡。这时，吸附剂已达到饱和状态，它不能再继续吸附物质。为了充分利用吸附剂，使它继续起吸附作用，必须把吸附质从吸附剂中解脱出来，这个过程称为脱附过程。吸附剂吸附吸附质的能力与吸附的温度、压力和吸附质的浓度有关。一般来说，温度降低，压力升高和吸附质的浓度增大，则吸附剂达到吸附平衡时所吸附的吸附质也增多。但是，如果温度太低，吸附质扩散到吸附剂表面的速度放慢，这样达到吸附平衡所需的时间就要长，这在工业生产上是不经济的，因此需要根据具体的吸附剂和吸附质来决定吸附的温度。同样，这些影响吸附作用的因素也影响着脱附过程，但作用相反，即提高温度、降低压力、减少吸附质的浓度都有利于脱附过程的进行。含硫污水汽提装置氨精制的吸附塔属于填料塔，是通过改变温度进行吸附-脱附的过程。含硫污水汽提装置氨精制都有两台吸附塔，根据出口气氨的硫化氢含量切换操作，吸附塔用蒸汽再生，冷凝液返回原料水罐再处理。因此吸附塔有蒸汽加热盘管，用来加热再生饱和的吸附剂，将吸附剂吸附的硫化氢解吸出来，吸附剂重复利用。

冷却结晶后的氨气流量、浓度影响穿透程度。当体积流量下降时，在原料气浓度一定的条件下，穿透时间增加。另外，在体积流量一定的条件下，原料气中硫化氢浓度增加，则穿透时间缩短。各种品牌的脱硫剂在各炼厂使用。这些脱硫剂可使氨气中的硫化氢(包括有机硫)降至1μg/g以下，甚至0.1μg/g以下(或检不出)。在如此低的检出浓度下所采用的分析方法仍是滴定分析法，故存在的误差较大。目前大部分装置使用氧化铝吸附剂。氧化铝的特性是容易再生，且再生后活性不减；在吸附过程中，能同时吸附氨气，而使其对硫化氢的吸附量比它单独吸附硫化氢时的吸附量高，同时，氧化铝对酚、氰、烃等其他杂质均有吸附作用。氧化铝价格比较便宜。就氧化铝对硫化氢的吸附来说，是以物理吸附为主，同时也伴随少量的化学吸附，这主要取决于氧化铝的孔径大小。而氧化铝作为吸附剂同其他化工过程一样，吸附效果除与氧化铝本身的物化性能有关外，还与其操作条件有较大的关系。

12.1.4 结晶罐

结晶工艺是利用 H_2S 和 NH_3 在低温下形成 NH_4HS 结晶的原理脱除气氨中的 H_2S，结晶罐等三级分凝罐段，上段空间作为雾沫沉降段，下段空间作为液氨储存蒸发段，设有结晶板，运转一段时间后，板上的结晶物需定期用水冲洗，中间一段为填料，双法兰液位计分别从中间段上端和下段的下端引出。在操作时将液氨充入罐内达到一定液位，使液氨在低压下(0.15MPa左右)蒸发降温形成低温(低于7℃)，粗气氨从罐底进入，温度降至7℃以下，其中的硫化氢和氨在低温下形成结晶物，有一部分水蒸气也同时被冷凝下来，同结晶物共存在一起。在罐顶得到脱除硫化氢及脱水后的氨气。含硫污水汽提装置氨精制都有两台结晶罐，根据出口温度及罐内液面切换操作。

12.2　螺杆式氨压机

螺杆式压缩机的工作原理属于容积式压缩机的范畴。它如活塞式压缩机一样，气体也是依靠容积的减少来实现压力的提高。螺杆式压缩机内的气流方向，在压缩机腔内是沿入口到出口的对角线方向流动的，和活塞式压缩机一样，它的工作过程也分为吸气、压缩、排气三个过程。压缩机在吸气结束，压缩过程开始之时，向气缸内喷入冷冻油，借以降低压缩过程的温升。在压缩气氨达到额定排压时，排气温度被控制在 85℃以下。不同结构形式的螺杆压缩机可通过变频器或能量调节滑阀进行压缩气量调节。

压缩机由于配置了精度较高的同步齿轮和滚动轴承，因此压缩机的啮合间隙以及转子和缸体之间间隙得到了可靠保障，完全被控制在一个理想的数量范围内。从而保证机组获得较好的横向气密性和轴向气密性，使机组具有较高的容积效率和绝热效率。

第13章 含硫污水汽提装置的开停工及正常操作

13.1 装置开工

开工前认真做好思想动员工作，充分发动全体员工并明确各自的职责和任务，确保开工一次成功。开工方案及工艺卡片报公司有关处室或总工程师审批。装置的改造项目和检修项目必须向员工进行详细交底，做到人人心中有数，组织员工认真学习开工方案和工艺卡片，并进行开工考试。

13.1.1 检查

开工前的检查，是装置顺利开工的重要环节，主要检查内容各装置都有具体规程，下列几点值得特别注意：

① 盲板装、拆是否妥当。

② 安全阀是否校验、安装。

③ 仪表及其他系统工程是否好用并经过校准。

④ 新安装机泵是否带负荷运转4h以上无异常。

⑤ 吸附塔内吸附剂是否再生好并冷却。

13.1.2 水冲洗

(1) 目的

① 清除设备、管线内的焊渣、铁锈和杂物，防止在运转时损坏阀门、法兰、孔板，堵塞管线、设备和机泵。

② 检查管线、设备、阀门、法兰、焊缝有无泄漏，保证管线、设备畅通。

③ 通过冲洗试运，操作人员进一步熟悉工艺流程和管线设备。

(2) 管线吹扫方法及检查标准

① 水冲洗：排放水时尽可能地将排放水接入水沟中，当排放水的透明度与入口处目测一致时，办理确认手续方可进入下段管线的冲洗。

② 空气吹扫：装置仪表风系统用风吹扫，氮气系统用氮气吹扫。

③ 蒸汽吹扫：装置的蒸汽管道用蒸汽吹扫，引蒸汽前应缓慢升温暖管，防止水击，且恒温一小时后再进行吹扫，然后降温至环境温度，再升温、暖管、恒温进行，吹扫排放管，管口向上，引至安全地点接消音器排放，排管直径不应小于吹扫管直径。

(3) 冲洗的原则及注意事项

① 冲洗前，要拆除流量孔板、调节阀、疏水器、流量计，注意分别标记，妥善保管。

② 冲洗必须按照冲洗路线进行，有专人负责，做好记录，必须对冲洗线路的螺栓、垫片、阀门进行检查，发现问题及时处理。

③ 冲洗时应打开有关放空阀，避免充水时产生正压，放水时产生负压，损坏设备。

④ 管线必须单独冲洗，每根管线冲洗前，应确定冲洗时水的流向，当流程有分支时应先冲洗一路，然后关两头阀门，再冲洗另一路，以避免死角。冲洗完后，必须放尽存水。

⑤ 冲洗时防止液面过低或过滤网堵塞，从而使泵抽空，各过滤器网要定期拆开检查。并注意阀门开关情况，防止跑水、窜水。

⑥ 有阀门的水平管线应分段冲洗，先拆开阀门前法兰冲洗干净后，上好法兰继续冲洗，并将阀门全开待管线冲洗干净后，再将阀门关小至1/3~1/4，以冲洗阀底杂物。在冲洗过程中，禁止猛关阀门以防止损坏阀芯，当开关阀门感觉有卡涩时，禁止强行开关，防止阀门损坏。

⑦ 在冲洗前，所有仪表引线阀、安全阀、液面计连通阀等均要关闭，待主管冲洗干净后再冲洗，并与主管一起试压。取样管以及放凝、排污线、连通阀等均应冲洗干净。

⑧ 各机泵进出入口管线冲洗干净后，在泵入口装上过滤网，启动泵开始单机试运并冲洗泵出口管线。要注意运行机泵不应超过额定电流。

⑨ 在冲洗过程中，如发现管线有泄漏，应及时进行处理，冲洗完毕，要分段关小泵出口线上阀门，进行试水压，同时还要对管线进行振动检查。

⑩ 当拆下调节阀、流量计时，应先开副线冲洗后面管线，并打开上下游阀冲洗至整条管线冲洗干净后再装回调节阀、流量计一起试压。

⑪ 冲洗过程中严禁往塔、容器、换热器、冷却器或其他管线内排空，拆近器壁法兰时，应用铁皮挡住，严禁脏物冲进容器，法兰拆开放空时下法兰应加好挡板或使两法兰完全错开，防止脏物吹入下面管线及设备。

⑫ 冲洗过程要注意管线排水量是否正常，发现异常时应检查管线内是否有大件杂物，并汇报车间。

⑬ 冲洗后，拆开塔和容器有关人孔，拆下认为有积存杂物死角（如管端盲板、弯头、阀门等），把杂物清扫干净。

⑭ 冲洗时，要有专人指挥，统一安排。

13.1.3 试压及气密方案

13.1.3.1 试压注意事项

① 管线冲洗及单机试运完毕，装上调节阀、孔板和安全阀后，方能试压。

② 试压前压力表必须校正，安全阀关紧手阀或装上盲板。

③ 试压工作由专人统一指挥，严禁超压。

④ 管壳式冷换设备在试压时，注意判断管壳程是否有窜漏现象。

⑤ 试压介质用新鲜水，试压时应以各设备底部压力表为准。不锈钢材质的设备试压时，推荐使用除盐水试压；如用新鲜水，氯离子含量必须小于50mg/L。

⑥ 试压应在最高点赶净空气，空气放完，逐步关小放水阀升压。试压完毕，先打开放空阀消压，再放净存水。

⑦ 在试验压力下保持5min，降至工作压力，根据壁厚大小，用0.5~1.5kg重的手锤敲打焊缝两侧，并全面检查其他有关部位，以无渗漏、无变形、压力不下降为合格。

⑧ 泵体试压时，以泵出口压力为准，在试验压力下稳压15min。

⑨ 试压完后缓慢泄压，打开塔、容器顶放空阀，排尽塔、容器及系统内存水。

⑩ 做好试压的详细记录。

13.1.3.2 试压标准

① 机泵免试压。

② 蒸汽管线不试水压，只试蒸气压。压缩风不试水压，只用自身介质试气压。

③ 工艺管线、换热器和仪表引线一同试压。

④ 管线试压时、试验压力为操作压力的 1. 25 倍。但不能小于 0. 2MPa。其他设备试验压力为设计压力的 1. 25 倍。

⑤ 单塔系统氮气试压步骤：

准备好肥皂水、刷子、喷壶、洗耳球及其他所需工具，联系送氮气。水冲洗结束后，用氮气进行贯通试压，一方面可以把系统中的存水吹扫干净，另一方面还能进一步考验有关设备和管线的安装质量，是试运过程不可缺少的一步。引进氮气时，要有专人看压力表。从汽提塔引氮气，按流程逐段赶完系统内空气。赶完系统空气后，关闭各放空阀，全系统憋压进行试压试漏。试压过程中，对法兰、阀门、焊口等各连接点，用肥皂水详细检查，发现漏点时要先泄压并处理好后再试压，直至达到要求为止。试压达到规定压力后，恒压至检查完毕，若无问题应立即进行缓慢消压，消压完后关各放空阀。开氮气试塔压力时，进塔底阀不能一下开得过大，以防冲坏设备。做好塔系统氮气试压详细记录。

13. 1. 3. 3 氨精制系统氮气气密试压

(1) 氮气吹扫赶水，吹扫注意事项

氮气吹扫每条管线及设备时，必须吹净其内存水后，才能符合要求。每条管线在进入各设备之前，都要拆法兰吹净该管线后，才能装法兰进行下一步吹扫。注意各容器底放空排水及 U 形管线低点法兰拆开排水。按此流程吹扫净设备内存水后，亦可按此流程进行气密试压。

(2) 氮气气密

准备好肥皂水、刷子、喷壶、洗耳球及其他所需工具，联系送氮气。引入氮气，要有专人看压力表。按流程逐段赶完系统内空气后，关闭各放空阀，全系统升压进行试压试漏。合格后，切断低压部分，高压系统继续升压。

做好试压详细记录。

13. 1. 4 蒸汽贯通试压

用蒸汽进行贯通试压，贯通试压是试运过程不可缺少的一步。

吹扫前应关闭仪表引出阀，以免损坏仪表。通蒸汽前，应先排净冷凝水，后缓慢给汽，以防水击和膨胀过剧。贯通试压前后，应仔细检查盲板的安装和拆除是否完成，以免影响试运工作。给汽贯通时专人看守压力表和给汽阀门，同时安排专人沿给汽流程进行检查，做到汽到哪里人到哪里，若有异常应及时关闭给汽阀门。吹扫时，先吹扫副线，后吹扫主线，以防止杂物进入孔板、调节阀或有关设备内。吹扫冷换设备时，冷换设备另一程必须放空，以免憋压。压力表必须预先校验，导管必须预先贯通。贯通试压时，应详细检查管线设备的法兰、阀门、人孔、垫片、焊缝及接口等处，根据流动声音及温度、压力的变化情况，判断有无漏堵现象。如有应立即消压处理，再贯通试压。蒸汽试压时，应把安全阀前的手阀关闭，试完压后再打开。贯通试压蒸汽不能经过质量流量计。开塔底蒸汽阀试压时，要缓慢，以防冲翻塔盘，试压达到规定压力后，恒压至检查完毕，无问题应进行泄压，不能带压离人。

蒸汽贯通试压完毕，打开放空阀、排凝阀。

13. 1. 5 水联运

13. 1. 5. 1 水联运的目的

进一步冲洗设备及管线内杂物，同时鉴定阀门、法兰、管线等有无泄漏现象。对所有泵进行负荷试运，较长时间考验各机泵的安装质量和性能。进一步考验循环系统的压力、流量及液位等控制仪表的安装质量及控制性能。熟悉岗位责任制、进行技术练兵，为正式开工创造条件。

13.1.5.2 水联运的要求

① 认真对待，做到不跑、不漏、不抽空、不装满、不损坏设备。

② 单件设备的操作，仪表的选用都要按操作规程进行，能够启用的仪表都要尽量启用，以便考核。

③ 对设备及管线上的问题已处理完毕，在吹扫、冲洗时拆开的法兰、孔板、控制阀、安全阀、流量计等均要复原，有关仪表已核对无误。

④ 做好水联运时的流量、压力、液位及问题记录，以待联系处理。

⑤ 在水联运过程中，要认真对待巡回检查，对出现的不正常现象要及时汇报，处理后再继续进行。

13.1.5.3 水联运的步骤

启动泵向汽提塔送新鲜水，液面达30%左右，建立汽提塔系统循环。循环建立后，缓慢引蒸汽入塔底重沸器，按30℃/h速度升温，当液面至50%左右时停加新鲜水。汽提塔塔顶温升高，塔底液面下降时，补充新鲜水经吸收水流程降顶温和调节液面。当塔的压力升至0.50MPa后，塔底液体靠自压经冷却后出装置，顶部气体去硫黄回收，中部气体去侧线系统。侧线系统分一见液面后，手动控制好分一的压力，分一的压力正常后改投自动控。一级分凝罐、二级分凝罐、三级分凝罐液面超高时，液体排入下水井中。当塔内压力不够时，应用氮气补充至操作压力。在水联运过程中，每隔2h，在塔及容器低点放空阀排污一次，每次排污时间长短，可视出水的混浊程度而定。如发现塔内压力下降太快，应注意检查流程上是否有错误或设备泄漏，发现问题应及时处理。在水联运过程中，运转泵和备用泵要经常切换，以检查泵的运转情况。还要经常注意检查泵的过滤网，防止过滤网堵塞和泵抽空。塔及容器各参数均按工艺正常参数控制。

根据水联运情况，可进行突然停电、停水、停风的演习、进一步熟悉有关参数的调节方法。

13.1.5.4 水联运注意事项

① 各泵入口均装过滤网，发现过滤网管线堵塞时，应及时拆下过滤网清扫或找出堵塞部位。

② 各备用机泵至少应切换一次。

③ 注意系统物料平衡，防止泵超量、电机超负荷及设备超压。

④ 水联运完毕后，拆除泵入口临时过滤网，放尽设备管线内存水。

⑤ 打开各塔顶部进料口、塔底人孔、进行清扫，封闭后重新试压。

⑥ 氨精制用氮气吹净管线及设备内存水后，严禁在水联运时将水窜入该系统，在相关位置加好盲板。

13.1.6 氨精制系统引氨试运

① 从装置外引液氨去液氨储罐，使其液面≤50%，改通液氨储罐至结晶罐流程，气氨去饱和吸附剂至备用状态。

② 从液氨储罐补液氨至氨精制塔，启动氨液循环泵进行循环，将塔内温度降至7℃。

③ 引气氨入氨压机入口管，缓慢将入口管线压力调至0.05~0.1MPa。

④ 启动氨压机，运行正常后将能量调节器逐步调大。

⑤ 氨压机油压稳定，轴承温度不大于70℃，出口温度不大于145℃。

⑥ 逐渐从三级分凝系统引氨至氨压机进行并车生产液氨。

13.1.7 双塔汽提开工

改好原料污水进塔流程(也可用新鲜水)。启用原料污水泵引原料污水进硫化氢汽提塔，同时投用相应的流量调节仪表。关闭硫化氢汽提塔塔底液相排出阀，关闭酸性气排放控制阀及上下游阀门。当硫化氢汽提塔塔底液位达80%时，停原料水泵，缓慢调节重沸器蒸汽流量。硫化氢汽提塔的升温速度不能过快，及时启用相应液位与温度调节仪表。当硫化氢汽提塔液面下降到30%时，连续向硫化氢汽提塔塔内打入热进料，并控制好流量。当硫化氢汽提塔塔顶压力达到0.5MPa或顶温达80℃以上时，向硫化氢汽提塔塔顶连续打入吸收水，吸收水量控制为热进料的8%~12%。当硫化氢汽提塔压力达0.5MPa时，硫化氢汽提塔塔顶温度低于50℃时，启用填料层温度控制阀，开始外排酸性气至火炬。装置生产正常后酸性气改去硫黄回收装置制硫黄。全面调节硫化氢汽提塔的工艺参数，塔顶压力控制在0.6MPa左右，塔顶温度控制低于50℃，塔底温度控制在165℃左右。当硫化氢汽提塔液面达80%时，启动硫化氢汽提塔液控阀，控制硫化氢汽提塔液面，液相自压排入氨汽提塔作为氨汽提塔的进料。关闭氨汽提塔塔底液控阀和氨汽提塔塔顶氨气排放控制阀及上下游阀。当氨汽提塔塔底液位达80%时，缓慢调节重沸器蒸汽流量。氨汽提塔的升温速度不能过快，及时启用相应液位与温度调节仪表。调节好氨汽提塔工艺参数，塔顶压力控制在0.32MPa左右，塔顶温控制在135℃左右，塔底温度控制在150℃左右。

通知化验采样分析，根据化验分析结果调整操作，并用氨氮快速检测试纸检测净化水水质或通知化验采样分析，净化水质量合格后改排净化水管网，通知有关装置回用净化水。若不合格，则仍将不合格净化水返回原料污水罐。当氨汽提塔压力达0.35MPa，开始将一级分凝罐内含硫氨气排入二级分凝罐。氨汽提塔塔顶汽相经冷却器冷却后进入一级分凝罐，并投用一级分凝罐温度控制阀，控制其温度在120~125℃，一级分凝罐液面达40%后，一级分凝罐液相经冷却器冷却到80℃后，打入氨汽提塔塔顶做回流，控制一级分凝罐液面在50%左右。当二级分凝罐气相压力达0.25MPa时，开始将二级分凝罐氨气经冷却器冷却后排入三级分凝罐。并投用二级分凝罐温度控制阀，控制其温度在60~70℃，二级分凝罐液面达40%后，将一级分凝罐液相与二级分凝罐液相混合后，打入氨汽提塔塔顶做回流。当三级分凝罐气相达0.2MPa时，控制三级分凝罐的温度在40℃以下，将气氨引至氨精制。

13.1.8 单塔汽提开工(以100m^3/h汽提塔装置为例)

在确定所有流程动改无误后，引新鲜水至泵入口，开启原料污水泵往汽提塔打水，控制量在50m^3/h，回流量在10m^3/h左右。待塔底见液面后，塔底重沸器缓慢给汽，升温速度控制在30℃/h，并投用塔底液控阀，控制塔底液位在40%~60%之间。注意一定要控制塔底重沸器的给汽速度，防止由于给汽过大，升温过快而造成重沸器憋漏和塔盘冲翻。当塔压力达到0.5MPa左右，塔底温度达到150℃/h后，改原料水进塔，投用酸性气流量控制阀，塔顶开始抽少量酸性气，汇报调度污水酸性气后路去低压瓦斯系统，并用酸性气的量控制塔顶温度，待汽提塔塔顶温度压力平稳后汇报调度、联系硫黄回收装置，将酸性气由低压瓦斯系统改去硫黄回收装置，注意防止酸性气量抽出过大将氨带到酸性气系统管线。

汽提塔继续升温，待侧线抽出温度达到140℃后，投用侧线流量控制阀，开始抽侧线，侧线抽出量由小到大逐步增加。侧线抽出比控制在15%左右。开侧线后逐步建立三级分凝，调节分一温度，使其在120℃左右，投用分一液控阀，控制分一液位在40%~60%，待分一压力达到0.25MPa时，开启分一压控阀，并控制分一压力在0.25MPa，引氨进分二，分二温度通过冷却器的循环水量控制在80℃左右，同时投用分二液控阀，控制分二液位在40%~60%；当分二压力达到0.18~0.20MPa时，开启分二压控阀，控制分二压力在0.18MPa，引氨进分三，并通过分三冷却器的循环水量控制分三的温度在40℃以下，注意分三液位，残液仍然排吸收罐，气氨也先排吸收罐。认真调整操作，使各参数在工艺指标控制范围内，待侧线稳定并经技术员检查确认后，再引氨至氨精制系统。当引侧线氨进入氨精制系统后，应根据氨压机的入口压力，逐步关闭精制内循环，注意检查氨压机的运行情况。全面调整汽提塔参数，塔顶压力控制在0.55MPa左右，塔顶温度控制在50℃以下，塔底温度控制在160℃左右。用氨氮快速试纸检测净化水水质或通知化验采样分析，根据化验分析结果调整操作。

当汽提塔操作正常后，净化水质量合格后改排净化水管网，通知有关装置回用净化水。若不合格，仍将不合格净化水返回原料污水罐。

13.1.9 氨精制系统开工、调整操作

13.1.9.1 氨精制、精馏制取液氨系统开工

(1) 氨水的制取

往氨水储罐内补充15%~20%(质)的氨水至60%的液位，或补充软化水，用精制来的气氨制取氨水。

(2) 液氨储罐充装液氨

液氨储罐经过试压后，关闭所有出入口阀门。打开液氨出口阀，往液氨储罐充装液氨至60%的液位。

(3) 氨精馏塔的开工

① 关闭吸附塔的气氨出入口阀，改好氨精馏塔制取液氨系统的开工吹扫流程，对氨精馏塔制取液氨系统进行吹扫，吹扫完毕关闭所有导淋。

② 启用氨精制系统的氨水冷却器、循环氨水冷却器、气氨冷却器。

③ 启动氨水进料泵抽氨水储罐的氨水往氨精馏塔进料。当氨精馏塔塔底液面达70%后，停氨水进料泵。开始往氨精馏塔塔底重沸器引入蒸汽，向氨精馏塔塔底重沸器供热，当氨精馏塔塔底液面达30%后，向氨精馏塔连续进料，并启用相应的温度、液位控制仪表，控制氨精馏塔的顶温在(55±1)℃。当氨精馏塔的压力达到1.3MPa时，打开液氨储罐的液氨入口阀。

④ 氨精馏塔塔底的稀氨水经混合器、氨水冷却器入氨水中间罐，当氨水中间罐内的液位达到80%时，停止抽氨水储罐内的氨水，改抽氨水中间罐内的氨水。此时，氨精馏塔制取液氨系统自身循环操作。

⑤ 按照工艺指标要求，全面调节氨精馏塔各工艺参数。

⑥ 根据生产需要及氨水中间罐罐位情况，适当往氨水中间罐内补充氨水储罐内的氨水。

(4) 结晶罐及吸附塔的投用

① 保证结晶罐入口阀与吸附塔出口阀均已关闭。打通结晶罐至吸附塔的气氨流程。

② 打开液氨入结晶罐的入口阀，往结晶罐内补充液氨，使其液位达到70%。

③ 当结晶罐的压力达到0.2MPa时，打开吸附塔气相出口阀，使氨气排入混合器，经氨精馏塔制取液氨。

(5) 浓氨水循环洗涤塔的自循环

① 关闭结晶罐的气相入口阀。再往浓氨水循环洗涤塔内补入20%的氨水至其液面达到

80%，并启动精制循环泵进行氨水循环，保证浓氨水循环洗涤塔的液面达到60%，并从精制循环泵出口混合器处适当补充液氨进行降温，使浓氨水循环洗涤塔的底温达到10℃以下。此时，浓氨水循环洗涤塔已进行自身循环。若浓氨水循环洗涤塔的压力达到0.3MPa，打开结晶罐的气相入口阀，使浓氨水循环洗涤塔气相排入结晶罐。

② 保证精制循环泵进行浓氨水循环洗涤。

③ 当三级分凝器气氨入浓氨水循环洗涤塔后，使系统充压至0.15MPa时，引少量软化水向浓氨水循环洗涤塔上部补水，并适当补充液氨进行降温。

④ 适量连续补充液氨入浓氨水循环洗涤塔，控制浓氨水循环洗涤塔塔顶温度小于7℃。

⑤ 根据浓氨水循环洗涤塔液面调整操作，塔底液相经排液混合管排入原料污水罐。

⑥ 严格按照工艺指标，调整系统操作。

13.1.9.2 制氨水系统开工步骤

① 往氨水罐内加软化水至液面60%~80%。

② 检查氨水输送泵检修完，试运好，处于备用状态。

③ 改好氨水生产流程。

④ 开氨水冷却器循环冷却水。

⑤ 启动氨水输送泵抽氨水罐软化水进行循环。

⑥ 开三级分凝器气氨入混合器阀，与氨水输送泵打来的软化水混合循环吸收提浓。

⑦ 当生产氨水作产品时，氨水合格后用另一台氨水输送泵送出装置。

⑧ 当生产氨水再回炼时，用氨水输送泵边生产边打一部分氨水回氨水罐。

⑨ 生产中，氨水罐液面控制在最低限和最高限范围内。

13.1.9.3 氨压缩机制液氨系统开工步骤

① 从液氨储罐引液氨去结晶罐，使其液面≤50%，改通结晶罐顶至吸附塔流程，气氨去吸附塔饱和吸附剂至备用状态。

② 启动氨水循环泵进行循环，将塔内温度降至7℃，循环液的氨浓度提高至35%左右。

③ 待结晶罐温度降至0℃和吸附塔床层温度降至不大于30℃时。开吸附塔出口阀，缓慢将氨压机入口压力调至0.05~0.1MPa。

④ 启动氨压机，运行正常后将能量调节器逐步调大，进行液氨储罐→结晶罐→吸附塔→氨压机→氨冷却冷凝器→液氨储罐循环。

⑤ 氨压机油压稳定，轴承温度不大于70℃，出口温度不大于85℃。

⑥ 引氨精制塔气氨至结晶罐，液氨储罐→结晶罐→吸附塔→氨压机→氨冷却冷凝器→液氨储罐循环流程进行氨精制系统循环。

⑦ 连续运转1~2h后，待三级分凝气氨分析合格，塔系统压力稳定后，逐渐从三级分凝罐引气氨入氨精制塔至结晶罐至吸附塔至氨压机进行生产液氨。

⑧ 三级分凝罐入氨精制塔的气氨要根据氨精制塔的温度高低逐步开大，同时逐步关小液氨储罐至氨压机的循环气氨量。

⑨ 待三级分凝罐气氨全部改入氨精制塔后，可停止生产氨水(若三级分凝罐压力仍高，气氨量大，亦可同时生产氨水，如无生产氨水流程则关死气氨回原料污水大罐阀门)。

⑩ 液氨生产正常后，液氨储罐每月排油一次。

13.1.10 装置开工环保要求

① 在装置开工进料前，提前将环保设施中的设备安装就位，达到运行条件。

② 各低点排空、放空要全部关闭，物料进装置期间，要加强检查，以防污染物外漏。

③ 要控制好各容器的界、液位，严禁冒罐。

④ 及时回收原料污水罐内污油。

⑤ 加强跑、冒、滴、漏检查，发现泄漏要及时处理。

⑥ 做好开工期间的密闭排液，严禁乱排乱放。

13.1.11　装置开工安全要求

① 严格执行安全生产管理制度和操作技术规程，认真学习开工方案及安全规定，严格遵守 NH_3、H_2S 等有毒、有害气体的操作和管理安全规程。

② 负荷试运开工前必须联系生产调度及有关单位，了解酸性气去硫黄回收装置和火炬线是否畅通。

③ 严禁违反操作规程及安全规程作业，严格防范措施。

④ 按工艺指标要求，不允许超温、超压现象发生。

13.2　装置停工

13.2.1　停工准备

① 根据各装置原料污水量的情况，决定停工时间，停工方案报公司有关处室或总工程师审批。停工人员落实到位。

② 联系硫黄回收装置、仪表等相关单位做好停工准备。

③ 将液氨及合格的氨水全部送出装置。

④ 准备好安全、防毒用具和停工必须使用的工具。

13.2.2　切断进料

① 塔原料污水进料和塔顶回流水全部改用新鲜水。

② 用新鲜水置换约 8h。

③ 置换结束后，排尽塔底净化水。

④ 置换成新鲜水进料后，加热蒸汽不停，继续将塔内残存的酸性气排至硫黄回收装置，直至酸性气全部排完后进入下个阶段。

13.2.3　汽提塔吹扫

① 新鲜水置换完毕后，将酸性气改至火炬线(或低压瓦斯系统)，开始系统降温降压。

② 提高汽提塔塔顶温度，控制好汽提塔塔底温度，逐渐降低重沸器蒸汽。

③ 一、二、三级分凝器内气相制成液氨水返回原料污水罐。一、二、三级分凝器内液相返回原料污水罐，同时切断气氨进氨精制塔。

④ 关闭酸性气压控阀上下游阀及副线阀。

⑤ 塔温降至常温后，开始汽提系统退液。

⑥ 汽提系统退液干净后，进一步进行除臭钝化工作。

⑦ 除臭钝化完成后，用新鲜水冲洗汽提系统 1~2 次后将系统内存水全部排净。

⑧ 系统存水排净后，汽提系统给蒸汽吹扫 4h，打开放空阀进行系统泄压。

13.2.4　氨精制系统停工

13.2.4.1　氨精制、精馏制液氨系统停工

① 液氨储罐内液氨全部送出装置。

② 当汽提塔开始降温降压时，切断氨精制塔进料，关闭氨精制塔、结晶罐补液氨线阀门，将氨精制塔、结晶罐内液相全部打回原料污水罐。

③ 将氨精制塔、结晶罐、吸附塔内气氨制成氨水，当压力降至0.05MPa时，停止气氨去氨精馏混合制氨水，氨精制塔、结晶罐给入软化水冲洗16h，液相排至原料污水罐。

④ 冲洗结束后，排完系统内存水，进一步进行除臭钝化工作。除臭钝化完成后，塔底给入适量蒸汽吹扫4h。注意：低温保冷设备及管线不能用蒸汽吹扫。

⑤ 结晶罐、吸附塔分别给入适量蒸汽吹扫。注意：低温保冷设备及管线不能用蒸汽吹扫。

⑥ 在吸附塔停止排出气氨时，加大循环氨水中间罐来的氨水循环量，循环3~4h，然后逐渐降低氨精馏塔塔底重沸器蒸汽量，当循环氨水中间罐内氨水浓度含氨小于5.0%时，停止氨精馏塔氨水进料。

⑦ 关闭氨精馏塔塔顶气相出口阀。

⑧ 打软化水至氨精馏塔冲洗，煮塔12h。当系统压力小于0.1MPa时，切断氨精馏塔塔底重沸器蒸汽。

⑨ 切断蒸汽后排净系统内存水，交除臭钝化。

⑩ 除臭钝化完成后，按吹扫流程打开氨精馏塔塔顶气相入气氨冷却器阀门，打开系统所有阀门进行吹扫。

13.2.4.2 氨压缩机制液氨系统停工

① 污水汽提系统打新鲜水循环时停止侧线抽出，结晶罐停止补氨。

② 当氨压机入口压力降至0.05MPa时，按停机步骤停氨压机，机体泄压后，引氮气进行置换合格，进出口加盲板，三级分凝罐来的气氨用水吸收后排入原料污水罐。

③ 将液氨储罐内液氨送空，结晶罐排尽残液。

④ 对液氨储罐、精制系统进行除臭钝化工作。此时应注意隔离吸附塔。

⑤ 吸附塔再生，再生完后，系统给汽吹扫，出装置线吹扫至边界阀处，吹扫完后边界阀加盲板。

13.2.5 停工过程环保要求

① 按停工方案要求，安全平稳组织停工。

② 汽提塔吹扫前必须经过除臭钝化处理，吹扫时先向火炬系统排放一段时间，检查无臭味后，再打开塔顶放空阀。（部分装置是首先密闭吹扫，其次除臭，再次密闭吹扫，最后钝化，钝化后直接打开设备，吹扫过程全部密闭进行）

③ 容器中油要全部压尽，严禁有油直接排放。

④ 停工过程中，严禁乱排乱放；不合格净化水严禁向外排放，酸性气冷凝液应排往原料污水罐。

13.2.6 停工安全要求

① 严格执行安全生产管理制度和安全技术规程，认真学习停工方案及安全规定，严格遵守NH_3、H_2S等有毒、有害气体的操作和管理安全规程。

② 为了防止吹扫过程中管线设备互相污染，各岗位与系统之间的相连接管线必须联系好，统一安排进行吹扫。

③ 酸性气等有毒有害系统用蒸汽吹扫前，先向火炬系统吹，吹不通时需设法解决，必须戴好空气呼吸器，要专人监护，一律站在上风处，根据检查要求和安全规定决定吹扫时

间，严禁未经检查确认无臭即在现场放空，严禁在低点排凝。

④ 每条管线、每台设备都要不留死角，以达到动火条件为合格。

⑤ 严禁违反操作规程和安全规程作业，严格防范措施。

13.2.7 停工后处理原则

系统吹扫是为了彻底吹扫干净塔内及容器内有毒有害易燃物质，以便动火或进行检修。因此，在进行系统吹扫时，应做到：

① 每条管线均要贯通吹扫，不留死角。

② 各冷却器上下水阀关闭，放尽存水。

③ 引汽要缓慢，及时打开排凝，防止水击。

④ 吹扫完毕后，放净各低点凝结水。

⑤ 汽提塔、氨精制塔、氨精馏塔先进行吹扫，检查无臭味后顶部放空，后转入其他部位。

系统吹扫完毕打开后，必须通风24h，经检测合格后方可进入检修。在整个检修过程中，严密注意各设备、管线的温度是否有上升，现场是否有冒烟现象，做好随时向系统打新鲜水冲洗的准备工作，严防硫化亚铁自燃。

13.3 汽提塔的正常操作

13.3.1 总则

① 树立安全第一的思想，抓好安全工作及时发现事故苗头、消除隐患。

② 认真执行岗位责任制，严格执行操作规程和工艺指标，调节各压力、温度、流量和液面，搞好系统物料平衡，保持操作平稳。

③ 加强设备维护，严格执行设备维护保养制，消灭跑、冒、滴、漏，不断提高设备完好率，延长设备使用寿命。做好巡回检查，严禁设备超温、超压、超负荷运行。

④ 根据工艺指标和产品质量指标，参照产品质量分析结果，及时调整各工艺参数，确保产品质量合格，并努力提高产品质量。

⑤ 不断优化操作、降低能耗、提高产品收率。

13.3.2 汽提塔的正常操作

13.3.2.1 含硫污水汽提塔内汽提过程

污水汽提是硫化氢、氨和水的多元物系的分离。硫化氢是关键的较轻组分，比硫化氢相对挥发度大的物质如CO_2，在塔顶产品中不考虑其组成，但是比硫化氢重的组分，塔顶产品中要控制它的含量，如烃、氨等；水是关键重组分，比水相对挥发度小的物质在塔底产品即净化水中则不考虑其含量，如重质油、酚等，而比水轻的组分如氨，在净化水中则要控制其含量；氨是中间组分，轻重组分的含量均要控制。由此可见，塔内的温度控制均要考虑到各组分的有效分离，温度过高重组分就被带到轻组分产品中去了，反之轻组分就会进入重组分产品中去。

污水汽提过程实质是一个精馏过程，是通过多次的部分冷凝和部分汽化，将两个组分分成纯度较高的组分，这个过程在污水汽提塔的塔盘上同时进行。

(1) 硫化氢的抽提和精馏

热进料是一种过热液体，从进料口进塔后分成气、液两相，与塔内的气、液两相会合。

气相上升，在塔板上与下降的液相接触，下降的液相温度低，吸收上升气相的热量温度升高，气相温度下降，最终达到热平衡；下降的液相由于温度升高，将液相中的部分硫化氢汽提出来进入气相，而气相温度下降，部分冷凝进入液相，同时吸收上升气相中的氨，使得气相中硫化氢浓度升高，氨浓度降低，当气相继续上升，在塔盘上重复以上物质和能量交换过程，使得气相中的硫化氢浓度逐步升高，液相中氨的浓度而逐步升高，在塔顶就得到了纯度很高的硫化氢，达到了硫化氢与氨的分离。从进料口至塔顶这一段是硫化氢的精馏段。液相下降，在塔板上与上升的气相接触，下降的液相温度低，吸收上升气相的热量温度升高，气相温度下降，最终达到热平衡；下降的液相由于温度升高，将液相中的部分硫化氢汽提出来进入气相，而气相温度下降，部分冷凝进入液相，同时吸收上升气相中的氨；液相继续下降，在塔盘上重复以上物质和能量交换过程，使得液相中的硫化氢大部分被汽提出来。从进料口至侧线抽出口这一段是硫化氢的提馏段。

(2) 氨的抽提

当液相到达侧线抽出口下的第一块塔盘时，吸收上升气相中的热量温度升高，氨被部分汽提出来，同时上升的气相温度下降，部分冷凝进入液相，使得气相中的氨浓度升高，液相中水的浓度也升高，当这个过程继续进行到达塔底时，氨被全部汽提出来，并得到较纯的净化水。在污水汽提塔中只有氨的提馏段，没有氨的精馏段，氨从侧线抽出后进入三级冷凝系统，从三级分凝罐出来时得到较纯的氨(粗精制氨)。所以我们可以将侧线抽出至三级分凝罐出口看作氨的精馏部分，只是不在塔内而在塔外。这也是单塔侧线污水汽提的重要特点，是单塔代替双塔污水汽提的关键所在。

(3) 塔底的供热汽化

塔底重沸器提供含硫污水汽提所需要的热量和气相负荷，使塔底保持足够的温度，将最后一块塔盘下降的液相中的氨全部汽提出来，保证净化水的质量。

13.3.2.2 将单塔含硫污水汽提理解为双塔含硫污水汽提

将侧线抽出口至塔顶看成硫化氢汽提塔，侧线温度就是塔底供热温度，侧线抽出口至原料污水进料口为硫化氢的抽提段，原料污水进料口至塔顶是硫化氢的精馏段，在这个塔中将氨看作重组分，硫化氢看作轻组分，是一个两组分的分离塔。将塔底到三级分凝罐部分看作氨的汽提塔。第一层塔盘至塔底重沸器是塔的供热部分，第一层到侧线抽出口是氨的抽提段，侧线抽出口至三级分凝罐是氨的精馏段，在这个塔中将侧线系统看成塔的一个延伸部分，所以也就成了一个完整的氨汽提塔，在塔中进行着氨和水的分离操作，氨是轻组分，水是重组分。从单塔分解成双塔的过程来看，单塔和双塔污水汽提的实质是相同的，所不同的是单塔的分离一次完成，双塔的分离分两步完成。

13.3.2.3 含硫污水的预处理

(1) 脱气

当上游装置操作不正常时，引起含硫污水中带轻烃量突然增加时，就会引起含硫污水汽提装置中原料水罐的操作不正常。携带大量轻烃气的含硫污水进罐后，减压闪蒸出大量轻烃、硫化氢和氨，由于气体逸出而引起罐压力升高罐顶排气线排放不及时会冲破水封罐逸出，排入周围大气中。这些夹带硫化氢和氨的轻烃气的逸出，不仅会污染环境、危害人身健康，严重时会引起设备损坏或火灾爆炸事故发生。所以出于安全考虑，设置原料含硫污水脱气罐，脱除含硫污水中夹带的轻烃气，脱除的轻烃气送至低压瓦斯管网。

为分离脱气罐中的重质烃，脱气罐中设有脱油口。由于上游装置操作不稳带至含硫污水中的大量污油，可从脱油口脱除。脱气罐通常为卧式设备，放置在框架上。这样既可降低脱气罐操作压力，有利于低压闪蒸，又可让水自流入原料水罐。脱气罐正常操作压力控制在0.1~0.2MPa(表压)，脱气罐还设置了氮气补充流程，当脱气罐压力不足时，可由氮气系统补入。脱气罐排放低压瓦斯和氮气补充流程可设置控制阀，并采用分程控制，以提高脱气罐压力自动控制水平。

(2) 原料水脱油

原料含硫污水除油是含硫污水汽提装置的重要环节。含硫污水中油含量高，会破坏汽提塔内的气液平衡，直接影响塔的平稳操作和净化水质量。同时含硫污水中油含量的多少是影响含硫污水汽提装置长周期运转的一个重要因素，含油多将造成油进塔，换热设备及容器内积累、乳化，使汽提效果下降、净化水水质变差，塔顶酸性气中烃含量升高甚至波及硫黄回收装置操作及硫黄产品质量。为保持酸性气汽提装置的长周期运行和产品质量稳定，故进汽提塔原料水的油含量越低越好，一般要求不大于100mg/L。

目前各厂采用的除油设施基本上仍然是利用水和油密度不同的大罐重力沉降法，它要求沉降时间较长，因而罐容及占地面积都较大。许多炼油厂针对这一问题采取了不同的处理方法，取得了一些经验。在最新设计的含硫含氨污水汽提装置中，采用原料水罐串联沉降除油，中间设置严格的除油设施，可使进入汽提塔的原料水含油量不大于100mg/L。常减压和延迟焦化装置排放的含硫污水经常会乳化，除采用除油设施外，还应加入破乳剂破乳。

(3) 除焦粉

延迟焦化装置排放的含硫污水，由于携带焦粉，易引起汽提塔塔盘结焦，堵塞浮阀，使换热器堵塞、结垢，降低汽提塔塔盘效率和换热器热效率，严重影响汽提装置平稳操作及净化水质量，因此对延迟焦化的含硫污水尤其要注意进行破乳和过滤，以减少油和焦粉的含量。部分装置在混合含硫污水进装置前设置过滤器，过滤器前加注破乳剂，确保过滤器起到破乳和脱除粉尘的作用，经过过滤，降低了原料水中的油、悬浮物、焦粉等杂质的含量，使装置平稳运行，延长装置的开工周期。

13.3.2.4 双塔汽提操作

(1) 脱H_2S塔顶温控制方法

脱H_2S塔顶温度是通过调节H_2S的排放量来控制的。在塔顶冷进料一定的情况下，H_2S的排放量越大，上升到塔顶的H_2S的量越多，携带的热量越多，顶温就越高，反之，顶温就下降。塔顶温度降低有利于气相中的NH_3回到液相，提高塔顶H_2S浓度，但是温度太低，塔顶H_2S线会由于NH_4HS结晶而堵塞，如塔顶温度太高，H_2S大量夹带NH_3，会影响硫黄生产。因此，正常生产时塔顶温度一般控制在60℃左右，如单塔操作时，可将塔顶温度提高至80~100℃，以尽量提高净化水质量。

(2) 脱H_2S塔压力控制方法

脱H_2S塔的压力是通过调节脱硫塔底重沸器管程蒸汽量来控制的。在塔顶外送H_2S量一定的情况下，脱硫塔塔底重沸器蒸汽量越大，塔底温度越高，汽提出的H_2S、NH_3越多，塔的压力就越高，在脱H_2S塔中，提高压力有利于H_2S、NH_3的分解，根据NH_4HS水解常数与温度的关系曲线，在160℃左右，NH_4HS水解已达较高值，再提高温度，水解常数并无明显的提高，因此，一般脱H_2S塔塔底温度控制在160℃左右，相应的压力在0.55MPa左右。

(3) 脱NH_3塔压力控制方法

脱NH_3塔的压力是通过调节NH_3的排放量来控制的。在脱NH_3塔中，对于低浓度的含硫污水，降低压力有利于 NH_3 的脱除，但对于高浓度的含硫污水，加压汽提有利于 NH_3 的水解，为了保证 NH_3 的水解效果，塔底温度要求在 130℃以上，相应的压力控制在 0.22MPa 左右。塔顶温度在 110℃左右，保证 NH_3 被水蒸气带出塔顶。

（4）原料水带油对双塔操作的影响

由于脱 H_2S 塔操作压力高，塔顶温度低，原料水带油对脱 H_2S 塔操作影响不大。对脱 NH_3 塔来说，由于塔顶温度在 110℃左右，部分轻质油被带到回流罐中，破坏了脱氨塔塔顶回流罐内的 $H_2S+NH_3+H_2O$ 三元气相体系平衡，回流液表面的油层与气相中的油气、水蒸气建立平衡，影响气、液两相间 H_2S、NH_3 的正常传质，而汽提出的 H_2S 不能重新生成 NH_4HS 回到污水脱 NH_3 塔，造成脱氨塔顶回流罐内 H_2S 浓度升高，净化水中的 H_2S 不能有效地汽提出来，使净化水超标，并且部分油气带入氨水吸收罐中，降低氨吸收效果，虽然氨水吸收罐压力较高，但氨水浓度较低，并且脱氨塔塔顶回流罐不易放压。

如果原料水带油不严重，污水脱 H_2S 塔玻璃板上有明显的界面，可通过污水脱 H_2S 塔撇油线逐渐将油撇出。如果带油严重，污水脱 H_2S 塔玻璃板严重乳化，脱氨塔塔顶回流罐内回流液乳化带油，回流液 NH_3 浓度较低，需将污水脱 H_2S 塔、污水脱 NH_3 塔液面减空，重新建立液面，将脱氨塔顶回流罐甚至氨水吸收罐内液体全部送到氨水站，重新建立平衡的办法才能有效地解决净化水不合格的问题。

13.3.2.5 单塔加压侧线汽提操作

（1）操作要点

汽提塔操作的关键是稳定各工艺参数指标，保持全塔热平衡和物料平衡。在供热稳定、侧线抽出量适宜情况下，塔顶温度通过塔顶流出量和冷进料量的控制来调节；正常冷进料保持相对稳定主要靠塔顶流出量来调节。塔顶超温易造成管线堵塞，应特别注意控制。

1）在塔顶获得较高浓度的 H_2S 气体

含有硫化氢和氨的溶液是一种弱电解质，其电离程度和化学反应受温度影响很大。在塔顶部较低温度条件下，氨和硫化氢电离化学反应占主要趋势。因此在塔顶部 H_2S/NH_3 摩尔比很大，能把氨以硫氢化铵状态固定在水的液相中，致使气相中氨的分压减到最低限度。为了创造这个条件，在塔顶部通入冷却吸收水，使塔顶降至 40℃以下。塔内气液两相硫化氢和氨的分布越往塔顶 H_2S/NH_3 摩尔比越高，温度越低，气相中 H_2S 的浓度越大，最后在塔顶出口气体中氨组分分压低于 2%，塔顶出口气体中的硫化氢纯度达 85%以上。

2）在塔底排出含氨、含硫化氢较少的净化水

进入汽提塔的热进料温度达 140℃以上，在此状态下热进料中 H_2S 和 NH_3 都已成游离的分子状态。热进料入塔后，硫化氢和氨由液相转移到气相中，向上，与从塔顶入塔的冷却吸收水呈逆向流动，氨及少量的硫化氢被冷却吸收水吸收，向塔中部流动。由于 H_2S 在塔顶排出，所以在塔的中下部硫化氢含量相对减少。塔底温度在 160℃左右，在此温度下液相中的氨及少量硫化氢完全都以游离态的分子状态存在。在塔侧线抽出口下部较高温度塔盘汽提作用下，使塔底部的氨及少量硫化氢完全被汽提出来，并且由塔侧线连续排出氨减少气相中氨组分，有利于氨由液相向气相中转移。使得在水中较难分开的氨和硫化氢得到较彻底分离，塔底排出含氨和硫化氢很少的净化水。

3）在塔中部获得较高浓度的氨气

由于塔顶冷却吸收水对氨的吸收，使进入汽提塔中的氨不能从塔顶逸出，随着冷却吸收水向塔的下部流动。又由于汽提塔底部汽提作用，不能随液流从塔底流出，在塔侧线抽出作

用下，在汽提塔的中部形成了氨的高浓度区域。从而在塔中部形成了氨浓度可达25%左右的富氨气体由侧线抽出口抽出。

（2）主要工艺参数分析

主要控制参数有汽提塔塔底温度、操作压力、冷热进料比、侧线抽出比、塔顶温度。

1）塔底温度

根据H_2S-NH_3-H_2O的性质，当温度高于120℃时，随着温度的升高，硫氨盐类的水解反应加速进行，水解产物H_2S、NH_3加速向气相转移，水中H_2S、NH_3的含量快速下降。进料水中H_2S、NH_3的含量在一定范围内时，获得污水净化，满足排放要求，塔底温度条件为160℃左右，通过调节汽提塔塔底重沸器管程蒸汽量来控制的。

2）操作压力

在塔顶温度不变时，压力的变化会改变气相组分。气相压力高，H_2S的分压大，H_2S的浓度也就高。反之，情况相反。同样，在塔顶压力不变时，气相温度的改变会引起气相组分的变化。塔底温度160℃左右，塔底液相的蒸气压性质与水汽的性质相似，塔底压力0.52MPa左右，塔顶压力0.48MPa左右，通过调节汽提塔塔底重沸器管程蒸汽量来控制。

3）塔顶温度

汽提塔塔顶温度是通过调节H_2S的排放量来控制的。在塔顶冷进料一定的情况下，H_2S的排放量越大，上升到塔顶的H_2S的量越多，携带的热量越多，顶温就越高，反之，顶温就下降。塔顶温度降低有利于气相中的NH_3回到液相，提高塔顶H_2S浓度，但是温度太低，塔顶H_2S线会由于NH_4HS结晶而堵塞，如塔顶温度太高，H_2S大量夹带NH_3，会影响硫黄生产，因此，正常生产时塔顶温度一般控制在40℃左右。塔内气相中H_2S、NH_3、H_2O的含量与温度、压力密切相关。压力一定，温度低时，气相中H_2S的含量高，气相分压大。反之，情况相反。在一定压力时，获得塔顶酸性气组分满足制硫装置进料的要求，塔顶温度条件为40℃左右。冬天，单塔汽提装置中有时出现氨盐结晶堵塞酸性气管线，尤其在控制阀上下游死角处严重，控制好塔顶温度（40℃以下），是防止酸性气系统铵盐堵塞的关键。塔顶温度可以用冷进料调节。足够低的温度一方面可以把上升到塔顶部的气相中的氨组分最大限度地溶于冷进料中，同时还可以把气相中的水蒸气基本上冷凝下来，由于酸性气系统中氨大量减少，这样就破坏了铵盐生成的物质基础，以减少堵塞的发生。

4）侧线抽出比

侧线抽出比是指侧线抽出气量与进料量的比值。它与进料水质、汽提负荷直接相关。在进料量不变时，进料水的氨浓度变大，抽出比变大。反之，情况相反。因此，针对不同的进料水质，确定抽出比，一般情况抽出比为15%左右。另外根据净化水中氨可适当调节侧线抽出量。

5）冷热进料比

冷热进料比是指冷进料量与热进料量的比值。冷进料作为塔顶回流，进料比就与进料的浓度有关，为保持塔顶温度，控制酸性气的质量，进料浓度越高，进料比越大。一般情况，冷进料与热进料量比为1∶5左右。

（3）产品质量控制分析

1）酸性气

酸性气的质量与塔顶压力、温度相关联。一般情况塔顶压力基本保持不变，温度就成为控制酸性气质量的重要参数。当进料水质相对稳定时，塔顶温度不要出现大的波动。

在进料流量稳定时，水质改变，塔上段的气相组分会相应改变，继而影响塔上段的温度分布。根据塔上段的温差的改变多少调节酸性气流量。

进料水 H_2S 含量升高，塔上段的气相中 H_2S 的分压增加，引起塔上段的温差增大，此时加大酸性气的排放量。反之，进料水 H_2S 含量降低，塔上段的气相中 H_2S 的分压减少，引起塔上段的温差变小，此时减少酸性气的排放量。

2）净化水

塔底净化水的质量与进料水中 H_2S、NH_3 被蒸汽汽提分离程度和抽出量相关，进料水中 H_2S、NH_3 被蒸汽汽提分离程度和抽出量是相辅相成的。

进料水中的 H_2S 主要在塔上段被分离，从塔顶排出，NH_3 主要由塔中下段分离，从塔侧线口抽出。因此，在一定进料的条件下，酸性气排放量、侧线抽出比和塔体温度分布的控制决定净化水的质量。

一般情况下，通过调节定量参数（酸性气排放量、冷热进料比、侧线抽出比、汽提蒸汽量），稳定定性参数（操作压力、温度），调整净化水的质量。

3）氨气

氨气质量与侧线气抽出的组成、三级分凝和结晶、吸附的控制有关。侧线抽出气中 NH_3 的含量不应过低，而且 NH_3/H_2S 的比值保持高的数值。侧线气的组成受汽提塔的操作控制。塔侧线抽出气量大，NH_3 的含量低，NH_3/H_2S 的比值降低，对后续系统产生影响。三级分凝的作用是对侧线气高温分水、低温固硫。一、二级分凝器主要是在较高温度下分水，减少 NH_3 的循环，第三级分凝器是在较低温度下进一步分水的同时脱出 H_2S。控制三级分凝的温度、压力，减轻结晶、吸附的负荷，也是保证氨气质量的措施。吸附采用脱硫剂，利用剂中脱硫组分与氨气中的 H_2S 发生反应，脱出 H_2S，净化氨气。使用时防止液体浸泡脱硫剂而失效。另外防止负荷过大，冲击脱硫剂，发生急速反应而使脱硫剂膨胀、粉碎、黏结。

13.3.2.6 氨精制塔的操作

利用高浓度、高摩尔数比（NH_3/H_2S）的浓氨水来洗涤气中的 H_2S 使之生成铵硫化物加以去除，压力越高、温度越低，精制效果越好。控制温度 $<7℃$，压力为 0.2~0.3MPa，吸收了 H_2S 的浓氨水连续或间断排出，同时补充软化水，其特点是脱硫容量大，该过程控制关键是洗涤塔顶温度与循环液中 NH_3/H_2S 摩尔比。

高浓度 NH_3，降温后被送到氨气吸收罐，在进罐前与净化水或新鲜水混合。由于 NH_3 的溶解是放热反应，低温对溶解有利，而压力越高，越有利于气体的溶解，所以控制氨气吸收罐的压力在 0.05MPa 以上，以保证氨水浓度。并且应保持氨气吸收罐连续循环，使 NH_3 与水充分混合，控制氨气吸收罐补水量，补水量越大，氨气吸收罐压力就越低，氨水浓度就越低。

13.3.2.7 结晶罐的操作

（1）结晶罐的开工

氨精制系统按开工程序改好流程后，打开结晶罐出口阀，缓慢将氨储罐内合格液氨通过补氨线补入结晶罐。根据结晶罐顶部温度逐渐调节液氨量，同时，注意结晶罐内液面不得超过规定的高度。

（2）结晶罐的切换

检查结晶罐内残液是否排净，检查结晶罐入口阀是否关闭，冲洗水入口阀要关闭。打开结晶罐出口阀窜入氨气，进一步排净结晶罐内残液。关闭结晶罐排污阀，缓慢将氨储罐内合格液氨通过补氨线补入结晶罐，观察结晶罐液位达 2/3 时，停止补氨。当结晶罐温度达 7℃以下时，打开结晶罐入口阀门，将三级分凝罐出口气氨引入该结晶罐。然后关闭要停用结晶罐的出口阀门及补氨阀门。

(3) 结晶罐的水冲洗

结晶罐运行一段时间，结晶罐内结晶板上结晶物增多，就需切换操作。用凝结水将结晶罐内的结晶物冲洗清除。结晶罐水冲洗之前，要慢慢地将结晶内液体排入原料水罐，然后水冲洗。结晶罐用凝结水(软化水)冲洗时流量 10~12t/h 为宜，水冲洗时间 2~3h。水冲洗结束后，关闭凝结水冲洗阀，排净结晶罐内残液。可由结晶罐出口阀引入氨气可排净结晶罐内残液。检查关闭该结晶罐的入、出口阀门及补氨阀门，以作备用。

(4) 结晶罐的控制

侧线氨气中 H_2S、NH_3生成盐的反应程度与温度有关。温度低，反应平衡常数大，温度高，反应程度低。在温度低于 0℃时，99%以上的 H_2S 转化成盐，且在低温条件下，氨气中的硫氨盐含量微少，大部分以结晶的形式析出。因此，氨气净化，结晶温度条件为 0℃以下。影响氨气结晶脱硫的因素较多，主要有三级分凝器气体的气量和温度、结晶温度、液氨液位及纯度、结晶罐的差压等。

液氨液位适当，使氨气通过液氨层，鼓泡冒出，有效降温后，流经结晶板对氨气净化。液氨层的纯度应纯净，防止液层内其他挥发物在与氨气接触时，受热挥发出来，影响结晶效果。结晶罐的差压适当，保证氨气的结晶净化时间。

(5) 结晶罐正常操作注意事项

① 结晶罐要定期切换，防止温度升高时，结晶物挥发使出口气氨中硫化氢含量超标。

② 在第三级分凝器气氨通入之前，必须将结晶罐温度控制在 0℃以下。

③ 通入结晶罐的氨气压力平稳控制在 0.15MPa 左右，通入量要稳。

④ 结晶罐排液、补氨应做到多次、少量。保持结晶罐温度低于 0℃。排液必须缓慢进行，以免引起原料水罐振动。

⑤ 结晶罐在大检修后初次投用时必须经氮气置换。结晶罐严防进入空气。

13.3.2.8 氨精馏塔的操作

精馏是一个传热传质过程，氨水精馏制液氨是根据氨水中 NH_3和 H_2O 的沸点相差较大，利用汽液两相多次逆流平衡接触，进行传热传质而进行分离，在加压条件下，在塔顶得到高纯度的氨气，冷凝得液氨，塔底为低浓度的氨水。通过控制精馏塔顶温度来控制气氨的含水量、液氨的纯度。它与普通分馏的区别在塔的内部要进行铵离子的解析。

(1) 氨精馏塔顶温度控制

氨精馏塔顶温度是通过调节塔顶冷却器的循环水量来控制的。在塔顶冷却器的循环水量一定的情况下，气氨的排放量越大，上升到塔顶的气氨的量越多，携带的热量越多，顶温就越高，反之，顶温就下降。塔顶温度降低有利于气相中的 H_2O 回到液相，提高塔顶 NH_3浓度，但是温度太低，氨在水中的溶解度增大，气氨排放量减少，塔的处理能力降低。如塔顶温度太高，NH_3夹带大量 H_2O，会影响气氨的冷却和液化，因此，正常生产时塔顶温度一般控制在 55℃以下。

(2) 氨精馏塔顶压力控制

在塔顶温度不变时，压力的变化会改变气相组分。气相压力高，NH_3的分压大，NH_3的浓度也就高。反之，情况相反。塔底温度控制在 145℃左右，塔底压力在 1.4MPa 左右，塔顶压力1.35MPa左右，通过调节汽提塔塔底重沸器管程蒸汽量来控制。

13.3.2.9 吸附塔的操作

(1) 吸附剂的装填

1) 准备工作

① 备好符合要求的吸附剂、瓷球、钢丝网。

② 备好手套、防尘口罩、眼镜等防护用品。

③ 备好筛子、手电筒、卷尺、木板等工具。

2) 安装钢丝网

① 打开上部装剂人孔，封下部卸剂人孔。

② 钢丝网平整铺在格栅上，用ϕ2mm不锈钢丝将丝网与格栅捆绑牢固。

③ 钢丝网与钢丝网连接处重叠长度不小于200mm，且应固定牢固。

④ 钢丝网与吸附塔内壁铺设高度为80mm，并将丝网紧贴内衬表面。

⑤ 钢丝网铺二层。

3) 装填吸附剂

① 把ϕ20mm瓷球装入吸附塔格栅丝网上，平整瓷球表面，装填到规定高度。

② 把吸附剂装入吸附塔瓷球上面，平整吸附剂表面，装填到规定高度。

③ 把ϕ20mm瓷球装入吸附塔吸附剂上，平整瓷球表面，装填到规定高度。

④ 瓷球表面再装一层格栅丝网压住ϕ20mm瓷球，防止吸附剂跑损，封好人孔。

4) 装填要求

① 避免在阴雨或环境湿度大的情况下装填吸附剂。

② 装填瓷球、吸附剂前，应在设备内做好标高、标记。

③ 检查吸附剂，如有粉尘，应过筛后再装填。

④ 装填吸附剂时，吸附剂下落高度不大于500mm。

⑤ 装剂人员必须站在宽木板上进行操作，避免直接踩踏吸附剂，不准用金属器具挖掘吸附剂。

⑥ 由下往上，逐层装填。

(2) 吸附塔的投用

① 用氮气置换吸附塔内的空气，置换气通过吸附塔塔顶就地排放，检查吸附塔排放气氧含量在0.5%以下。

② 用氨气置换掉吸附塔内的不凝气。开工过程吸附塔的投用与结晶罐的投用同时进行。即氨储罐液氨补入结晶罐，结晶罐内挥发气氨排入吸附塔，气氨使吸附剂吸附氨饱和，然后排出氨气，关闭排污阀，将气氨引入氨压机。

③ 投用前，污水汽提生产稳定，三级分凝器的温度、压力达到工艺要求；结晶器的温度≤7℃，防止大量H_2S和H_2O不经结晶脱除，直接进入吸附塔，影响脱硫剂的正常使用。

(3) 吸附塔的停用

① 切断吸附塔的进出阀门。

② 缓慢引氮气(或蒸汽)吹扫置换吸附塔内的气体，直至H_2S、NH_3气体含量达到要求为止。氮气置换后停氮气，然后关闭吸附塔底排污阀等流程中各阀门。

(4) 吸附塔的切换

生产过程中，吸附剂活性急剧下降，吸附塔后气氨中硫化氢分析大于10mg/L，吸附剂吸附能力超过规定要求时，对吸附塔进行切换再生。

① 打开备用吸附塔的出入口阀，引气氨入备用吸附塔，并检查其他阀门是否关闭，然后逐渐关闭准备停用的吸附塔的出入口阀。

② 从停用吸附塔顶引蒸汽入吸附塔进行升温再生，再生尾气排入密闭罐中用水吸收，逐渐加大蒸汽量，使再生温度大于120℃，再生压力控制在0.35~0.5MPa维持8h左右。

③ 停蒸汽，引氮气吹扫吸附罐，将塔内水分赶尽，关闭氮气阀。

④ 从吸附塔出口引气氨入吸附塔，置换至吸附塔温度低于40℃时为止，关闭吸附塔所有阀门使其处于备用状态。

(5) 正常维护

① 污水汽提生产稳定，三级分凝器的温度、压力达到工艺要求。

② 控制好结晶罐的温度、液位。

③ 结晶器的操作压力不应大范围地波动，补充液氨时，不要速度过快。

④ 吸附塔经常脱液。

⑤ 吸附塔内严禁水窜入，特别是结晶罐冲洗时更要注意。

13.4 机动设备的操作及维护

13.4.1 活塞式压缩机的操作及维护

13.4.1.1 开机

(1) 开机前的检查和准备

① 检查新安装或大修的机组是否经过试运，确保合格。

② 检查所有的保护装置是否正常。确认机组所属所有仪表投用并完好。

③ 检查所有的管线连接是否松动、阀门是否按要求开启或关闭、盲板是否按要求复位。

④ 联系电工检查电机绝缘电阻并送电，更换开、停牌，电机及各项电器设备处于良好状态，接地良好。电机转动正常。

⑤ 检查压缩机气阀安装的位置是否正确，吸气阀装在吸入阀腔内，排气阀装在排出阀腔内。

⑥ 确认曲轴箱油箱已清洗干净，并加入规定的压缩机油至规定油位。

⑦ 排净管线、各级入口分液罐及缓冲罐和出口缓冲罐的存液，关闭各排凝阀，然后慢慢地引氨气入系统，注意观察各入口分液罐的液位及时排凝，系统引氨气时一定要先将机组系统排净液体，开阀时缓慢开，防止引起液击而损坏管线、机组。等到压力平稳后再将氨气总阀全开。

(2) 正常开机步骤

① 空负荷启动主电机，使压缩机在空负荷情况下运转10~15min(如果是第一次开机，必须让压缩机空转大约1min，以便润滑油能均匀地涂在各个滑动表面。然后逐步关闭气路系统中的压力调节阀，在压缩机的1/4额定压力下运转1min，在1/2额定压力下运转2h，在3/4的额定压力下运转4~8h)。检查机组各部件运转有无异常响声、杂音，冷却水是否畅通，电流值是否正常。

② 压缩机在最小压力下运转，无异常现象后，方可将压力逐步升高。

③ 加负荷升压过程中要特别检查机组运转情况，电流、振动、流量、各级压力及温度

分配情况，如果发现升压过程中出现振动、噪声或其他异常，应立即采取措施降低负荷或停机处理。

13.4.1.2 正常停机

① 进行停机前的检查和必要的记录。

② 与有关岗位联系好，将负荷降至0。

③ 切断电源，停机。

④ 关闭进出口阀门，打开各级放空阀泄压，打开各级气液分离器排凝阀排凝，打开各级进出口缓冲排凝阀。

⑤ 机组停运后，油泵应继续运转一段时间，直至轴承温度降至常温后停泵。

⑥ 待各温度下降后关闭所有冷却水进口阀。

13.4.1.3 紧急停机

① 机组在运行中凡遇下列情况之一者，应按紧急停机处理：

A. 润滑油压力下降至联锁值，机组不能自停。

B. 润滑油管破裂或某部位严重堵塞使油路中断或油压迅速下降。

C. 电机定子绕组温度大于130℃。

D. 电机电流超过额定值，调节无效。

E. 压缩机或电机发生严重的撞击声或磨刮声，某部件损坏。

F. 机体、氨气系统容器、工艺管线破裂或严重泄漏，无法修复或发生着火爆炸。

G. 装置发生重大事故，需要紧急停机。

H. 工艺要求紧急停机。

② 停机步骤：

A. 负荷卸至0。

B. 迅速切断电源。

C. 关闭进出口阀，打开放空阀泄压。

D. 其余同正常停机。

13.4.1.4 正常换机

① 按“开机前的检查与准备”和“开机步骤”的要求将备用机组空载运行。

② 将负荷增至与原运行机组相同，同时将原机组的负荷降为零负荷。

③ 确认新启动的机组运行正常后，按正常停机步骤停运原运行机组。

13.4.1.5 正常维护

① 严格执行巡回检查制，定时对机组进行全面检查并作好记录。

② 检查电流、电机外轴承温度、压缩机主轴承温度、一二级排气温度是否正常。

③ 电机及其轴承运行无杂音；气缸、曲轴箱无异常撞击声，转动部件无杂音、气阀无窜气。

④ 确保压缩机冷却系统畅通。

⑤ 确保曲轴箱的润滑油面高度、润滑油过滤器压差、润滑油压、润滑油温在正常范围内。

⑥ 检查各级出入口缓冲罐、分液罐液位，及时排凝。

⑦ 检查管线各连接部位有无泄漏，检查各安全阀是否内漏，检查机体管线是否振动。

13.4.1.6 活塞式氨压机异常现象分析及处理

活塞式氨压机异常现象分析及处理见表 2-13-1。

表 2-13-1 活塞式氨压机异常现象分析及处理

故障	可能的原因	排除的方法
气量不足	气阀的阻力损失过大	检修或更换气阀弹簧
	气缸与缸盖、缸座连接螺母松动，填料筒和安全阀密封不严等故障，气体外漏	上紧螺母，检修研磨
	气阀磨损或受阻碍，活塞磨损或折断，气体内漏	检查清洗或更换
	电机转速下降	检查电机或电网电压
排气温度过高	进气温度过高	降低进气温度
	冷却水供应不足	检修管路调节水量
	水垢过多，影响冷却效率	清除水垢
	活塞环破损或精度不高，使气缸两端相互窜气	检修或更换活塞环
	进气压力降低，压缩比增大	调整系统压力，改善压缩机工作条件
	中间冷却器效率低，二级进气温度高	加大中间冷却器进水量、清洗冷却管内外壁及散热片、检查冷却器隔板是否损坏
	气缸壁有油垢及浮沫	清洗气缸壁
润滑油压不足	曲轴箱内润滑油不够	加润滑油
	粗滤油器被污染或堵塞	清洗
	旋装式机油滤清器受堵	更换
	油压表失灵	更换油压表
	管路堵塞或破裂	检修或更换油泵管路
	齿轮泵失去作用	检查齿轮泵进、排油口面密封情况
	润滑油质量不符合规定，黏度过小	更换质量符合规定的润滑油
压缩机有异常响声	缸盖与活塞间落入金属块（如：阀片或弹簧等破碎片）发生撞击声	及时停车取出金属块
	活塞、气缸镜面的粗糙度损坏，互相粘剥	拆下检修
	气缸内有积水	检查油路，清除积水
	气阀松动	检查并上紧气阀
	活塞杆与十字头紧固不牢，碰撞缸盖	调整两端止点间隙后，拧紧十字头螺母
	活塞杆与活塞连接螺母松动	检查螺母并按规定拧紧
	连杆大、小头轴瓦间隙过大	修复或更换大、小头轴瓦
	连杆螺栓的螺母松动	锁紧螺母
	进、排气阀在缸头阀孔内松动，气体冲击，产生响声	上紧气阀
	轴承盖松动	拧紧轴承盖上螺母
	润滑油过多	调节油量
	轴瓦、轴颈磨损，椭圆度过大	修磨或更换
冷却水排放时有气泡	冷却器内橡胶石棉垫破裂窜气	更换垫片
	冷却管破裂或与管板未胀牢而窜气	更换管子或重新胀管
	气缸垫片破裂窜气	更换垫片

续表

故障	可能的原因	排除的方法
中间压力异常	中间压力表损坏或仪表管道堵塞	清洗管道或更换压力表
	一级进、排气阀漏气或损坏(压力过低)	研磨或更换一级进、排气阀阀座或垫片
	二级进、排气阀漏气或损坏(压力过高)	研磨或更换二级进、排气阀阀座或垫片
排气压力不符合规定	压力表失灵	检修或更换压力表
	气阀工作不良，产生漏气	检修或更换零件
	管道漏气	检查系统流程，查明原因，并排除
	阀片损坏，弹簧断裂	更换阀片或弹簧
	安全阀失灵	须调整安全阀开启压力
	活塞环与气缸磨损漏气	检查活塞环与气缸磨损情况，必要时予以更换

13.4.2 螺杆式氨压机

13.4.2.1 螺杆式氨压机的开停机操作

初次开机，建议用空气试运，空负荷运行8h。压缩机在用空气介质进行试运转时，压缩机的入口压力、排气压力、排气温度和电机功率都必须控制，它们不得大于额定工况的规定值。对机组系统进行氮气置换，将空气置换出压缩机系统，分析系统置换气氧含量小于0.5%。

(1) 开机前准备

① 操作人员在开机前必须熟悉操作规程，密切配合，认真负责。

② 开机前确保设备连接面完好，各阀门处在相应位置，电机接地良好。

③ 确认仪表及DCS控制系统正常。

④ 分液罐内加入冷冻油至规定液位，油箱内加入冷冻机油至规定液位。

⑤ 启动润滑油泵，保持出口压力正常，从回油窥镜中检查回油是否通畅，密封泄漏窥镜是否有泄漏，将油泵联锁开关置于联锁位置。

⑥ 打开各冷却器的冷却水，并检查是否通畅。

⑦ 打开主机后端盖上的小闷盖，按箭头方向用专用工具盘动转子，要求在不施加强力下能盘动，无轻重不均匀的感觉，无摩擦撞击声，表明主机转动部位正常，盖上闷板。

⑧ 确认电机转向正确。

(2) 启动机组

① 启动加油泵，向压缩机入口注入少量冷却油，然后关闭注油阀，手动盘车将所注冷却油全部排出机外。允许启动灯亮后，启动主机，同时打开注油阀逐渐增加冷却油量，控制进液量，防止主机呛死，进液量多少由排气温度确定。

② 在开机时，先稍开入口阀、出口旁路阀，工艺气打循环。待机组正常运转后，缓慢关闭旁路阀，打开出口阀，将压缩NH_3并入系统。

③ 如果机组电机配有变频调速器，启运机组时，变频器位置应置于较低位置。待机组运转平稳后，逐渐增加变频器的频率，同时增加进油量。

④ 开机时应确保：A. 启运电流不超过额定值；B. 各压力、温度表指示正常；C. 转动部位无杂音或振动；D. 各管路、接头无漏气、漏油等现象；E. 如机组运行正常，根据生产状况引入工艺气进入正常操作，同时调节油压、冷冻油喷液量，使排气温度、压力正常。

(3) 机组停机

① 切断主机电源。

② 关闭注油阀、出入口阀门。

③ 压缩机静止后，泄压，手动盘车。

④ 主机停运 20min，机内泄压后停润滑油泵。

⑤ 机组长时间不用或检修，放掉系统中所有冷却液或保持其适当流量，以防止沉积物积聚或冬天结冰。

(4) 机组的日常维护

① 机组正常运行过程中，定期测定进气温度、排气温度、供油温度、排油温度、油压、冷却液温度、冷却水温度，做好详细记录。

② 严格控制排气温度不得大于 85℃(也不能低于 50℃)。

③ 使用变频调速器时，冷却油喷入量应与电机转速成正比调节。

④ 如出现异常杂音，应立即停车检查是否有机械杂质落入机内。

⑤ 定期检查安全设备。

⑥ 油箱液位低于规定液位时系统报警，要定期检查油箱液位，判断密封系统有无泄漏，油箱中油的使用状况。定期清洁、检查油过滤器。

⑦ 备用机组要定期进行盘车。

(5) 安全注意事项及事故处理

① 氨气具有危险性，机组在运转时，不要松动螺栓、螺母和接头，不要拆卸任何盖板，否则带压介质会从这些松动处冲出机外，引发事故。

② 压缩机的驱动电机、启动装置和控制柜内电气元件通有高压电源，电气设备维修前应切断电源。压缩机的电源线上须装有断路器或熔丝安全开关。

③ 压缩机的操作压力和压缩介质应符合设计规定，超压运行会造成电机过载以致停车，介质成分变化太大时需谨慎处理。

④ 只能用安全清洗剂清洗压缩机及其附属设备。

⑤ 安全报警停车装置发出信号和停车，操作人员应查明原因，排除故障后才能重新启动机组。安全阀安装前要进行定压检验，一旦启跳，说明系统中压力过高，要停车查明原因。

13.4.2.2 螺杆式氨压机异常现象分析及处理

螺杆式氨压机异常现象分析及处理见表 2-13-2。

表 2-13-2 螺杆式氨压机异常现象分析及处理

故障	故障原因	故障排除
压缩机不能启动	电气故障 压缩机腔里冷却油过多	检查电气系统 盘车数转，将冷却油压出机外
压缩机达不到额定压力	气系统管网中不工作阀门未关，管道漏气 进气压力过低	关闭不工作阀门堵漏 打开回路旁通阀
压缩机达不到额定气量	进气过滤器阻塞 正常运行时，进气阀门没有完全打开	更换汇芯或清洗滤芯 开大进气阀门
压缩机排温过高	喷油时不足或喷入的油温度太高 排气压力超过定额压力	增大喷油量或降低喷油温度 调整排气压力

续表

故障	故障原因	故障排除
电流过载	电网电压过低 排气压力超过定额压力	检查电网供电线路，并排除异常故障 调整排气压力
压缩机排压过高	阀门操作不恰当 压力控制器调整不当	把阀门调节到正确位置 调整压力控制器

13.4.3 氨液循环泵

13.4.3.1 泵的作用及特点

氨精馏塔进料泵选用立式高速泵。结构紧凑，体积小，质量轻，泵、增速箱、电动机三位一体，不需要卧式多级泵那样很大的安装面积或立式多级泵那样麻烦的基础工作。另外，高速泵转速大、流量小、结构简单，在性能上可以代替多级离心泵或往复泵，可用于石油、化工管道上输送各种介质。齿轮箱的换热器，供给冷却水的最大压力为1.1MPa(表压)，控制冷却水的流量，保持齿轮箱的油池温度在60~93℃之间。润滑系统由齿轮箱内油池、主润滑泵、润滑油换热器和过滤器组成，润滑油经润滑泵从油池中抽出，然后经内部流道到达安装在外部的集管并经过换热器、过滤器，回流进齿轮箱、轴承，经过轴承后再流回油池。油位控制在视窗的1/2处，不得注入过量的润滑油，否则将引起泡沫及过热，主润滑油泵是定量的摆线泵，由主轴直接驱动。

13.4.3.2 泵的操作

(1) 试车

① 注油到油位玻璃视镜的1/2~2/3处。启动后，油位控制在视窗的1/2处。

② 根据电机使用说明书，检查确认电机运行后的情况，电机的旋转方向是否与泵指示牌相同。

③ 高速泵的入口阀应全开，出口阀应稍开。

④ 启动润滑油系统，直至油压表的压力超过0.1MPa。

⑤ 启动电机，调节排出控制阀至所需流量，检查扬程和功率消耗，并与设计参数进行对比。

(2) 操作注意事项

① 当使用齿轮箱冷油器时，在滤油器的集合管上需装一个1/4in的旋塞，不用冷油器时应拆去旋塞。

② 必须检查电机的旋转方向是否正确。

③ 排出阀在半开状态下启动，不可在排出阀关闭的情况下启动。

④ 润滑油注入不得过量，否则会引起泡沫及过热使轴承失效损坏。

(3) 维护

① 在安装完毕后，定期检查齿轮箱油位，保证油位在视窗的1/2处。

② 根据轴承结构和润滑油的特性，齿轮箱内润滑油泵在正常运行中润滑油压维持在0.14~0.42MPa，最低不能小于0.14MPa。

③ 检查密封排泄量，准许泄漏1滴/min，如果突然增大，应及时停机，并安排更换密封。

13.4.3.3 异常现象的判断及处理

异常现象的判断及处理见表2-13-3。

表 2-13-3　异常现象的判断及处理

故障现象	原因	处理方法
泵抽空不上量	泵内有气体	排气
	容器液位过低	提高液面
	吸入管或叶轮堵塞	停泵/排除堵塞
	泵轴反转	找电工修理
	叶轮脱落或损坏	停车找维修工修理
泵振动有杂音	机与泵轴不同心	停车找维修工修理
	脚螺帽松动	把紧螺帽
	产生汽蚀	停泵修理
	轴弯曲或轴承损坏	停泵修理
	叶轮堵塞	停泵修理
	缺乏润滑油	加润滑油
泵出口压力过高	出口管线堵塞	检查管线，排除堵塞
	压力表失灵	更换压力表
轴承发热	泵轴不同心	泵修理
	润滑油不足	加润滑油
	冷却水不足	加大水量
电机温度过高	绝缘不良	停泵修理
	超负荷，电流过大	泵降量
	电压太低，电流过大	联系电气，查明原因
	电机轴不正	停泵修理
电流过大	超负荷，泵流量过大	降量
	电机潮湿，绝缘不好	停泵修理

第14章 事故分析判断及处理

当装置发生重大事故无法维持生产或装置安全时，应做紧急停工处理，紧急停工处理后，装置仍无法恢复生产，应按正常停工处理。当事故发生时，各操作员要沉着冷静，处理果断，控制事故扩大和蔓延。处理过程中应做到不跑、不冒、不窜、不漏、不超温、不超压、不窜压、不损坏设备以及不发生人身事故。

14.1 紧急停工处理

（1）含硫污水汽提装置紧急停工引发因素

① 发生塔、容器、重沸器、冷却器、换热器、管线等重大故障、严重泄漏、变形、损坏等危及装置的安全生产的异常现象。

② 关键设备如回流泵、原料水泵、净化水泵发生故障，且备用泵又无法及时投用。

③ 发生重大火灾、爆炸事故。

④ 长时间停电、水、汽、风。

（2）紧急停工步骤

① 及时向相关人员汇报；联系相关装置进行相应处理。

② 停止汽提塔重沸器供热蒸汽。

③ 停止汽提塔原料水进料和塔顶吸收水。

④ 关汽提塔塔底净化水排出阀和侧线抽出控制阀，控制好塔液面。

⑤ 关汽提塔塔顶酸性气抽出阀，关氨精制塔顶气氨排出阀，维持塔及系统内压力，防止塔内抽负压(负压时，用氮气补充或开少量蒸汽入塔，以维持塔内正压为准)。

⑥ 液氨储罐补充液氨至结晶罐来维持氨压机低负荷循环。

⑦ 等候通知，做好开工准备。

（3）紧急停工的注意事项

① 紧急停工处理过程中，应做到不跑、不冒、不窜、不漏、不超温、不超压、不窜压、不损坏设备以及不发生人身事故。

② 在紧急停工处理过程中，在事故允许的条件下，尽量维持局部循环，各产品停止出装置，或尽量能按正常停工方法处理，三级分凝系统应保持一定液位，各塔尽量维持塔压。

③ 如果有着火或形成火灾的危险，派专人监护，报火警并通知有关部门。

④ 在紧急停工处理过程中，应坚守岗位，严密监视温度、压力、液面的变化情况，发现异常尽快处理。

14.2 装置停电

（1）现象

① 照明灯、指示灯全部熄灭。

② 机泵停止运转。

③ 电动仪表失灵。

(2) 装置瞬间停电处理

应及时启动备用泵，调整操作，恢复生产，并向调度或值班汇报处理情况。

(3) 装置长时间停电处理

① 迅速关闭各泵出口阀，按停止电钮。

② 氨压机迅速关闭吸气和排气阀，按停止电钮。

③ 停蒸汽，关闭塔底、塔顶排出阀，关塔与容器连通阀，维持各塔及容器液面，防止塔内负压(塔内负压时，用氮气补充)。

④ 联系调度，通知硫黄岗位停送硫化氢。

⑤ 来电后，按正常开工方案开工，并及时调整操作，稳定生产。

14.3 循环水中断

(1) 现象

① 各冷却器、机泵冷却水停。

② 三级分凝系统温度升高、压力增大。

③ 氨精制高压系统温度升高。

④ 净化水冷后温度升高。

(2) 处理方法

① 向供排水装置了解停水原因。

② 关循环水总阀，能改用新鲜水的改用新鲜水维持生产，循环水系统恢复正常后，改用循环水冷却。

③ 在短时间内可以来水的，适当降温降量，维持较低负荷运作，如温度可有效控制，继续生产，否则按紧急停工处理。

④ 长时间停循环水，不能用新鲜水维持正常生产时，作紧急停工处理。

⑤ 循环水系统恢复正常后，按正常开工方案进行开工，并及时调整操作，稳定生产。

14.4 仪表风中断

(1) 现象及原因分析

① 仪表风压下降，仪表控制失灵。

② 控制阀操作参数大幅波动。

③ 供风系统出现故障、中断仪表风供应。

④ 入装置工业风总阀误操作关闭。

(2) 处理方法

① 根据现场仪表指示，控制流量、温度、压力和液面。

② 若调节失常，无法维持正常生产时，则按紧急停工步骤处理。

③ 供风正常后，启动控制阀，按正常开工，及时调整操作，稳定生产。

14.5 原料水中断

（1）原料水中断的现象

① 流量指示下降。

② 进料不正常，汽提塔液面下降。

③ 塔顶温度升高，压力增大。

（2）处理方法

① 停塔底重沸器蒸汽，维持系统的温度和压力。

② 待原料污水恢复正常时，及时调整操作，稳定生产。

③ 短时间内不能处理好的，做紧急停工处理。

14.6 DCS 故障

（1）常见的故障现象

① 操作站死机的现象为操作站无法与控制站通信，操作员无法通过已经死机的操作站进行操作，但是控制站仍处于正常工作状态。此刻只是不能监视现场数据，但还是能对现场进行控制。

② 停电时，UPS 启动，UPS 能保持供电一段时间。一旦完全断电，控制站无法与现场进行数据通信，所有阀位保持在断电前的阀位值。操作站也没有任何显示。整个 DCS 系统处于一种不工作状态，操作人员无法通过 DCS 对现场进行监控、管理。

③ 控制站死机后没有数据到操作站来，系统检测到控制站有故障，同时在系统硬件显示上控制站显示为红色的故障状态。操作站无法与控制站进行数据通信，控制站无法监控现场，现场阀位保持控制站死机前最后的输出值。控制站无法与现场进行数据通信，且在自动状态下，无法改写其阀位值。如果处理不好有可能引起停工。

（2）处理方法

① 操作站死机处理：如果一台操作站死机，其余完好，用剩下的正常机器进行操作，同时联系计算机有关人员进行相关处理，让他们进行操作站复位等相关处理。如果全部死机，班长应立即汇报调度，请求临时使用工程师站进行操作，如果工程师站也无法进行操作，班长应立即指挥班员到现场将控制阀改副线控制，密切关注流量、压力与温度的变化，根据变化情况进行现场调整，同时立即联系计算机有关人员进行相关处理。

② 在 UPS 供电期间将所有控制回路改手动，现场有副线的回路改走副线。同时立即联系计算机有关人员进行紧急处理。

③ 向调度和装置主管进行汇报，做好紧急停工的准备工作，在无法确保安全生产的情况下按紧急停工处理。

14.7 含硫污水大量泄漏事故处理

① 含硫污水中含有高浓度的氨氮、硫化物、酚、氰化物等有毒有害介质，它不仅污染环境，妨碍人体健康，破坏生态平衡，还影响污水处理场的正常运转。

② 当发生污水大量泄漏时，当事人或发现人应立即撤离至安全位置并报告。

③ 指派专人设立临时警戒线，防止无关人员和车辆进入。

④ 停止装置内及附近区域的一切明火，疏散现场所有施工作业人员至上风向。

⑤ 穿好防护衣服，佩戴好空气呼吸器，迅速查明泄漏点，关闭与泄漏有关的阀门，切断泄漏源。

⑥ 如果氨、硫化氢浓度过大，接近泄漏源有困难，要采取水喷淋稀释，在水枪掩护下关闭有关阀门。

⑦ 如果是污水罐体与相连短节腐蚀穿孔泄漏，应立即进行倒罐，防止污水直接进入明沟。

⑧ 收付污水时，管线、法兰腐蚀穿孔泄漏，要立即停止收付作业，关闭有关阀门，用水冲洗泄漏现场。

⑨ 污水冒罐时，要立即停止收污水或改进其他罐，关闭入口阀门。

⑩ 将现场中毒人员抬到空气新鲜处进行急救，中毒轻者使其吸入新鲜空气，重者采用人工呼吸抢救，并立即送医院急救。

⑪ 当无法控制事态发展，可降温降压，直至按紧急停工处理。

⑫ 对污水罐泄漏，如果没有阀门紧急控制，则要用大量水进行稀释，尽量避免扩散，同时还要采取以下措施：

A. 紧急换罐，切断来水。

B. 泄漏罐内污水转移，采取堵漏措施。

14.8 蒸汽中断

(1) 现象

① 蒸汽流量及压力表指示下降。

② 汽提塔温度及压力下降。

(2) 处理方法

① 停原料污水进料及冷吸收水。

② 关侧线抽出阀和塔底排液阀。

③ 关塔顶硫化氢排出阀。

④ 维持汽提塔及三级分凝罐的液面、压力，防止塔内抽负压(负压时，用氮气保压)。

⑤ 氨系统打循环，联系厂调度，通知硫黄回收装置，停送酸性气。

⑥ 待蒸汽恢复供应，按正常开工进行。

14.9 塔顶安全阀跳

(1) 现象

① 塔内超压，仪表指示突然下降。

② 安全阀起跳时，产生气流冲击声。

(2) 原因

① 操作不当，改错阀门，流程不畅通。

② 超压时间长。

(3) 处理方法

① 减少塔内加热蒸汽，降低处理量。

② 开大塔顶排出量。

③ 塔内压力下降后，仔细检查安全阀跳后能否复位。安全阀起跳后能完全复位的，确认后，继续使用。安全阀跳后不能复位、泄漏严重的，迅速关闭手阀，维持生产，安全阀拆下更换或检修。

14.10 冲　　塔

(1) 现象

① 塔内压力突然增大，塔顶温度升高，管线充水，甚至安全阀跳。

② 一级分凝罐液面、温度突然上升。

(2) 原因

① 塔底加热蒸汽量太大。

② 热进料突然增大，气相突然上升。

③ 塔中部温度太低，塔顶压力突然下降。

④ 塔憋压，而泄压时速度太快。

⑤ 塔盘堵塞。

(3) 处理方法

① 减小塔底加热蒸汽量。

② 稳定进料量，适当增大吸收水量。

③ 控制好塔内温度、压力。

④ 塔中部温度太低时，适当增加蒸汽量，逐步提高温度。

⑤ 憋压时，泄压要缓慢。

⑥ 切断进料进行在线塔盘清理，如清理不通则停工开塔处理。

14.11 淹　　塔

(1) 现象

① 塔内温度、压力下降。

② 塔底液面升高。

③ 三级分凝罐液面升高。

(2) 原因

① 塔的进料及吸收水量过大。

② 净化水排量太小。

③ 塔降液管堵塞。

④ 仪表指示不准或失灵。

(3) 处理方法

① 减少塔进料及吸收水量。

② 控制好塔底净化水排出量。
③ 控制好塔内温度、压力。
④ 适当降低塔的加热蒸汽量。
⑤ 切断进料进行在线降液管清理，如清理不通则停工开塔处理。

14.12 干　　塔

(1) 现象
① 塔顶温度偏高，塔体各点温度相差小，塔内压力由大逐渐减小。
② 塔底液面指示为零。
③ 重沸器用汽量减小。
(2) 原因
① 塔内液相物料不平衡，进料量少，净化水排出量大。
② 进料泵或进料调节阀故障，使进料不正常或不进料。
(3) 处理方法
① 暂停或关小净化水排出量。
② 进料泵故障时，切换泵或将泵尽快处理好，然后适当加大进料量。
③ 调节阀故障时，改走副线，用手工操作，然后适当加大进料量。
④ 适当减小蒸汽量。
⑤ 控制好塔内温度、压力及液面。

第 15 章　仪表及自动控制

15.1　概　　述

在炼油生产过程中通过一些仪表控制压力、流量、液位、温度等参数来稳定生产、保证产品质量。含硫污水汽提装置以单参数调节为主，有的也有串级控制。装置一般设汽提塔塔顶压力控制；汽提塔塔底液位控制；蒸汽流量控制；汽提塔原料污水入口和侧线抽出口流量控制；氨精制塔塔顶温度和压力控制；液氨的回流量控制；氨精制塔塔底液位控制。氨压机设就地温度、压力指示和控制。

15.2　操 作 原 则

① 在开停工或生产不正常时，手动控制调节。具备仪表工作条件时，使用仪表自动调节。

② 改自动要在工艺过程稳定后进行，切换时做到参数变化平稳。在紧急情况时改手动，迅速把参数控制在工艺指标范围内。

③ 正常操作时，平稳操作，不允许大幅调节各参数。

15.3　主要仪表自动控制

(1) 塔顶压力

汽提塔塔顶设压力控制，通过调节塔顶酸性气排放量，达到控制塔顶压力的目的。控制回路见图 2-15-1。

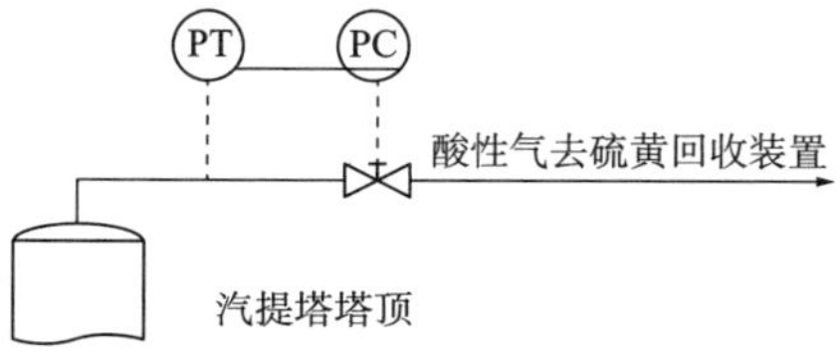

图 2-15-1　塔顶压力控制回路图

(2) 塔顶温度

汽提塔塔顶设温度控制，通过调节塔顶冷进料量来控制塔顶温度，还可以通过塔顶酸性气抽出量来控制塔顶温度。控制回路见图 2-15-2。

(3) 热进料流量

热进料设流量控制，定值调节热进料流量，控制塔进料量。控制回路见图 2-15-3。

(4) 侧线流量

侧线抽出气设流量控制，定值调节侧线气流量，控制塔侧线抽出流量。侧线流量控制，还根据抽出口温度进行调整。控制回路见图 2-15-4。

(5) 塔底液位

塔底液位设液位控制，调节塔底净化水排放量，控制塔底液位。控制回路见图 2-15-5。

(6) 重沸器蒸汽流量、凝结水罐液位

重沸器蒸汽流量设流量控制，定值控制蒸汽流量，稳定塔底供热。凝结水罐液位设液位控制，调节凝结水排放量，控制好凝结水罐液位，充分使用蒸汽潜热。控制回路见图 2-15-6。

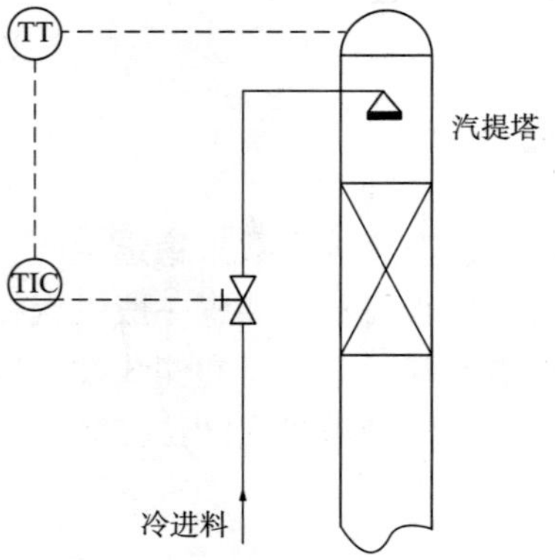

图 2-15-2　塔顶温度控制回路图

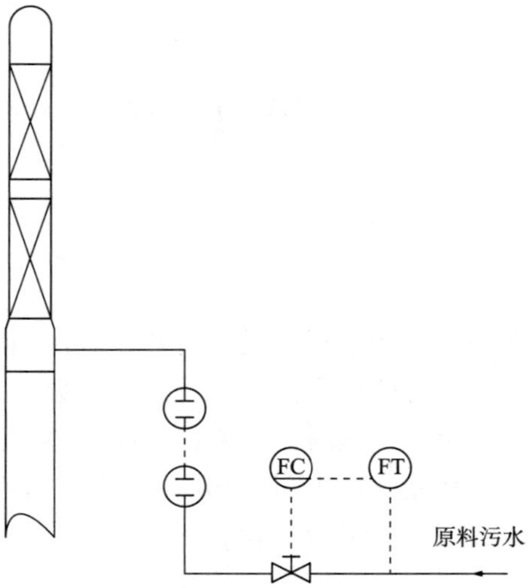

图 2-15-3　热进料流量控制回路图

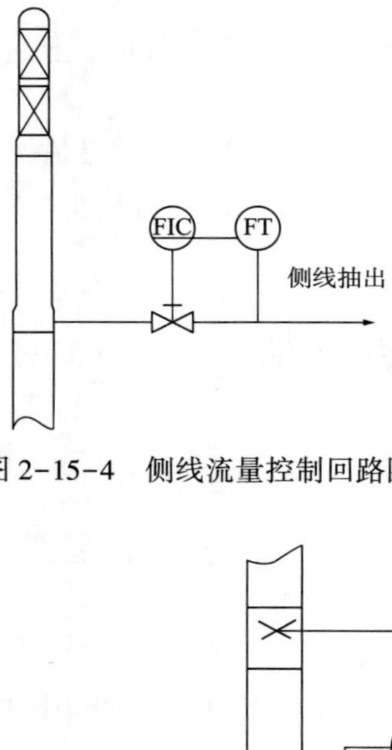

图 2-15-4　侧线流量控制回路图

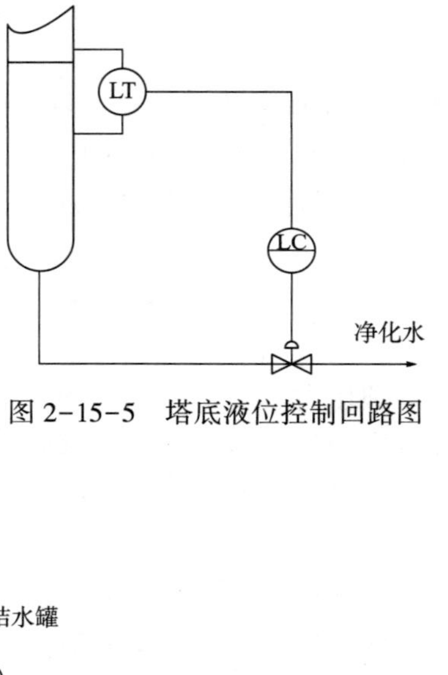

图 2-15-5　塔底液位控制回路图

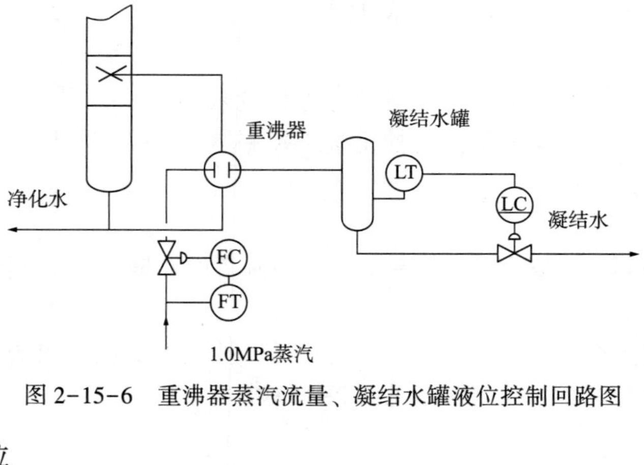

图 2-15-6　重沸器蒸汽流量、凝结水罐液位控制回路图

（7）分凝器液位

分凝器液位设液位控制，调节冷凝液排出量，控制分凝器液位，防止气相回窜，减少NH_3的循环，相对稳定塔进料水质，利于生产稳定。控制回路见图 2-15-7。

二级分凝器、三级分凝器的液位控制同一级分凝器液控。

（8）分凝器压力

分凝器压力设压力控制，调节分凝器气体排出量，来控制分凝器的压力。控制回路见图 2-15-8。

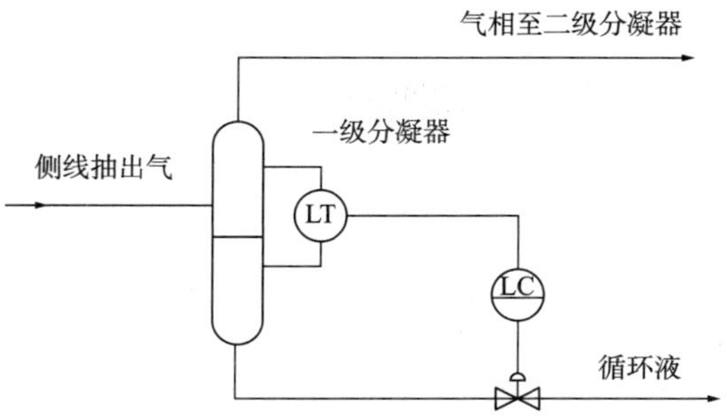

图 2-15-7　分凝器液位控制回路图

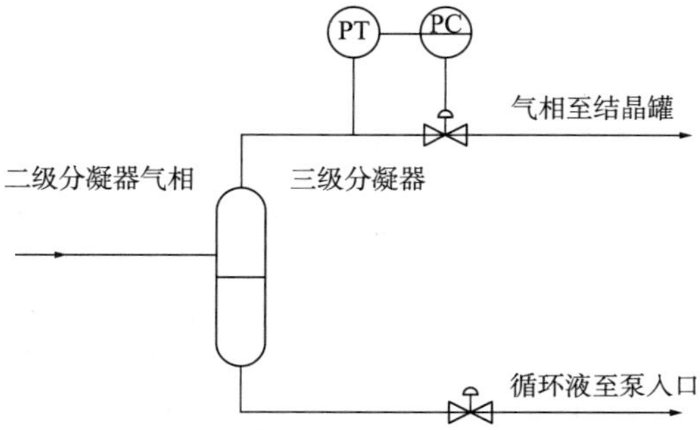

图 2-15-8　分凝器压力控制回路图

（9）蒸汽与进料的串级控制

污水进料流量乘比值系数 a 作为重沸器蒸汽流控的给定。控制回路如图 2-15-9 所示。

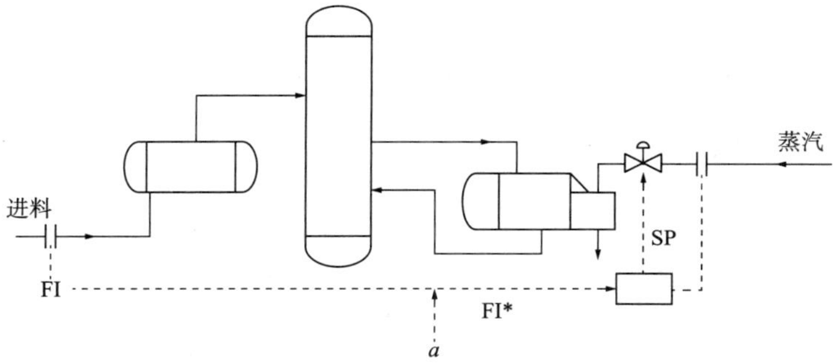

图 2-15-9　蒸汽与进料的串级控制回路图

第16章　装置节能与减排

16.1　降低蒸汽消耗，加强凝结水回收

16.1.1　降低蒸汽消耗

从含硫污水汽提装置的能耗构成看，蒸汽约占全装置总能耗的90%，是含硫污水汽提装置能耗的决定因素。因此，降低能耗指标主要应从降低蒸汽消耗来实现。

汽提塔的蒸汽消耗，起决定作用的是回流比、侧线抽出比以及塔底温度、侧线抽出温度，相对而言，回流比和侧线抽出比的权重更大，降低蒸汽单耗最有效的途径是降低回流比或侧线抽出比。回流比和侧线抽出比的变化对蒸汽单耗的影响是显而易见的。虽然硫化氢在水中的溶解度远小于氨，但其饱和蒸气压比同温度下的氨要大得多，相对挥发度也就比氨大，在塔顶处，只要液相中有一定的游离硫化氢分子存在，与之平衡的气相中硫化氢的浓度就会很高，那么为了能得到高纯度的酸性气，为下游的硫黄回收装置创造良好的条件，怎样确定酸性气的抽出量就成为关键，在实际操作中为了确保酸性气质量是通过塔顶温度来控制的。而塔顶温度可以用两个参数控制：回流和酸性气抽出量。回流不变，增加酸性气抽出，塔顶温度上升；酸性气抽出不变，增加回流，塔顶温度下降；而增加回流，增加酸性气抽出，可保持塔顶温度不变，这样三者之间相互影响，循环作用。事实上，通过多次实验发现，对于塔顶温控制不大于50℃，酸性气质量是有充分保障的，而酸性气抽出量则可根据原料水中H_2S、CO_2的浓度确定。假定处理量为W(kg/h)，H_2S浓度为X(mg/L)，CO_2浓度为Y(mg/L)，由于CO_2在水中的溶解度比H_2S更小，而且同温度下的饱和蒸气压也比H_2S大，因此理论上只要H_2S全部抽出，CO_2一定会全部抽出，那么在忽略净化水中的H_2S和假设塔顶酸性气中NH_3、H_2O(气)和烃类占5%(体)的情况下，塔顶抽出量约为：

$$V=22.4\times10^{-6}(WX/34+WY/44)/0.95(m^3/h) \qquad (2-16-1)$$

假如原料水量60000kg/h，原料水中H_2S和CO_2的浓度分别为5500mg/L和1000mg/L，那么塔顶抽出量应为261m^3/h，根据这一方法在实际中运用，取得了相当好的效果。

普通的操作中，是根据酸性气和净化水的化验分析结果或凭经验来调节酸性气的抽出量和回流量的。在事先对原料水中H_2S、CO_2的浓度分析后，确定酸性气的抽出量，然后再根据塔顶温度来调节回流量，三者基本上可以做到量化，减少操作中的盲目性。

因此，量化的塔顶酸性气抽出和顶温控制，不仅满足了净化水质量的需要，同时也决定了回流量，进而确定了回流比，回流比确定了，回流所占的那一部分能耗也就确定了。也就是说回流比对净化水的质量影响要小于其对能耗的影响。因而在实际操作中一定要根据原料水中的酸性组分的含量来确定酸性气的抽出量，避免想得到较好的净化水质量而加大酸性气抽出量，增加回流比，增加能耗。

冷热进料比一定时，蒸汽单耗随原料水预热温度高而降低，因此在设计时，必须最大限度地、合理地回收净化水或侧线气体的热量，尽可能提高原料水预热温度，减少蒸汽单耗。

进料量显然是决定总蒸汽耗量的最主要的因素，进料增加后，必须相应增加汽提塔的蒸汽量，否则净化水质量将迅速恶化。同时由于进料增加后，汽提塔供热不足，塔顶、塔底的

温度和压力都将下降。尽管含硫污水汽提装置的进料量主要取决于上游装置的排污量，但含硫污水汽提装置本身对装置的污水总量也有影响，这种影响来源于侧线冷凝液。

16.1.2 加强凝结水回收

含硫污水汽提装置的凝结水水质较好，属高价值的水资源，并含有较高的热能，通过凝结水罐可直接回收。凝结水本身是中低压蒸汽供热后冷凝产生的具有一定热质的水，它可以作内部热源使用，也可回收利用。凝结水就地排放，浪费相当严重，而且产生大量的污水，造成环境污染。

16.2 装置减少排放

16.2.1 采取措施，减少含硫污水量

各装置在生产中应尽可能减少含硫污水量，因为含硫污水量是制约含硫污水汽提装置和污水处理场的占地面积、投资和操作费用的重要因素，特别在炼油厂的改、扩建工程中，如果处理得当，有些厂可能无须另建新装置，只需改造原有装置即可，其环保效益和经济效益将是十分可观的。炼油厂的含硫污水量以催化裂化装置和加氢装置为最多。

16.2.1.1 减少催化裂化装置含硫污水量

催化裂化装置三种含硫污水中，分馏塔塔顶回流罐的含硫污水量与稳定塔塔顶回流罐的含硫污水量对装置的含硫污水量影响很小；富气水洗分离罐中富气水洗的注水量是影响装置含硫污水量的主要因素。国内某催化裂化装置处理能力为1.2Mt/a，由于处理低硫蜡油，十多年来注水用量很少，甚至不注水，装置也能正常运转。这说明注水量完全可以根据原料油硫含量的多少进行调节。此外，关于注水品种问题，目前国内炼油厂催化裂化装置一般采用蒸汽冷凝水、含硫污水汽提后的净化水和分馏塔塔顶回流罐排出的含硫污水进行富气的水洗。采用分馏塔塔顶回流罐排出的含硫污水作为富气水洗的注水，可以大大减少装置排出的含硫污水量，从而减少含硫污水汽提装置的处理量，还可相应地降低工厂污水处理场的负荷和排污量。这对于减少含硫污水汽提装置及污水处理场的规模、投资和操作费用都十分有利。例如，减少含硫污水量10t/h，含硫污水汽提装置即可节省蒸汽约1.8t/h，每年节约操作费约72万元。只要炼油厂设计和生产管理人员认识到降低含硫污水量的重要性，并认真采取一些技术措施，如修改富气注水流程及设备，就一定能减少含硫污水量。

16.2.1.2 减少油品加氢装置含硫污水量

油品加氢装置的含硫污水主要为反应生成水和过程气注水。反应生成水量和原料油组成有关，通常是不能任意改变的。过程气注水的用量将直接制约加氢装置的含硫污水量。生产实践证明，注水量为原料油量的6%~10%，在含硫污水浓度不高的情况下，完全可以保证加氢装置的正常运转。

为减少含硫污水排放量，并节约软化水，应积极推广加氢型含硫污水和非加氢型含硫污水分开处理，利用高质量的加氢型净化水作为注水的水源。

16.2.1.3 进一步降低净化水中氨氮含量

含硫污水中氨氮的存在形态和炼厂加工装置有关，例如加氢裂化和加氢精制等装置产生的含硫污水，其氨氮大部分以游离氨(NH_3)的形式存在，在汽提过程中容易脱除；而催化裂化和延迟焦化等装置产生的含硫污水，除游离氨外，还有相当一部分氨氮是以铵盐态的固定铵形式存在，这部分氨氮在汽提过程中很难脱除，使净化水中氨氮含量偏高，为此开发了

“炼厂含硫污水注碱汽提新工艺”，通过对注碱位置、注碱量、注碱浓度的多种工况试验，找出了脱除含硫污水中固定铵的技术参数及影响脱除率主要因素的内在规律，已在工业生产中应用。注碱汽提新工艺具有流程简单、固定铵脱除率高、可使净化水中氨氮含量降至15~30mg/L，易操作、投资少、运行费用低等特点，工业应用的运行情况一直良好。

16.2.2 净化水的回用

炼油生产中产生的含硫含氨污水，经过含硫污水汽提装置处理后得到净化水，虽然净化水中的硫化物小于30mg/L，氨氮小于150mg/L，采用汽提注碱新工艺后，甚至可以使硫化物达到10mg/L左右，氨氮在30mg/L以下，但净化水中挥发酚、COD高达250mg/L、2000mg/L以上，仍是较难处理的高浓度废水。常减压蒸馏装置电脱盐系统需要在原油中注新鲜水以洗涤原油中的盐分。净化水可以代替新鲜水使用，不仅能节约新鲜水，主要通过原油的抽提作用可以减少污染物排放总量，其中酚去除率85%以上，COD去除率约60%。二次加工装置的部分工艺注水也可以用净化水代替，如催化类装置富气水洗用净化水代替软化水，加氢类装置空冷注水用净化水代替软化水等。

许多装置已开始利用净化水作为电脱盐注水、催化裂化富气水洗水和加氢装置注水等，其中以作为电脱盐注水最为普遍。脱盐需要在原油中加入破乳剂和水，其水质要求最好是软化水，但由于软化水成本高，一直以来都使用新鲜水，经过较长时间试验后，确认净化水的某些特性与蒸汽冷凝水相当，其中少量的氨氮、硫等杂质对脱盐工艺没有影响，满足注水水质要求。试验结果表明，净化水作电脱盐注水经原油萃取后，酚、COD、硫、氨氮的含量均有明显下降，与新鲜水作电脱盐注水相比，油中盐含量、水含量相差不大。净化水和新鲜水注水对比见表2-16-1；净化水和新鲜水注水油品质量对比见表2-16-2；净化水中污染物脱除情况见表2-16-3。

表2-16-1 净化水和新鲜水注水对比(平均值)

项目	油含水/%			油含盐/(mg/L)		
	脱前	脱后	去除率	脱前	脱后	去除率
注新鲜水	10.06	0.35	96.3	129	3.35	97.0
注净化水	9.14	0.27	97.26	121	2.9	96.6
指标		≤0.5			<3	

表2-16-2 净化水和新鲜水注水油品质量对比

项目	初项	常顶		一线	二线		三线	
	微量硫(合格率)/%	反应	腐蚀(合格率)/%	点灯(合格率)/%	酸度		酸度	
					(mgKOH/100mL)			
注新鲜水	0	中	100	100	54.39	0.26	101.38	0.67
注净化水	0	中	100	100	50.16	0.11	98.24	0.44
指标	—	中	合格			≤8		≤12

表2-16-3 净化水中污染物脱除情况

类别		净化水水质	净化水作电脱盐注水后排水	去除率/%
酚/(mg/L)	平均值	254.1	65.50	75
COD/(mg/L)	平均值	2870	583.0	80
硫/(mg/L)	平均值	148.4	28.0	81
氨氮/(mg/L)	平均值	100	60.0	40
pH值	平均值	8.8	8.1	

从以上一系列的数据可以看出，净化水完全可以代替新鲜水作为电脱盐注水使用，不仅能节约新鲜水，而且能通过原油的抽提作用来降低污染物的排放总量，进而为污水处理场的正常平稳运行创造有利的外部条件。净化水回用流程图见图 2-16-1。

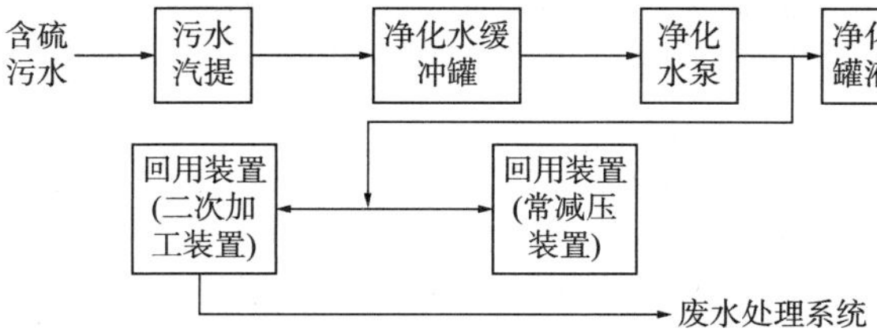

图 2-16-1　净化水回用流程图

催化富气注水主要目的在于洗涤富气中的 H_2S 和防止铵盐结晶。富气水洗水使用的是软化水，水洗后的排水含有硫化物、氨氮、酚、油等有害物质，净化水中主要含有少量硫化物、氨氮、酚等物质，只要水温控制适中，完全能达到作水洗水的条件。催化富气洗涤后的排水直接送入含硫污水汽提装置进行脱硫、脱氨，完全是闭路循环，对下游装置及产品质量不会构成不良影响，它可以节约大量的软化水。

目前，净化水的回用范围已拓宽到汽、柴油加氢精制、临氢降凝、焦化炉管注水、催化重整等装置，回用率已达 80%以上，预计可进一步拓宽到焦化冷焦水场的补水及气柜封水等，最大限度地重复利用。显而易见，净化水的回用不仅减少了污水排放量，节约了大量的软化水、新鲜水，降低了装置能耗，而且还明显降低了净化水中的酚含量及 COD 值，大大减轻污水处理场的处理负荷，为污水处理后氨氮达标排放创造了条件。净化水的回用有很好的经济效益及环保效益，因此除已工业化的回用途径外，还应不断开发新途径，争取实现净化水全部回用。

16.3　装置其他节能措施

① 优化换热流程，加强原料入塔前的换热，以降低能耗。

② 汽提塔塔底采用重沸器提供汽提热源，并回收凝结水。

③ 尽量采用空冷器，虽增加一次性工程投资，但可有效减少循环水用量，降低能耗及水耗。

④ 送至硫黄回收装置的酸性气，在保证压力要求的前提下，降低酸性水汽提塔塔顶操作压力，降低能耗。

⑤ 采用高效绝热材料，完善保温结构，减少设备、管道的散热损失。

⑥ 机泵类的选型严格按照本单元操作弹性和扬程要求，同时选用高效率泵型，使机泵尽量在最佳效率点运行，降低轴功率，节约电能。

⑦ 加强管理，实现用水计量。新鲜水管道进单元入口处设置切断阀门及计量设施。循环冷、热水(压力)进出本单元边界前设置切断阀门及计量设施。

⑧ 可以利用不同等级的蒸汽降低能耗，如采用低压塔顶全抽出的汽提工艺可以利用其他装置产生的 0.5MPa 蒸汽作为汽提蒸汽。

⑨ 和原料水换热后的净化水温度还较高，存在较多热量，净化水温度在 100～120℃，这些热量可以给一些装置使用，从而减少汽提装置空冷和水冷的使用。

参 考 文 献

[1] 汪燮卿. 中国炼油技术[M]. 4 版. 北京：中国石化出版社，2021.

[2] 梁朝林. 高硫原油加工[M]. 北京：中国石化出版社，2001.

[3] 中国石油化工股份有限公司科技开发部. 高硫原油加工工艺、设备及安全[M]. 北京：中国石化出版社，2001.

[4] 陈赓良. SCOT 法尾气处理工艺技术进展[J]. 石油炼制与化工，2003(10)：28-32.

[5] 朱利凯. 天然气处理与加工[M]. 北京：石油工业出版社，1997.

[6] 马秉骞. 炼油设备基础知识[M]. 2 版. 北京：中国石化出版社，2009.

[7] 林宗虎. 实用锅炉手册[M]. 北京：化学工业出版社，1999.

[8] 魏兆灿. 塔设备设计[M]. 上海：上海科学技术出版社，1988.

[9] 冷传斌，李兵，姚圣兵. 硫磺回收装置急冷水管线裂纹原因分析[J]. 设备管理与维修，2017(5)：55-57.

[10] 王会强，王瑞，朱连昀，等. 大型硫磺回收装置尾气提标单元问题分析及对策[J]. 石油与天然气化工，2019，48(5)：24-29.

[11] 刘爱华，刘剑利，陶卫东，等. 降低硫磺回收装置尾气 SO_2 排放浓度的研究[J]. 硫酸工业，2014，32(1)：176-179.

[12] 郭兵兵，刘忠生，王海波，等. 炼油厂恶臭废气综合治理技术的研究 Ⅰ. 酸性水罐区和轻质油品中间罐区废气治理技术[J]. 石油炼制与化工，2014，45(9)：45-49.

[13] GB 31570—2015 石油炼制工业污染物排放标准[S].

[14] GB/T 2449. 1—2021 工业硫磺　第 1 部分：固体产品[S].

[15] GB/T 2449. 2—2015 工业硫磺　第 2 部分：液体产品[S].

[16] 严崇荣，倪伟，李洋. 天然气净化厂 Claus 硫磺回收装置硫回收率计算方法[J]. 石油与天然气化工，2015，44(2)：28-32.

[17] 黄思思. 硫磺相关回收装置的腐蚀原因与防护措施[J]. 石化 技术，2017，24(1)：62.